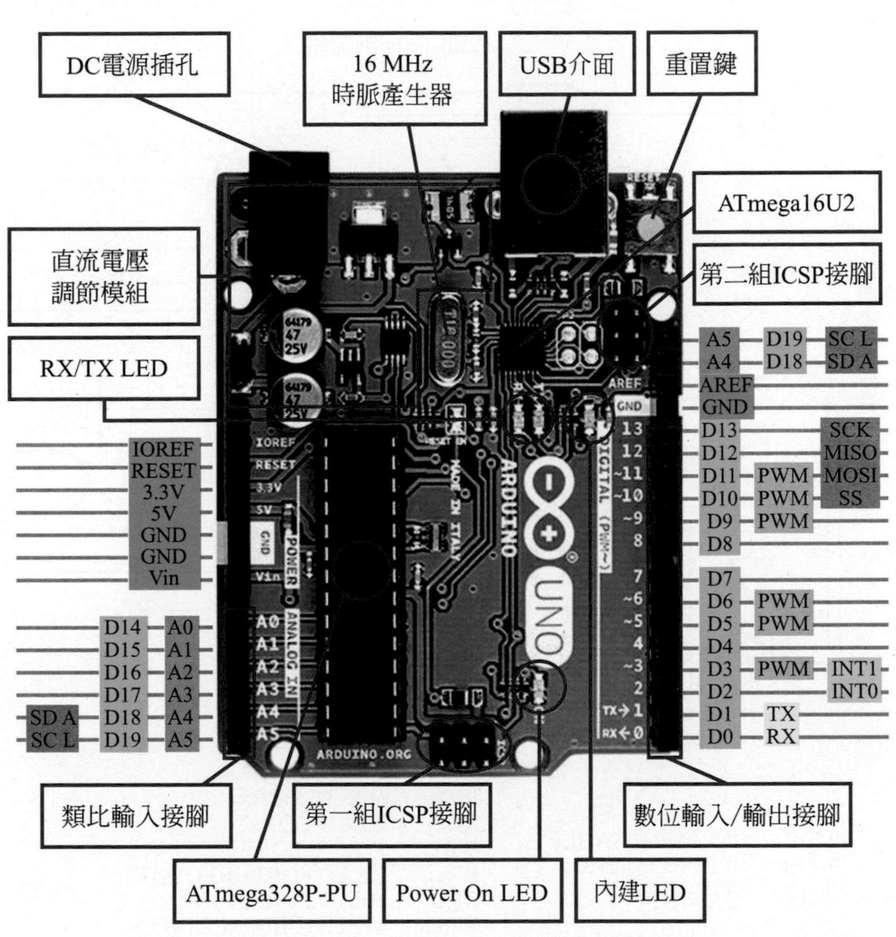

圖 2-3-1　Arduino UNO R3 開發板

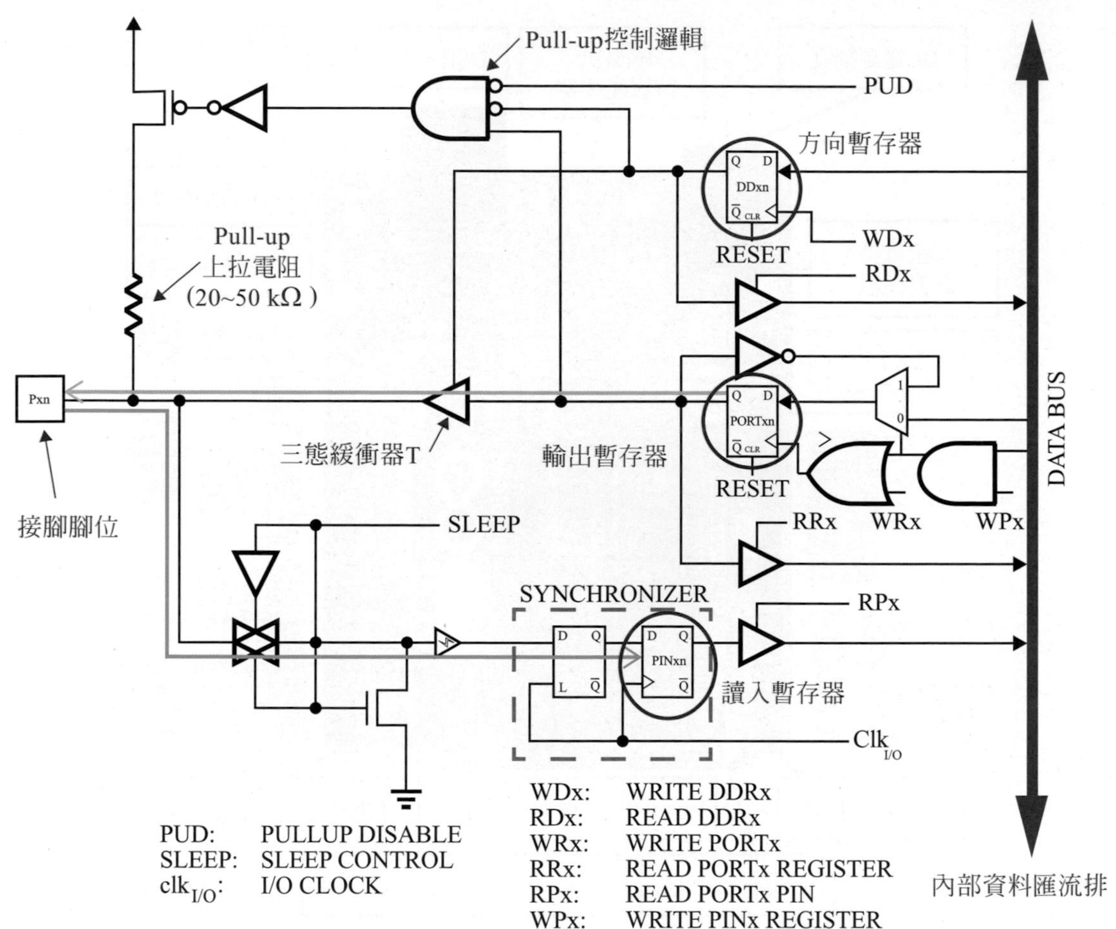
Pull-up控制邏輯
PUD
方向暫存器
Q D
DDxn
Q CLR
WDx
RESET
RDx
Pull-up
上拉電阻
(20~50 kΩ)
Pxn
Q D
PORTxn
Q CLR
三態緩衝器T
輸出暫存器
RESET
DATA BUS
接腳腳位
SLEEP
RRx
WRx
WPx
SYNCHRONIZER
RPx
D Q
L Q
D Q
PINxn
Q
讀入暫存器
Clk
I/O
PUD: PULLUP DISABLE
SLEEP: SLEEP CONTROL
clkI/O: I/O CLOCK
WDx: WRITE DDRx
RDx: READ DDRx
WRx: WRITE PORTx
RRx: READ PORTx REGISTER
RPx: READ PORTx PIN
WPx: WRITE PINx REGISTER
內部資料匯流排

圖 4-1-1 ATmega328P 數位接腳的內部電路

嵌入式系統(使用 Arduino)

張延任　編著

全華圖書股份有限公司

序言

「工欲善其事，必先利其器」，在這裡我們把「器」衍伸為知識，簡單來說，這是一本老師適合教學，學生適合自學的教科書；也是一本可以幫助你成大器，躋身創客高手的工具書。

眾所皆知，嵌入式系統的門檻在 Arduino 問世之後已大幅的降低，市面上大部份的學習用書都是止於初學者的階段，許多初學者在學會了 I/O 裝置和簡單的輸出入控制之後，就自信滿滿的宣稱已學會了嵌入式系統，殊不知這些基本的 I/O 只是嵌入式系統的冰山一角，還有非常多微控器的特殊功能與進階應用，等待有心的使用者自己蒐集學習，但這些網路上零散片斷的資料都有一個共同的缺點，那就是缺乏有系統的論述與整理。

有鑑於此，本書的目的希望給教學第一線的老師提供一套完整的上課內容與豐富的教材，只要按照本書精心安排的內容授課，就能讓學生獲得紮實的理論基礎與實務經驗，免除在網路上到處收集資料所造成的時間浪費與片斷知識的缺點。除此之外，如果你是積極有心的自學者，只要按照本書的內容，一步一步的跟著學習，就能成為一位有能力有經驗的開發者，不只學到皮毛，更是實力堅強的創客達人。

總結本書的特色：

1. 不只學到皮毛，更能學到嵌入式的精隨。
2. 精心設計的範例，帶著你一步步成為實力堅強的創客達人。
3. 超實用的程式碼以及豐富的練習，可達靈活運用觸類旁通的效果。

最後僅以此書與有相同理念的讀者分享，也獻給我最愛跟支持我的家人。

國立中興大學資訊工程學系　張延任

2022 年 4 月

編輯部序

「系統編輯」是我們編輯方針，我們所提供給您的，絕不只是一本書，而是關於這門學問的所有知識，它們由淺入深，循序漸進。

本書有系統的介紹 Arduino 所有內部控制及說明，可使讀者學習到嵌入式系統核心及精髓，並有精心設計範例及進階應用可延伸學習，循序漸進加以解說每個程式的內容與觀念。

本書分為基礎篇與進階篇，內容適合大學、科大資工、電子、電機系「嵌入式系統」課程使用。詳細章節分別如下：

基礎篇

第 1 章　嵌入式系統

第 2 章　認識 Arduino

第 3 章　Arduino 程式語言

第 4 章　Arduino 的函式

第 5 章　常見的 I/O 裝置 (I)

第 6 章　常見的 I/O 裝置 (II)

進階篇

第 7 章　中斷

第 8 章　定時器

第 9 章　脈衝寬度調變

第 10 章　串列通訊 UART

第 11 章　串列通訊 I2C

第 12 章　串列通訊 SPI

第 13 章　睡眠模式與電源管理

書中的部份圖片可用 QR code 掃描觀看，以方便讀者辨別彩圖內的說明。

同時，為了使您能有系統且循序漸進研習相關方面的叢書，我們以流程圖方式，列出各有關圖書的閱讀順序，以減少您研習此門學問的摸索時間，並能對這門學問有完整的知識。若您在這方面有任何問題，歡迎來函連繫，我們將竭誠為您服務。

相關叢書介紹

書號：0629602
書名：專題製作－電子電路及 Arduino 應用
編著：張榮洲.張宥凱
16K/232 頁/370 元

書號：06413017
書名：嵌入式系統－myRIO 程式設計(第二版)(附範例光碟)
編著：陳瓊興.楊家穎.高紹恩
16K/392 頁/600 元

書號：10521
書名：單晶片 ARM MG32x02z 控制實習
編著：董勝源
20K/586 頁/600 元

書號：06319007
書名：單晶片 8051 實務(附範例光碟)
編著：劉昭恕
16K/384 頁/420 元

書號：05419027
書名：Raspberry Pi 最佳入門與應用(Python)(第三版)(附範例光碟)
編著：王玉樹
16K/432 頁/470 元

書號：06028037
書名：單晶片微電腦 8051/8951 原理與應用(C 語言)(第四版)(附多媒體光碟)
編著：蔡朝洋.蔡承佑
16K/548 頁/500 元

書號：06467007
書名：Raspberry Pi 物聯網應用(Python)(附範例光碟)
編著：王玉樹
16K/344 頁/380 元

◎上列書價若有變動，請以最新定價為準。

流程圖

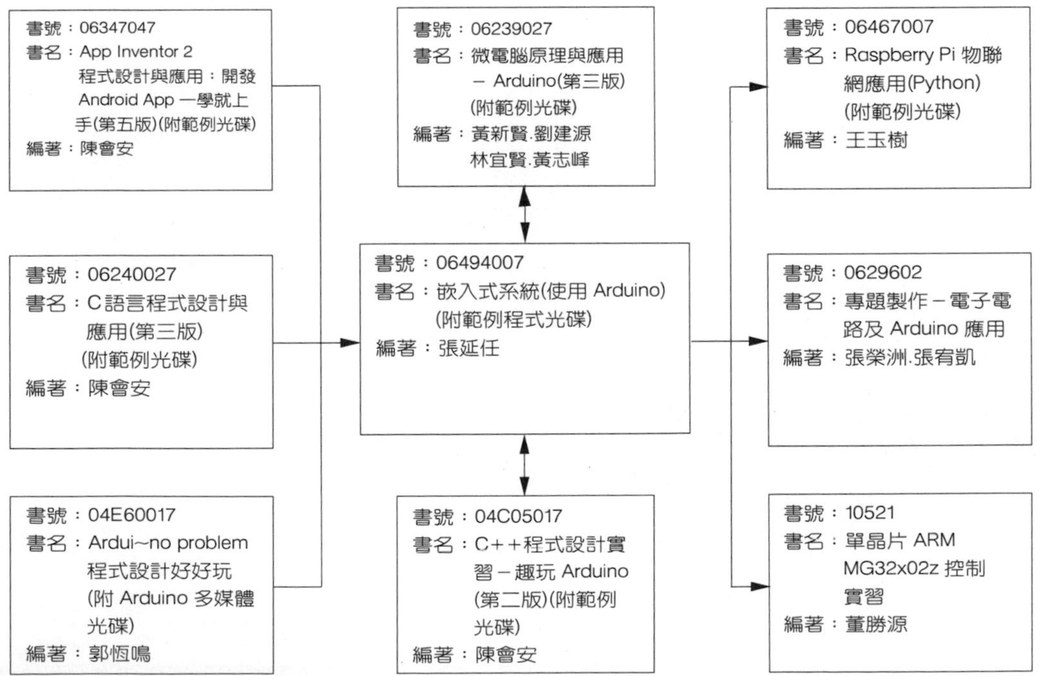

書號：06347047
書名：App Inventor 2 程式設計與應用：開發 Android App 一學就上手(第五版)(附範例光碟)
編著：陳會安
書號：06240027
書名：C語言程式設計與應用(第三版)(附範例光碟)
編著：陳會安
書號：04E60017
書名：Ardui~no problem 程式設計好好玩(附 Arduino 多媒體光碟)
編著：郭恆鳴
書號：06239027
書名：微電腦原理與應用－Arduino(第三版)(附範例光碟)
編著：黃新賢.劉建源 林宜賢.黃志峰
書號：06494007
書名：嵌入式系統(使用 Arduino)(附範例程式光碟)
編著：張延任
書號：04C05017
書名：C++程式設計實習－趣玩 Arduino(第二版)(附範例光碟)
編著：陳會安
書號：06467007
書名：Raspberry Pi 物聯網應用(Python)(附範例光碟)
編著：王玉樹
書號：0629602
書名：專題製作－電子電路及 Arduino 應用
編著：張榮洲.張宥凱
書號：10521
書名：單晶片 ARM MG32x02z 控制實習
編著：董勝源

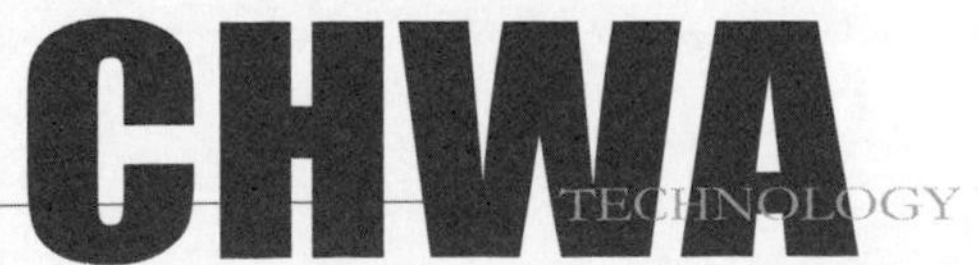

目錄

基礎篇

Chapter 1 嵌入式系統

Chapter 2 認識 Arduino

Chapter 3 Arduino 程式語言

Chapter 4 Arduino 的函式

Chapter 5 常見的 I/O 裝置（I）

Chapter 6 常見的 I/O 裝置（II）

進階篇

Chapter 7 中斷 (Interrupt)

Chapter 8 定時器 (Timer)

Chapter 9 脈衝寬度調變 (PWM)

Chapter 10 串列通訊 UART

Chapter 11 串列通訊 I2C

Chapter 12 串列通訊 SPI

Chapter 13 睡眠模式與電源管理

PART 1

基礎篇

Chapter 1 嵌入式系統

在本章節中會介紹嵌入式系統的發展歷史，與其最具代表性的特色、組成架構、以及實例，希望在經過本章節的介紹後，我們可以具備對嵌入式系統的基本認識與了解。

1-1 電腦的分類

自電腦發明以來，已對人類的社會及生活型態帶來巨大的改變，時至今日電腦與我們的生活已密不可分，舉凡所有的衣食住行育樂都已離不開直接或間接的電腦應用。在早期電腦的分類可以分成超級電腦、大型主機 (Mainframe)、工作站 (Workstation)、伺服器 (Server)、個人電腦 (PC)、嵌入式裝置 (Embedded) 等六種不同的等級，如圖 1-1-1(a) 所示，金字塔的圖形代表此種分類方法與機器的效能、價格和數量有關，在頂端的超級電腦擁有最高的效能，但是價格昂貴數量稀少，相反的，個人電腦的效能並不出眾，但是卻有平價跟市場廣大的特點，尤其是嵌入式裝置，在數量上及價格上更具壓倒性的優勢。

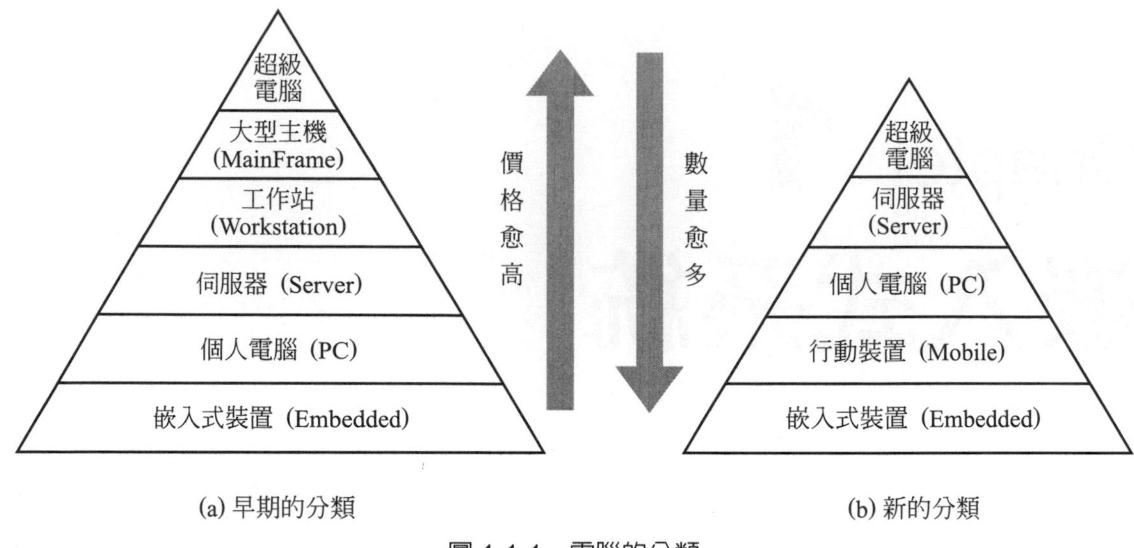

圖 1-1-1 電腦的分類

不過隨著積體電路技術飛快的進步，早期的電腦分類已有重大的改變，圖 1-1-1(b) 顯示新的電腦分類，其中最重要的改變有二點，分別是個人電腦效能的極大提升，與行動裝置的崛起，其影響如下：

(1) 由於 PC 效能的不斷提升，其運算能力強大到完全滿足使用者對高效能的需求，因此造成高階電腦市場的萎縮，所以早期的大型主機與工作站幾乎消失的不見蹤影，只剩下最高端的超級電腦與提供穩定服務的伺服器。

(2) 人們生活及工作型態的改變，造成手機、筆記型電腦與平板電腦快速的成長，其數量已大幅的超越 PC，成爲消費性 3C 產品的主流，這些裝置的共同特點就是多功能、體積小、可隨身攜帶與電池驅動。相較之下，嵌入式產品非但沒有式微，反而因爲智慧家電與物聯網的興起，更加巨幅的成長，尤其是萬物皆可上網連通的物聯網時代的推波助瀾，不管是現在或可見的未來，嵌入式系統永遠是市占比率最高的產品。

1-2 什麼是嵌入式系統？

雖然嵌入式系統是近幾年才快速的崛起流行，但是相關的概念早在 1980 年左右就已出現，嚴格來說嵌入式系統到現在已經有近 40 年的發展歷史。嵌入式系統的出現最初是開始於單晶片微控器的發展，最早的單晶片微控器是 Intel 公司在 1976 年所推出的 8048，同一時間 Motorola 與 Zilog 公司也各推出了 68HC05 與 Z80 等系列產品，之後在 1980 年代初，Intel 又進一步的改善 8048，成功推出了 8051，這在單晶片微控器的歷史上絕對是值得紀念的一頁，因爲到目前爲止，8051 系列可說是最成功的單晶片微控器，堪稱經典。早期這些單晶片微控器在各種產品中有著非常廣泛的應用，使得汽車、家電、工業機器、通信裝置以及成千上萬種產品可以通過內嵌電子裝置來獲得更佳的使用性能，更容易使用、更快、更便宜。這些裝置已經初步具備了嵌入式的應用特點，但是早期的應用只是使用 8 位元的單晶片微控器，執行簡單的控制程式，還談不上完整的系統概念。

傳統的定義，「嵌入式系統是一個嵌入在機械或電子裝置中執行特定功能的控制器，通常需搭配週邊的硬體元件，而且具有即時 (Real-time) 運算的限制」，除此之外，從實際應用的角度來說，英國電氣工程師協會 (U.K. Institution of Electrical Engineer) 對嵌入式系統的定義更是簡短明確，「嵌入式系統是用於控制、監視或協助設備、機器、工廠運行的裝置」。可是隨著積體電路製程的進步與裝置型態的改變，早期的定義已經逐漸模糊，而且也不再那麼的狹隘，例如嵌入式系統一定要嵌入在其他的裝置中嗎？嵌入式系統一定是控制、監視或協助的簡單裝置嗎？答案當然是否定的，因此我們適度的修正，將嵌入式系統重新定義如下：

「嵌入式系統是一個以應用爲中心，整合軟硬體的專用電腦系統，一般有特定的用途及應用範圍，所以具有高度客製化的特性」。

嵌入式系統的應用非常的廣泛，在日常生活中幾乎無所不在，包括：

1. 消費性電子產品

手機、平板、MP3、智慧手錶/環、數位相機、耳機、滑鼠、鍵盤、印表機、投影機、DVD/CD 播放器、行動電源、喇叭、行車記錄器、掃地機器人、手寫 / 繪圖板、翻譯機 / 筆、電子相簿、遊戲機等。

圖 1-2-1　嵌入式系統的應用

2. 智慧家電

冰箱、冷暖氣、電視、洗碗機、洗衣機、電風扇、空氣清淨機、烤箱、熱水器、飲水機、咖啡機、微波爐、電磁爐、吸塵器、掃地機器人等。

3. 網路設備

無線網路基地台 (AP)、IP 分享器、路由器、電力網路橋接器、交換器、數據機等。

4. 交通工具

行車記錄器、導航機、汽車防盜器、胎壓偵測器、汽車 / 機車的電子設備、各式飛行器的電子設備、各式船艦的電子設備。

5. 醫療儀器

電子血壓計、心律調整器、超音波、MRI 磁振造影機、內視鏡、斷層掃描儀等。

6. 工業控制

機器人 / 手臂、智慧感應器、數控機床、倉儲管控系統、品管監控系統、生產線流程控制、資料收集系統、回饋系統等。

1-3 嵌入式系統的特色

嵌入式系統的特色可以從不同的面向討論，由於嵌入式系統在應用端的多樣性很高，差異性極大，所以底下所列的這些特色並不是要全部滿足才算是嵌入式系統，可能只具備其中的一二項或是部份特色，端看嵌入式產品的設計目標與其功能規格。

1. 執行特定功能

嵌入式系統通常會重複或持續的執行某特定功能，這是與一般通用型多功能電腦系統最大的差異。例如 MP3 播放器的功能就是固定撥放音樂，不能拿來繪圖；而藍芽耳機只能傳輸聲音，無法照相。

2. 具即時性 (Real-time)

在這裡即時性並不是執行很快的意思，跟時間的絕對快慢無關，而是要在限定的時間內完成特定的工作，當然時間的長短取決於嵌入式產品的功能規格。例如汽車的自動煞停系統，在偵測到前方有障礙物的時候，就必須根據車子的速度與距離進行計算，在碰撞前做出反應把汽車剎停。

3. 受限的資源

爲了降低成本，嵌入式系統的軟硬體資源都會受到嚴格的限制，只要能滿足最低的需求即可，所以在有限的資源下，嵌入式系統的開發會有較嚴苛的條件限制。

4. 固定的韌體或軟體

驅動嵌入式系統的韌體或軟體只儲存在唯讀 (Read-only) 或快閃 (Flash) 記憶體中，一般都不會更新，直到裝置汰換或故障。

5. 高穩定性與高可靠性

一般而言，嵌入式系統預設都是要長時間的運行，而且不需要使用者自行更新或是升級，所以高穩定性 (Stability) 與高可靠性 (Reliability) 一直是嵌入式系統最優先的設計目標。

6. 輕量化的運算核心

通常以微控制器 (Microcontroller) 或微處理器 (Microprocessor) 爲運算核心，其等級可由如 8051 單晶片到先進的 x86 或是 ARM 的 Cortex-M 系列晶片不等。

7. 必要的 I/O 裝置

嵌入式系統通常需要連接週邊的輸入輸出 (I/O) 裝置，才能達到與外界的互動。例如冷氣與電冰箱都需要的溫度感測器，就是一種輸入裝置，而顯示資訊的液晶螢幕 (LCD) 就是最常見的輸出裝置。

8. 高度客製化

為了符合特定的應用環境，以及與附屬機器的整合，嵌入式系統或裝置通常需要高度的客製化，所以通常具備輕量化、小尺寸的特性。

9. 人機介面簡單

因為有固定的功能及用途，大部分的嵌入式系統通常不會強調人機互動的設計，導致使用者介面 (UI) 非常簡單陽春，甚至沒有。

10. 功耗較低，價格便宜

因為功能與資源皆受到限制，加上高度的客製化，通常嵌入式系統都已經是最佳化的狀態，所以功率消耗較低，另一方面，也因為功能限定，產品數量龐大，所以價格便宜。

1-4 嵌入式系統的組成架構

圖 1-4-1 是一個嵌入式系統完整的組成架構，跟一般的電腦系統大同小異，可以分成軟體與硬體二大部份來看，硬體部分從底層開始可分為機板層與處理器層，而軟體部分則可再細分為韌體層、作業系統層與應用層，這裡因為純粹是程式碼的撰寫，所以我們把韌體層歸類在軟體的部分。

1. 機版層

機板層就是嵌入式主機板，是嵌入式系統硬體的主要骨幹，嵌入式主機板是使用實體電路將各種必要的零組件連結整合在一塊印刷電路板 (PCB) 上，上面有微處理器 MPU(或微控器 MCU)、符合系統特定應用的 IC(Application Specific Integrated Circuit, ASIC)、必要的 I/O 元件、記憶體、周邊設備等，通常嵌入式主機板都具備小尺寸、高整合、低功耗等特性，其設計的好壞更是影響著嵌入式系統整體的效能表現。

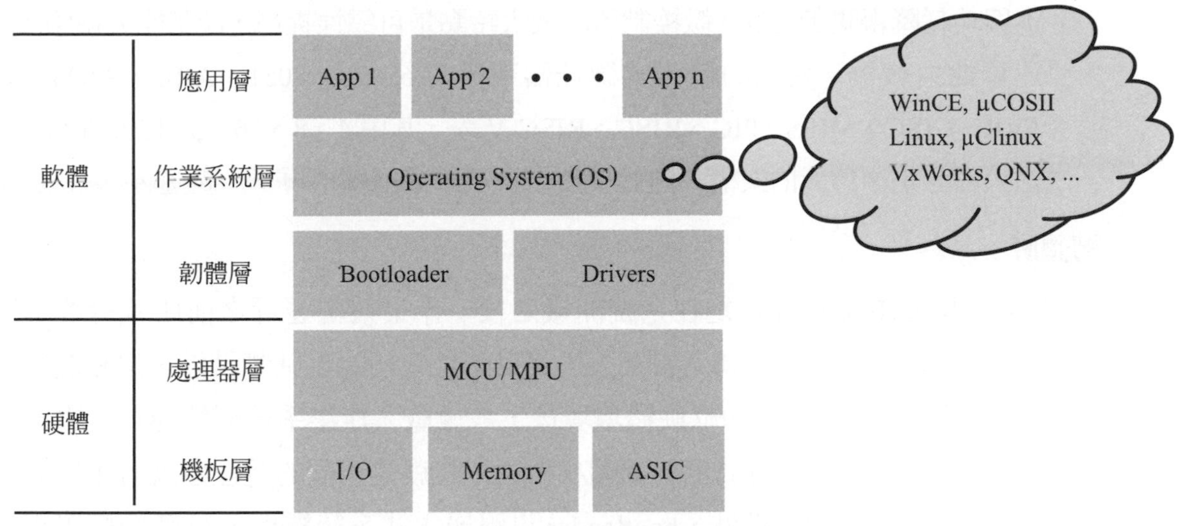

圖 1-4-1　嵌入式系統的組成架構

2. 處理器層

處理器層為嵌入式系統控制與運算的核心，根據不同的應用規劃可以區分成微處理器 (Micro Processor Unit, MPU) 與微控制器 (Micro Controller Unit, MCU) 二大類。

(1) 嵌入式微處理器 (MPU)：是由一般通用型的 CPU 演變而來的，由於 IO 接腳受限，控制能力較弱，但是計算能力得到極大的提升，具有強大的運算能力，跟高效能的表現，通常是 16 或 32 位元，甚至是 64 位元的架構，與桌上型 PC 處理器相較之下，最大的差異點在嵌入式微處理器只保留了和嵌入式應用相關的功能單元，移除了其他多餘沒有用到的功能單元，換句話說，嵌入式微處理器是一般 PC 處理器的瘦身版，這樣除了可以降低成本、減少體積之外，更可以最低的功耗和最少的資源實現嵌入式系統的應用。常見的嵌入式處理器有 Intel Celeron、Atom、386EX、SPARC、SC-400、PowerPC、68000、MIPS、Alpha21xxx 系列、ARM/StrongARM、AVR/AVR32 系列等。

(2) 嵌入式微控制器 (MCU)：從 1970 年代開始發展到現在，已有將近 50 年的歷史，但這種極為簡單的控制器在嵌入式設備中仍被廣泛的使用，是目前嵌入式系統的主流，市占比約為 70%。嵌入式微控制器都是以單晶片的型態實現，內部整合了各式各樣的記憶體、匯流排、A/D、D/A 轉換器、定時器、I/O、串列埠等各種必要功能和周邊設備，換句話說，嵌入式微控制器 MCU 就是將整個計算機系統整合在一塊小晶片當中，和嵌入式微處理器相比，除了成本與功耗降得更低之外，微控制器的最大特點是可靠性提高，控制能力極強，運算能力較弱。常見的嵌入式微控器架構有 68000、8051、ARC、ARM、AVR、CISC、MIPS、PIC、RISC、RISC-V 等，其中 4、8、16、32 位元都有，絕大部分是 8 位元的架構，由於型號太多了，這裡就不再一一贅述。

3. 韌體層

開機載入程式 (Bootloader) 是在系統開機之後，作業系統運行之前所執行的一段特殊程式，bootloader 的程式碼通常不大，其目的是在初始化硬體設備、建立記憶體空間的映射表，在完成系統的軟硬體環境後，最後載入作業系統開始運行。對嵌入式系統而言，bootloader 具有高度的硬體相依性，也就是不同的處理器就有不同的 bootloader，除了處理器的架構外，bootloader 也跟嵌入式系統機板上設備的配置相關，對於 2 塊不同的嵌入式機板，即使它們使用同一種處理器，bootloader 也無法共用，常見使用在嵌入式系統的 bootloader 有 Redboot、ARMboot、U-boot、Blob(Boot Loader Object)、Bios-It、Bootldr 等。

4. 作業系統層

嵌入式作業系統 (Embedded Operating System, EOS) 是嵌入式設備或系統專用的作業系統，其目的在執行特定的任務以幫助設備的運行。嵌入式作業系統建立在開機載入程式 Bootloader 與驅動程式之上，主要負責嵌入式系統全部軟硬體資源的分配、調度、控制和協調，並爲開發應用程式提供一致的基礎以及標準的介面，開發者可以根據系統的功能特色，選用最適合的嵌入式作業系統，詳細內容請參考章節 1-5。

5. 應用層

如圖 1-4-1 所示，簡單的嵌入式系統通常不需要應用層的存在，甚至也可以不需要作業系統這一層，使用者只要將寫好的程式碼直接運行在硬體層之上即可，但是不要忘了，底層的硬體設備還是需要 bootloader 的初始驅動，所以 bootloader 依舊是不可缺少的系統核心。應用層是唯一與硬體無關的程式碼撰寫，開發者只需要聚焦在程式語言和開發工具的學習，在開發環境中實現產品的功能即可，由於嵌入式系統的限制較多，而且在應用端的多樣性很高，所以應用層的軟體撰寫還是非常有挑戰性的。

1-5 嵌入式作業系統

一般而言，嵌入式作業系統都有一個基本核心，再加上其它必要的系統服務，由於記憶體容量有嚴格的限制，所以嵌入式作業系統的核心都非常的精簡小巧，與一般作業系統比較，除了都具備最基本的功能，如工作排程、同步機制、中斷處理、IO 讀寫之外，嵌入式作業系統還有下列幾項特點：

1. 輕量化與快速

大多數嵌入式系統的記憶體容量和 CPU 能力都有嚴格的限制，開發人員在編譯作業系統時，可根據現有的硬體與應用，刪除不需要的系統模塊，這將造成嵌入式作業系統具備輕量化的特性，提供更快的執行速度。

2. 即時運算 (Real-time operation)

即時運算的定義為「任務的執行是有時間限制的」，這個時間稱為截止時間 (Deadline)，大部份的嵌入式作業系統都具備即時運算的特性，也就是說，如果有一個任務需要執行，嵌入式作業系統會馬上執行該任務，不會有無法預期的延遲，這種特性保證了每個任務都能被及時的執行與完成。

即時運算可進一步的區分成二類，若截止時間可允許變動，稱為軟即時 (Soft real-time) 系統，此時些微的延遲並不會造成錯誤的結果；相反的，截止時間不可變動，任務必須在給定的時間範圍內完成，否則就會出現錯誤或不可接受的結果，稱為硬即時 (Hard real-time) 系統，例如煞車控制系統、紅綠燈控制系統。

3. 反應式運算 (Reactive operation)

指任務的執行一定是由事件 (Event) 所觸發，也就是事件驅動 (Event driven)，事件可以是感測器 (Sensor) 的輸入、設定的時間、或是輸入裝置的中斷。大部份的嵌入式作業系統都具備事件驅動的特性，例如防盜警報系統，當紅外線感測器偵測到有人闖入警戒區域時，就會發出訊號觸發系統，執行後續通報以及警鈴大作的任務。

4. 可配置性 (Configurability)

嵌入式作業系統的配置取決於硬體的設計和應用，這表示每一個嵌入式系統都有一個專屬且客製化 (Custom) 的嵌入式作業系統配置。可配置性允許開發者依照應用需求重新配置作業系統，其實現方法是使用條件式編譯，更改不同硬體選項的參數，只編譯需要的系統模塊 (Module)，就可配置出最符合需求的嵌入式作業系統。

5. 直接使用中斷

與一般作業系統不同，嵌入式作業系統提供直接使用中斷 (Interrupt) 的功能，這在發生需要立即處理的事件時非常的重要，唯有透過中斷才能對周邊設備有更全面直接的控制。在直接使用中斷時，允許搶占 (Preemptive) 是一個關鍵的選項，因爲它讓排程服務在接收到中斷時，可以暫停某個正在進行的事件，將 CPU 資源從暫停事件轉移到中斷事件。

6. 簡化的保護機制

嵌入式系統通常是爲有限而且定義明確的功能而設計的，所以軟體都是在經過反覆測試之後，才能加入到系統穩定的執行，那些不穩定或是未經測試的程式，根本不可能有機會加入運行。換句話說，嵌入式作業系統是建立在運行的軟體都是可靠安全的基礎之上，所以與一般作業系統比較，除了必要的安全措施之外，嵌入式作業系統的保護機制是比較簡化而不嚴謹的，例如 I/O 指令不必是陷入作業系統的特權指令，任何程式都可以直接執行 I/O 指令。

1-5-1 常見的嵌入式作業系統

1. 嵌入式 Linux

嵌入式 Linux 是基於 Linux 核心發展而來，使用在嵌入式裝置的作業系統，也可說是運行在嵌入式裝置上的 Linux 作業系統的統稱，常見的應用包括消費性電子產品 (例如機上盒、智能電視、個人錄影機、車載資訊系統)、網絡設備 (例如路由器、交換機、無線存取點 (WAP) 或無線路由器)、機器控制、工業自動化、導航設備、航空器以及醫療設備。

在這裡我們不得不介紹大名鼎鼎的 Linux 作業系統，Linux 作業系統是基於 Linux 核心 (Kernel) 所發展出一系列類似 Unix(Unix-like) 的開源 (Open Source) 作業系統，Linux kernel 是由芬蘭赫爾辛基大學的 Linus Torvalds 所開發設計，在 1991/9/17 首次發布。Linux 通常包裝在 Linux 發行版中，發行版包括 Linux 核心以及支援的系統軟體和程式庫，目前比較流行的 Linux 發行版有 Debian、Fedora 和 Ubuntu，商業發行版則有 Red Hat Enterprise Linux (RHEL) 和 SUSE Linux Enterprise Server，由於 Linux 具有開源、免費且可自由發行的特色，因此任何人都可以出於任何目的創建發行版。Linux 最初是爲 Intel x86 架構的個人電腦而開發的，自發布以來，明確的定位在開放原始碼以及免費使用，成爲一股勢不可檔的潮流，後來迅速發展幾乎所有的平台都可支援，是目前最熱門且最廣為使用的作業系統。

2. μClinux

μClinux 為 Micro Controller Linux 的縮寫，通常唸成「you-see-linux」，是一款在 1998 年設計開發的嵌入式作業系統，為 Linux 核心的衍生版本，其目的是使用在沒有記憶體管理單元 (MMU) 的嵌入式系統。初期支援的平台只限於 Motorola 68k 的嵌入式處理器，後來迅速發展，已擴展到其他主流的平台。

3. WinCE

WinCE 是美國微軟公司 (Microsoft) 在 1996 年開發，專為 Windows 嵌入式產品所設計的一款作業系統，在 2006 年更名為 Windows Embedded CE，後來在 2010 年再次更名為 Windows Embedded Compact，與從 Windows NT 發展而來的 Windows Embedded Standard 不同，WinCE 使用不同的混合核心，提供了技術基礎並且授權原始設備製造商 (OEM) 可以修改和建立自己的使用者界面和體驗，WinCE 的特色就是針對只具備少量記憶體的設備進行了最佳化，即使在記憶體只有 1MB 的條件下，它的核心仍可正常的運行。WinCE 不僅繼承了傳統的 Windows 圖形界面，並且在 WinCE 平台上可以使用 Windows 95/98 上的編譯工具，如 Visual Basic、Visual C++ 等，使用同樣的函數，使用同樣的界面風格，大部份的應用程式只需簡單的修改，就可移植到 WinCE 平台上繼續使用。

4. QNX

QNX 是一個 Unix-like 的即時作業系統，其功能聚焦在執行效能和可靠性，使嵌入式設備能夠及時且無缺陷地運行任務。QNX 產品定位主要是針對嵌入式系統市場，該產品最初由加拿大 Quantum Software Systems 公司於 1980 年代初開發，後來更名為 QNX Software Systems，該公司最後在 2010 年被 BlackBerry 收購。QNX 是最早獲得商業化成功的微核心 (Microkernel) 作業系統之一，目前已廣泛用於汽車和行動電話等各種嵌入式系統中，支援的處理器平台有 Intel 8088、x86、MIPS、PowerPC、SH-4、ARM、StrongARM、XScale。

5. VxWorks

VxWorks 是由美國 Wind River Systems 公司開發的即時作業系統 (RTOS)，於 1987 年發佈初始版本，其設計目的是使用在要求即時性、確定性性能以及需要安全認證的嵌入式系統上，例如航空太空、國防、醫療設備、工業設備、機器人、能源、運輸、網絡基礎設施、汽車和消費類電子產品。支援的處理器平台包含 Intel、Power、ARM 三大架構，有 Intel x86 (包含 Intel Quark)，x86-64，MIPS，PowerPC，SH-4，ARM。

6. INTEGRITY

INTEGRITY 是由 Green Hills Software 公司開發的一款強調安全與可靠性、可用性、服務性的即時作業系統，該系統從設計初期就套用最新的 RTOS 技術，所以沒有早期 80 年代 RTOS 需要考慮的相容性問題，值得一提的是，2008 年推出的 INTEGRITY-178B，在當時更是第一個也是唯一一個通過 EAL 6+ 高穩健性認證的作業系統，這是軟體產品所能達到的最高安全級別。INTEGRITY 系統的特點列舉如下：提供完整的中介軟體 (Middleware) 與平台，具可靠性的結構，提供硬即時 (Hard real-time) 的效能，記憶體資源的可確保性，高階的多核支援，嵌入式虛擬化技術。

INTEGRITY 使用硬體記憶體保護來隔離和保護嵌入式應用程序，安全分區 (Secure partitions) 為每個任務提供正確執行所需要的資源，並充分保護作業系統和使用者任務，免受錯誤和惡意程式碼的侵害，包括拒絕服務攻擊、蠕蟲和特洛伊木馬，與其它使用記憶體保護的作業系統不同，INTEGRITY 不會為了安全和保護而犧牲即時效能。綜合以上說明，INTEGRITY 是建立在分區架構之上，使嵌入式開發人員能夠確保他們的應用程式滿足對安全性、可靠性和性能的最高要求。

INTEGRITY 可支援的處理器包含 ARM、XScale、Blackfin、ColdFire、MIPS、PowerPC、IA-32、x86-64，由於特別強調安全以及可信賴的特性，使得 INTEGRITY 已成為一個經過嚴格測試和穩定的作業系統，廣泛的使用在航空太空、汽車、軍事、工業、醫療和消費領域，例如：波音 787 夢幻客機 (Dreamliner)、F-22 猛禽戰機、豐田 Prius 汽車、龐巴迪 (Bombardier) 列車控制系統、Stryker 內視鏡關節鏡切除系統等，如圖 1-5-1 所示。

圖 1-5-1　INTEGRITY 嵌入式作業系統的應用範例

Chapter 2 認識 Arduino

2-1 Arduino 的歷史

Arduino 是目前全球最廣爲人知跟使用的開放原始碼(Open source)的軟硬體系統，第一塊 Arduino 開發版是在 2005 年推出，目的是爲了要幫助那些沒有電子電路和撰寫控制程式相關經驗的學生，可以快速完成設計理念的實現，或是系統原型的開發，因爲 Arduino 具備了開放性、擴充性，再加上容易使用、價格又不貴，所以很快的就成爲嵌入式系統以及物聯網創客心目中開發晶片時的首選。

根據官方網站的說法，Arduino 有五位共同創始人，分別爲馬西莫·班齊(Massimo Banzi)、大衛·奎提耶斯(David Cuartielles)、湯姆·伊果(Tom Igor)、大衛·梅利斯(David Mellis)、贊盧卡·馬提諾(Gianluca Martino)，其中又以 Massimo 爲最核心的研發主導。Arduino 這個名稱並不是系統縮寫，也不是寵物的名字，根據創始人 Massimo 的自述，命名 Arduino 的靈感是來自創始地義大利 Ivrea(伊夫雷亞) 鎮上的一間酒吧，他們會在這酒吧聚會討論，而這間酒吧的店名就是 Arduino，店名的由來是爲了紀念 Ivrea 這個小鎮曾經出現過的君主 Arduino，他是 Ivrea 伯爵，也是 1002 年至 1014 年期間的義大利國王。查了一下 Arduino 這個義大利名字的含意是 「強大的朋友」，其實還蠻貼切的。

Arduino 初始開發的地點是在義大利北部 Ivrea 的一所設計學院 Interaction Design Institute of Ivrea(IDII)，這也是 Massimo 所任教的學校，當時 Massimo 在指導學生開發系統時，都是使用 BASIC Stamp 微控晶片，BASIC Stamp 的缺點除了價格較高、效能不好之外，最讓人詬病的是不具開放性以及使用不便，因此 Massimo 就計畫要提出一個可以取代 BASIC Stamp 的整合開發系統，目標不僅要有低價高效能的硬體晶片，也同時要具備友善且容易使用的軟體開發環境。Massimo 的計畫在 2003 年由他所指導的一名碩士學生賀南多．巴拉岡 (Hernando Barragan) 提出第一個名爲 Wiring 的開發平台，此平台不僅是 Hernando 的碩士論文的題目，也是 Massimo 想法的初步實現，Wiring 的構成組件，硬體是一塊具有 ATmega168 微控器的印刷電路板，軟體則是基於 Processing 計畫所發展出來友善而且容易撰寫程式的整合開發環境 (IDE)。

Wiring 在 2003 年提出之後獲得很大的成功及迴響，但是 Massimo 理想中的開發系統是更簡單、更便宜、更容易使用，因此在 2005 年 Massimo 與其他成員將 Wiring 的微控器換成了更便宜的 ATmega8，並且終止了 Wiring 計畫的參與，進而開啓另一個計畫，另一種說法是分支出 (Fork) 另一個計畫，後來重新命名爲 Arduino，這是 Arduino 這個名稱首次見諸於世，令人好奇的是 Hernando 並未受邀參加 Arduino 的核心團隊，而是單獨地持續 Wiring 平台的開發，反觀 Massimo 陣營則是結合更多的產學資源大力的推動，一舉將 Arduino 成功的推上國際成爲市場的主流。

所以要說到 Arduino 就不得不提 Wiring，由以上說明我們知道關於 Arduino 與 Wiring 的由來淵源，市場上有二種不同的說法，如圖 2-1-1 所示。版本一是 Hernando 的說法，2003 年由他先提出 Wiring，而 Arduino 則是在 2005 年根據他所提的 Wiring 修改後推出。版本二是 Massimo 的說法，他說 Wiring 與 Arduino 二者皆源自於他在 2003 年的一個 Programma2003 計畫，同年在他的指導下 Hernando 提出了 Wiring 開發平台，並以此爲碩士論文題目取得學位，而 Arduino 則是在 2005 年簡化硬體後推出，有趣的是 Massimo 是 Hernando 的指導教授，但 Hernando 又被排拒在 Arduino 核心團隊之外，所以這中間的愛恨情仇就看讀者自己的解釋了，有興趣的讀者可以自己 Google 仔細推敲。

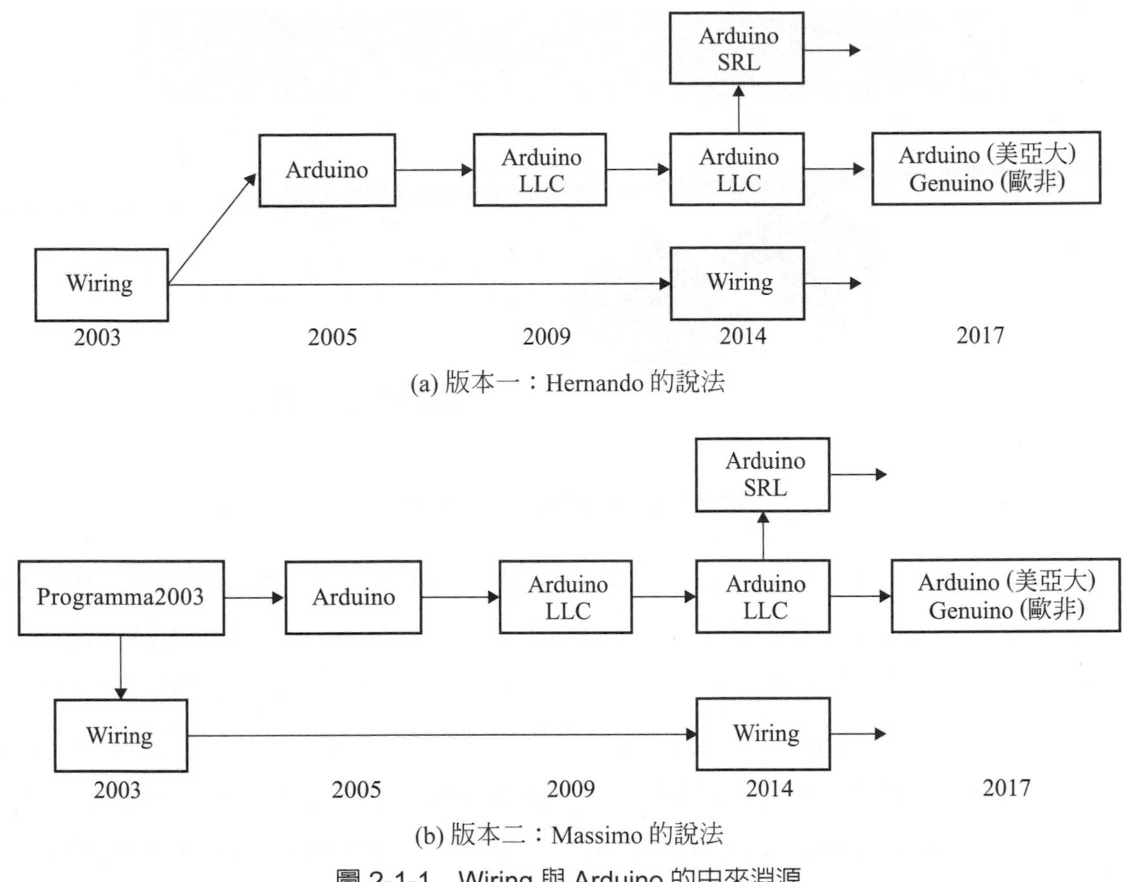

(a) 版本一：Hernando 的說法

(b) 版本二：Massimo 的說法

圖 2-1-1　Wiring 與 Arduino 的由來淵源

不過跟隨著利益而來的總是理不清的糾紛，在 2009 年 Arduino 的核心團隊正式將公司名稱改為 Arduino LLC (Arduino.cc)，主要負責 Arduinod 開發板的規劃設計，並管理相關的開放原始碼與社群，而開發板的硬體則是委由義大利的 Smart Projects 這家公司生產製造，一直到 2014 年，Martino 與其他創始人對公司的經營理念不同，據傳是因為其他人希望將 Arduino 國際化，並且可以免費地授權給其它公司生產，而 Martino 則主張成立上市公司，將 Arduino 所有的生產製造都留在義大利境內，導致 Martino 另外請 Federico Musto 擔任 Smart Projects 新的執行長，並且把公司名稱改為 Arduino SRL (Arduino.org)，自此這二家都宣稱自己是 Arduino 合法的公司，並且同樣都在販售 Arduino 相關的產品，針對此一發展在 2015 年 Arduino LLC 就已對 Arduino SRL 提出正式的侵權控告，不過在 2016 年底，這二家 Arduino 公司已達成和解並且把 Arduino 的銷售窗口合而為一了。

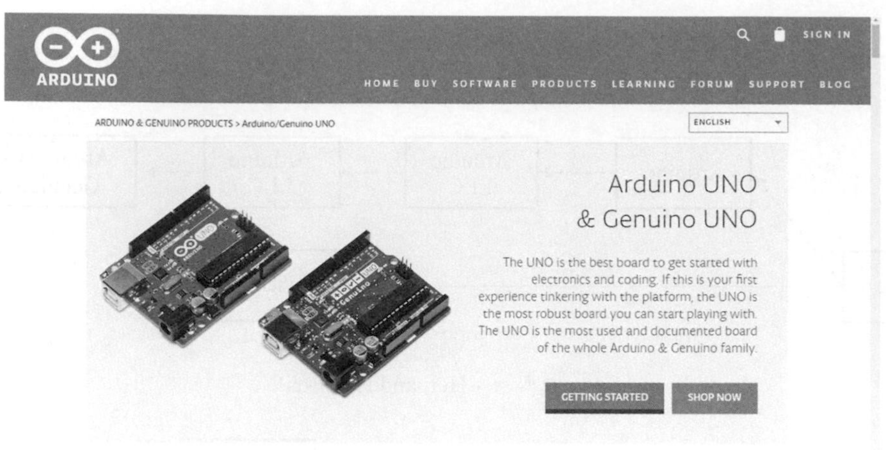

圖 2-1-2　Arduino 與 Genuino

另外值得一提的是，從 2017 年開始在市場上 Arduino 開發板會有另外一個名稱 Genuino 出現，Genuino 並不是仿冒的山寨版，它與 Arduino 完全沒有差別，換句話說就是同一件產品，但是有二種不同的名稱，原因是 Arduino 這個名稱早在 2008 年底就由 Martino 的公司 Smart Projects 在義大利註冊商標，這件事情在其他四位共同創始人毫不知情的情況下，一直到 2010 年 Arduino LLC 公司在美國註冊 Arduino 商標時才被揭露，導致 Arduino LLC 只有在美洲、亞洲、大洋洲擁有 Arduino 的商標權，而歐洲及非洲地區則是由 Arduino SRL 擁有 Arduino 的商標權，因此 Arduino LLC 公司的開發板在歐洲及非洲地區只能改用 Genuino 販售，如圖 2-1-2 所示。綜合以上說明，儘管商標權的紛擾不止，本書還是使用 Arduino 統稱這些同物異名的開發板，因爲 Arduino 這個名稱不僅代表它在創客界不可動搖的地位，也是開放原始碼的最佳典範。

2-2 Arduino 的特色

Arduino 從 2005 年正式推出到現在，不過短短的 10 餘年，但是在開發嵌入式系統與物聯網的領域卻起了排山倒海的影響，不管是專業的開發工程師或是業餘的創客幾乎是人手一片，而實際應用的範例從日常的生活用品到複雜的科學儀器，Arduino 早已是這些成千上萬個產品最核心的控制晶片，由此可見 Arduino 的魅力，但是成功不是偶然也絕非僥倖，仔細分析 Arduino 之所以風靡全球的原因，可以歸納出如圖 2-2-1 的幾點特色：

(1) 親民的價格
(2) 簡潔友善又可跨平台的整合開發環境 (IDE)
(3) 簡單易學的程式語言
(4) 開放原始碼且可擴充的軟體
(5) 開放原始碼且可擴充的硬體

圖 2-2-1　Arduino 的特色

1. 親民的價格

跟其他微控器開發平台相較之下，Arduino 開發板的價格算是相對的便宜，從最便宜的 Mini 只要美金 15 元左右，到高階整合微控器與微處理器的 Yun 也只要美金 68 元，產品的主力約落在 20 ~ 50 美元的區間，這對入門的新手與非專業的創客而言具有相當大的吸引力，不需要雄厚的財力，也不必花費太高的成本，只需要創意巧思就能實現自己的設計，人人都有成功的機會。

2. 簡潔友善又可跨平台的整合開發環境 (IDE)

大部分的微控器開發環境都必須在特定的作業系統上執行，Arduino 的軟體，也就是整合開發環境 (IDE)，可在 Window、Mac 或 Linux 不同的作業系統上執行，不管你是使用哪一種作業系統，你都不必改變原來習慣的環境而直接進行系統的開發，而且介面簡潔友善容易使用，但又不失可以動態擴充的彈性，所以對初學者而言，可以很快的熟悉進入狀況，而對專業的開發工程師而言，更可隨時搭配硬體的需求動態的擴充程式庫。

3. 簡單易學的程式語言

Arduino 的程式語言繼承了 C 語言的概念，是一個結構化的中階語言，使用起來並不複雜，沒有低階語言的艱澀難懂，又可達成高階語言缺乏的精準控制，只要具備一些基礎的程式概念，甚至是完全沒有程式概念的新手，都能很快的熟悉應用並且實現自己的設計，成爲創客高手。

4. 開放原始碼且可擴充的軟體

Arduino 的軟體包含 IDE 與 Arduino 自己的程式語言，這二者都是以開放原始碼的方式公開發布，尤其 Arduino 的程式語言可以透過 C++ 的程式庫加以擴充，若使用者想要了解更詳細的技術內容，可以進一步的探究 AVR-C 的程式語言，因爲 Arduino 的程式語言就以 AVR-C 爲基礎加以發展而成，所以如果有需要，使用者甚至可以將 AVR-C 的程式碼直接套用到 Arduino 的程式。

5. 開放原始碼且可擴充的硬體

Arduino 原創的精神就是開放原始碼，不管是軟體或是硬體，根據 Arduino 的官方網站指出，爲達到硬體開放原始碼的目標，所有 Arduino 原始的電路設計檔案皆以 Eagle CAD 的格式公開發布，不管是個人或是公司只要遵循「創作共用、姓名標示、相同方式分享」(Creative Commons Attribution-Share Alike License) 的規範就能取得 Arduino 電路設計檔案的授權。所以有經驗的工程師可以參考公開的 Arduino 硬體電路，替換適用或是效能較好的模組單元，以符合自己設計的需求；而想要省錢的開發者更可使用麵包板，搭配自己購買的相關零組件實做出更便宜但又與 Arduino 功能相同的開發板電路。

2-3 Arduino 的硬體

對開發工程師或創客來說，Arduino 最強大的優點就是它兼具開放性與擴充性的硬體，因爲開放性，讓眾多的電子零件廠商得以開發支援 Arduino 的各種 I/O 裝置，如馬達驅動器、感測器、顯示裝置、通訊裝置等，同時也因爲擴充性，幾乎你想像得到的各種應用，都有現成的 Arduino 擴充板可以取得。Arduino 官網上列出來的開發板數量繁多，如表 2-3-1 所示，依其等級跟應用範圍我們可以簡單的分成一般入門等級、進階功能等級、物聯網應用，以及穿戴式應用等四大類，使用者可依照自己設計的需求及成本來選擇最適合的開發板型號。本書限於篇幅無法對所有的開發板一一說明，表 2-3-2 僅列出這些開發板的部分規格，有興趣的讀者可自行參閱 Arduino 官網更詳細的介紹。

表 2-3-1　Arduino 開發板的分類

分類	Arduino 開發版
一般入門等級	UNO　LEONARDO　101　ROBOT　ESPLORA MICRO　NANO　MINI
進階功能等級	MEGA　ZERO　DUE　MEGA ADK　PRO　M0　M0 PRO MKR ZERO　PRO MINI
物聯網應用	YUN　ETHERNET　TINA　INDUSTRIAL 101　LEONARDO ETH MKR FOX 1200 MIKR 1000　YUN MINI
穿戴式應用	GEMMA　LILYPAD ARDUINO　LULYPAD ADRUINO MAN BOARD LILYPAD ARDUINO SIMPLE　LILYPAD ARDUINO SIMPLE SNAP

表 2-3-2　Arduino 開發板的規格列表

產品	微控制器/微處理器	工作電壓	數位I/O 接腳	類比I/O 接腳	時脈速度	Flash	SRAM	EEPROM	價格
UNO R3	ATmega328P	5V	14 (6 PWM)	6 in	16 MHz	32KB	2KB	1KB	$ 21.21
LEONARDO	ATmega32u4	5V	20 (7 PWM)	12 in	16 MHz	32KB	2.5KB	1KB	$ 19.80
101	Intel Curie	3.3V	14 (4 PWM)	6 in	32 MHz	196KB	24KB	-	$ 30.00
ESPLORA	ATmega32u4	5V	-	-	16 MHz	32KB	2.5KB	1KB	$ 43.89
MICRO	ATmega32U4	5V	20 (7 PWM)	12 in	16 MHz	32KB	2.5KB	1KB	$ 24.95
NANO	ATmega328	5V	22 (6 PWM)	8 in	16 MHz	32KB	2KB	1KB	$ 22.00
MINI 05	ATmega328	5V	14 (6 PWM)	8 in	16 MHz	32KB	2KB	1KB	$ 15.40
MEGA 2560 R3	ATmega2560	5V	54 (15 PWM)	16 in	16 MHz	256KB	8KB	4KB	$ 39.06
ZERO	ATSAMD21G18 (a 32-bit ARM Cortex M0+)	3.3V	20 (18 PWM)	6 in, 1 out	48 MHz	256KB	32KB	-	$ 38.61
DUE	AT91SAM3X8E	3.3V	54 (12 PWM)	12 in, 2 out	84 MHz	512KB	96KB	-	$ 37.40
MEGA ADK R3	ATmega2560	5V	54 (15 PWM)	16 in	16 MHz	256KB	8KB	4KB	$47.30
M0	ATSAMD21G18	3.3V	20 (12 PWM)	6 in, 1 out	48 MHz	256KB	32KB	-	$ 22.00
M0 PRO	ATSAMD21G18	3.3V	20 (12 PWM)	6 in, 1 out	48 MHz	256KB	32KB	-	$ 42.90
MKR ZERO	ATSAMD21G18	3.3V	22 (12 PWM)	7 in, 1 out	48 MHz	256KB	32KB	-	$ 21.90
YÚN	ATmega32U4 (MCU)	5V	20 (7 PWM)	12 in	16 MHz	32KB	2.5KB	1KB	$ 68.20
	Atheros AR9331 (MPU)	3.3V			400 MHz	16MB	64 MB DDR2 RAM		
ETHERNET	UNO (ATmega328) + W5100 Ethernet Controller	5V	14 (4 PWM)	6 in	16 MHz	32KB	2KB	1KB	$ 43.89
TIAN	ATSAMD21G18 (MCU)	3.3V	20 (12 PWM)	6 in	48 MHz	256KB	32KB	-	$ 95.70
	Atheros AR9342 (MPU)	3.3V			560 MHz	16KB	64MB DDR2 RAM		
INDUSTRIAL 101	ATmega32U4 (MCU)	5V	20 (7 PWM)	12 in	16 MHz	32KB	2.5KB	1KB	$ 38.50
	Atheros AR9331 (MPU)	3.3V			400 MHz	16MB	64 MB DDR2 RAM		
LEONARDO ETH	LEONARDO (ATmega32u4) + W5500 Ethernet Controller	5V	20 (7 PWM)	12 in	16 MHz	32KB	2.5KB	1KB	$ 43.89
MKR1000	MKR Zero + Wi-Fi Shield	3.3V	20 (12 PWM)	7 in, 1 out	48 MHz	256KB	32KB	-	$ 34.99
YÚN MINI	ATmega32U4 (MCU)	5V	20 (7 PWM)	12 in	16 MHz	32KB	2.5KB	1KB	$ 61.60
	Atheros AR9331 (MPU)	3.3V			400 MHz	16MB	64 MB DDR2 RAM		
LILYPAD USB	ATmega32u4	3.3V	9 (4 PWM)	4 in	8 MHz	32KB	2.5KB	1KB	$ 24.95
LILYPAD MAIN BOARD	ATmega168 / ATmega328V	3.3V	14 (6 PWM)	6 in	8 MHz	16KB	1KB	0.5KB	$ 19.95
LILYPAD SIMPLE	ATmega328	3.3V	9 (5 PWM)	4 in	8 MHz	32KB	2KB	1KB	$ 19.95
LILYPAD SIMPLE SNAP	LILYPAD SIMPLE + Battery + Snap	3.3V	9 (5 PWM)	4 in	8 MHz	32KB	2KB	1KB	$ 29.95

2-3-1 AVR 微控制器 (MCU) 晶片

從表 2-3-2 的規格列表中，我們發現幾乎所有的 Arduino 開發板都是採用 Atmel 這家公司生產的 AVR 系列的微控制器晶片，換句話說，Arduino 就是 AVR-base 的開發板，所以要了解 Arduino 的硬體就一定要介紹 AVR 晶片。AVR 是 Atmel 從 1996 年起開始發展的一系列微控制器，它是精簡指令集 (RISC) 架構的單晶片，而且是第一個使用晶片上快閃記憶體來儲存程式碼的微控制器，這是一個非常具有競爭力的特色。

早期 AVR 微控制器是由挪威的北歐積體電路公司 (Nordic VLSI) 所研究開發的，因爲它是由當時在 Nordic VLSI 公司工作的兩名挪威理工學院的學生 Alf-Egil Bogen 和 Vegard Wollan 所共同提出的 RISC 架構，所以各取其字首才命名爲 AVR，後來 Nordic VLSI 公司決定將整個 AVR 部門轉售給 Atmel，並且改名爲北歐半導體公司 (Nordic Semiconductor)，於是 Bogen 和 Wollan 二人也跟著 AVR 計畫一起轉換到 Atmel 挪威子公司持續開發，他們不僅優化了 AVR 內部的架構，並且更進一步的和來自瑞典 IAR 公司的編譯器開發團隊緊密合作，確保能提供更高效率的高階程式語言編譯能力。根據 Atmel 公司的統計，從 1997 年第一代 8 位元 AVR 微控制器發表以來到 2003 年爲止，已銷售超過 5 億顆具有快閃記憶體的 AVR 微控制器，被廣泛地應用在各種嵌入式系統當中，而 2005 年開始上市的 Arduino，因爲採用的正是 AVR 系列的微控晶片，這更讓 AVR 微控晶片的市占率如虎添翼大幅地提升，根據 Atmel 官網的介紹，目前 AVR 微控制器依其功能與特性可以區分成 tinyAVR(ATtiny 系列)、megaAVR(ATmega 系 列)、AVR XMEGA(ATxmega 系 列)、32-bit AVR UC3 (ATUC/AT32UC 系列)、電池管理 (Battery Management)、汽車系統 (Automotive) AVR 等六個系列，分別簡述在表 2-3-3 的表格中。

不過科技市場總是瞬息萬變，無時無刻都在上演著併購的戲碼，既然打不過你，不是把你買下來就是乾脆賣給你，在 2016 年 1 月 19 日一個震驚市場的消息，微芯科技 (Microchip) 宣布成功收購 Atmel，兩家公司已完成簽約，併購金額高達 35.6 億美元，由於二家公司原來的產品線就存在著相當程度的互補性，因此微芯決定併購後，雙方原有的主力產品線都將原封不動繼續供應給客戶，所以現在 Arduino 結合 AVR 開放原始碼的狀況依舊沒有改變，大家不必太過擔心。

表 2-3-3　AVR 微控制器的分類列表

MCU 系列	規格參數	應用範圍	特色 / 優點	總結
tinyAVR (ATtiny 系列)	8 位元 0.5-16KB Flash 接腳數 6-32 最高時脈 20MHz 效能 1.0 MIPS/MHz	一般馬達 基礎馬達控制 燈光照明	面積小 整合度高 高效率的程式碼 適用物聯網	小巧但功能強大
megaAVR (ATmega 系列)	8 位元 4-256KB Flash 接腳數 28-100 最高時脈 20MHz 效能 1.0 MIPS/MHz	一般應用 燈光照明 LCD	使用最廣泛 開發迅速 低功耗 完整的類比 I/O 適用物聯網	最多周邊設備跟選擇
AVR XMEGA (ATxmega 系列)	8/16 位元 8-384KB Flash 接腳數 32-100 32MHz 效能 1.0 MIPS/MHz	一般應用 燈光照明 LCD	即時效能 高精度的類比 I/O 支援 AVR 軟體程式庫 XMEGA 客製化邏輯	極致效能的 8 位元微控制器
32-bit AVR UC3 (ATUC/AT32UC 系列)	32 位元 16-512KB Flash 接腳數 48-144 最高時脈 66MHz 效能 1.5 MIPS/MHz	一般應用	高速的運算效能 大量的資料處理 支援 AVR 軟體程式庫 周邊擴充性佳 低功耗	是目前效率最高的 32 位元微控制器
Battery Management (電池管理)	8 位元 1.8-25V 操作電壓 8-40KB Flash 接腳數 28-48 最高時脈 8MHz 效能 1.0 MIPS/MHz	電量量測 電池平衡 短路保護 過熱保護	精確又安全 具電量感知的控制 智慧認證	鋰離子電池管理
Automotive AVR (汽車系統)		汽車系統	高效能 受保護的程式碼 內建電壓過載保護 能量效率高	智慧且堅固耐用的車載控制

2-3-2 UNO 開發板的介紹

「工欲善其事，必先利其器」，接下來我們必須要選擇一塊適合的開發板來當做本書的教學平台，當然考量的前提必須要符合 (1) 簡單而且穩定。(2) 具有代表性，表示學了這塊板子，其它型號的開發板也可以此類推，不必重新學習。(3) 銷售量高，相對的人氣討論度也高，代表使用人數愈多，網路上可利用的資源也會愈多。(4) 可擴充的 I/O 裝置，除了價格便宜容易取得外，更要兼具多樣性。綜合以上的條件，我們決定採用的是 UNO 開發板，這也是絕大多數 Arduino 入門者第一塊擁有的開發板，在義大利文 UNO 的意思就是 ONE，代表開始也是唯一，實際上 UNO 不僅是 Arduino 第一塊上市販售的開發板，也是其它開發板的基準板，所以很適合入門的教學。

圖 2-3-1 是最新版 UNO R3 的電路圖，在此我們會詳細的介紹每個電路元件的功能，在學習的初期，你不必強迫自己要一次記住所有的元件功能，日後有需要時，再回來翻閱參考即可。

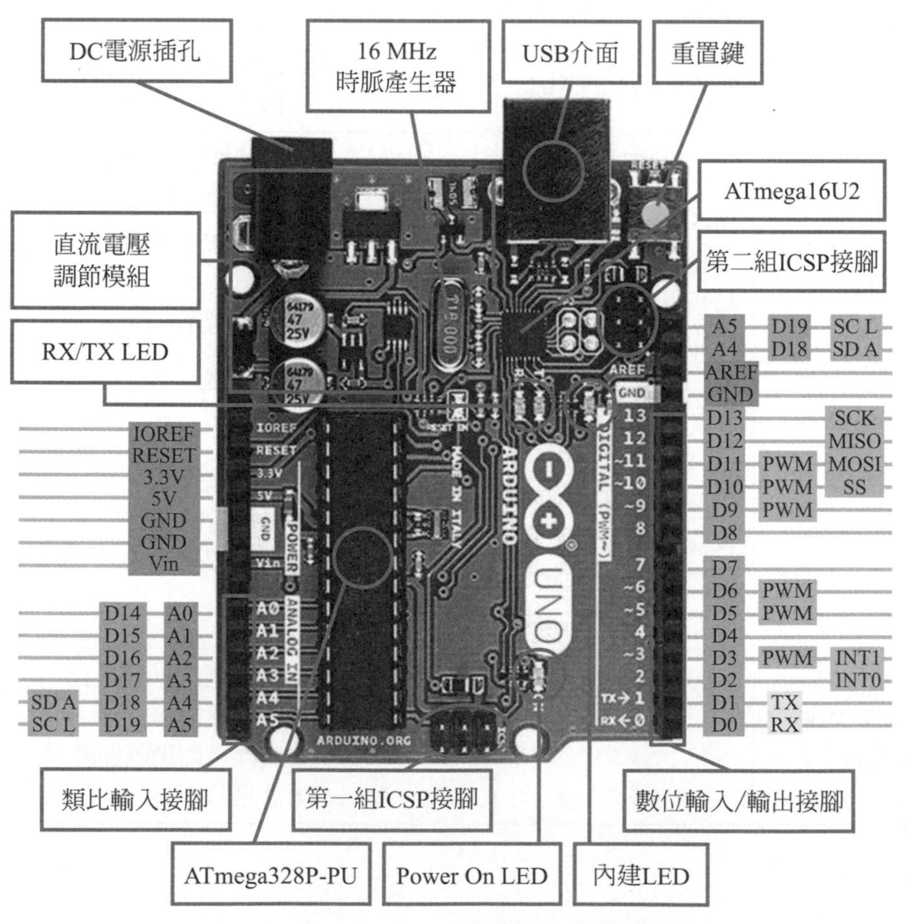

圖 2-3-1 Arduino UNO R3 開發板 (彩圖請詳見首頁)

1. ATmega328P-PU

這是 UNO R3 開發板上面積最大的晶片，也是最核心的微控制器。ATmega328P 是一顆擁有高效能低功耗的 8 位元 AVR RISC 的微控制器，首先我們從晶片的型號編碼來解析，接在編號 328 後面的「P」字元是代表採用了 picoPower 超低功耗的技術，反之，沒有「P」字元的就是比較早期沒有 picoPower 技術的晶片。再來是 -PU，「-」後第一個字元是代表晶片封裝的類型，如圖 2-3-2 所示，除了「-P」之外，還有「-A」與「-M」二種不同的封裝。而「-」後第二個字元是表示可正常工作的溫度區間，「U」是 -40℃ ~ 85℃，「N」是 -40℃ ~ 105℃，相較之下 N 是規格較高的晶片。

(a) ATmega328P-PU

(b) ATmega328P-AU

(c) ATmega328P-MU

圖 2-3-2　ATmega328P 晶片不同的封裝方式

表 2-3-4 是 ATmega328P 微控器的規格列表，我們可以從記憶體、運算處理單元以及節能模式這三個不同的方向來說明它的特色。(1)ATmega328P 微控器中儲存程式碼所採用的快閃記憶體是使用 Atmel 高密度非揮發性 (Non-volatile) 記憶體技術所製造，除了高耐用性之外，更提供真實的邊讀取邊寫入 (Read-While-Write) 能力以及系統內程式燒錄 (In-System Self-Programmable) 能力，可進一步提升記憶體的存取效能。(2)ATmega328P 是一顆經過改良的精簡指令集架構 (RISC) 的微控制器，處理單元內含 32 個 8 位元的暫存器，指令集共有 131 道指令，除了記憶體存取指令與乘法指令外，其餘的指令皆可在一個時脈週期完成，所以在 20 MHz 的時脈下可達到 20 MIPS(每秒百萬道指令) 的執行速度，跟傳統複雜指令集架構 (CISC) 的微處理器相比，最高可達到 10 倍的效能改進，是一顆擁有高度執行效能的微控制器。(3) 此外，它在電源管理部分有 6 種軟體可選擇的能源節省模式，分別爲閒置 (Idle) 模式、關機 (Power-down) 模式、節能 (Power-save) 模式、ADC 雜訊減少 (ADC Noise Reduction) 模式、待機 (Standby) 模式、擴展待機 (Extended Standby) 模式。使用者的應用程式可以藉由這 6 種節能模式的搭配使用，來達到兼具高效能與低功耗的最佳平衡。

表 2-3-4　ATmega328P 的規格列表

AT mega328P 的規格參數	
CPU 架構	8-bit, AVR enhanced RISC
快閃記憶體 (Flash)	32kB
靜態隨機存取記憶體 (SRAM)	2kB
電器可抹除唯讀記憶體 (EEPEOM)	1kB
數位通訊週邊	1 USART 2 SPI 1 I2C
其他 I/O 週邊	23 通用輸出輸入接腳 (GPIO pins) 6 PWM 通道 6/8 通道 10 位元類比數位轉換器 (ADC) 1 類比比較器 (Analog Comparator)
定時器 (Timer)	2 8-bit 定時器 1 16-bit 定時器 1 可程式化的看門狗定時器 (WDT)
接腳數	28 / 32
工作溫度	40℃ ~ 85℃
工作電壓	1.8 ~ 5.5V

2. 第一組 ICSP 接腳

ICSP 是 In Circuit Serial Programming 的縮寫，一般我們都稱爲「電路串列程式燒錄」或是電路串列編程，此組 3X2 的接腳可用來把程式碼直接燒錄到 ATmega328P-PU 微控單元上，不需經由 USB 介面傳輸。一般而言，我們把執行程式上傳 (或燒錄) 到 Arduino 最常使用的方法，是在 PC 的 IDE 環境下編譯後，透過 USB 介面傳輸到 Arduino 開發板上的微控單元，此種方法稱爲應用程式燒錄 (In Application Programming, IAP) 或是應用編程，這種方式雖然靈活方便，但是需要週邊設備的配合，還有最重要的一點是微控單元 MCU 中，需要先建立好開機載入程式 (Bootloader) 才能使用，試想當下列的狀況發生時：(1) 沒有 PC 可使用，(2)USB 介面故障，或 (3) 微控單元中的開機載入程式缺失或毀損，那應用編程 IAP 方式可就英雄無用武之地了，這時候我們就可以透過 ICSP 接腳，使用電路串列編程方式，直接把程式燒錄到微控單元中執行。

3. ATmega16U2

這是 UNO 開發板的另一個特色，它使用了另一個微控制器 ATmega16U2(或 ATmega8U2)，專門負責 Arduino 與電腦 USB 串列訊號的轉換，所以當主微控器 ATmega328P 重置的時候，我們還是可以維持 USB 的連線不會中斷，除此之外也可以燒錄自己設計的韌體，增加 USB 的使用彈性。不過 UNO 的生產成本也因爲多增加了一顆 ATmega16U2 而跟著提高，售價甚至比後來的 Leonardo 開發板還貴一點，早期的 UNO 版本採用的是 ATmega8U2 晶片，它的記憶體容量比較小 (8KB 快閃記憶體、512Bytes 主記憶體與 EEPROM)，直到 UNO R3 版則換成記憶體容量較大的 ATmega16U2 晶片 (16KB 快閃記憶體、512Bytes 主記憶體與 EEPROM)，並新增一組支援電路串列編程的 ICSP 接腳。

4. 第二組 ICSP 接腳

功能作用與第一組 ICSP 接腳相同，不同的是第二組 ICSP 接腳是用來燒錄 USB 串列轉換微控器 ATmega16U2 的韌體，有經驗的開發工程師甚至可以燒錄自己設計的程式，來取代 Arduino 預設的韌體，讓電腦將 Arduino 開發板辨識成搖桿、鍵盤、滑鼠或其他 USB 的週邊裝置。

5. DC 電源插孔

一般而言，UNO 開發板可以透過 USB 介面提供標準 5V 的電源，可是當我們的設計需要驅動較多的 I/O 裝置或是需要有較高電壓輸入需求的時候，USB 介面提供的 5V 電壓輸入就會略顯不足，這時候我們就可以利用這個 DC 電源插孔，提供獨立而且有較高壓的電源輸入，只要接上接頭大小符合而且輸入電壓範圍在 7V ~ 12V 的電池組或交直流電源轉換器即可。根據開發板規格的說明，雖然輸入電壓的範圍可以在 6V ~ 20V 區間，但官網也說明如果輸入電壓超過 12V，則電壓調節器可能會過熱導致開發板毀損，所以還是建議輸入電壓 7V ~ 12V 是最安全適合的區間。

6. 重置鍵 (Reset)

按下此鍵，可強迫 UNO 開發板重新啓動並且重新執行使用者所燒錄的程式。除了這個重置鍵之外，在 3.3V 電源接腳的旁邊，另有一個 RESET 接腳也具有相同的重啓功能，只要 RESET 接腳訊號爲低電位 (LOW) 時，也會開始重新啓動的程序。

7. 數位 (Digital) 輸入 / 輸出接腳

UNO R3 提供了 14 個數位接腳，編號從 D0 ~ D13。一般我們會冠上 D 來代表數位訊號以示區別，這 14 個數位接腳可以用來接收或傳送數位訊號，所謂數位訊號就是只有 0 與 1 二種邏輯值，在電氣特性中，我們可以用訊號電位的高低來表示這二種值，低電位 0V 表示訊號值爲 0，高電位 5V 表示訊號值爲 1。在使用這些接腳前，我們必須在程式中先定義好 (宣告) 接腳的方向，例如：宣告 D7 爲輸出模式，則 D7 接腳就可用來傳送數位訊號；相反的，若 D7 接腳只接收數位訊號，則在使用前就必須把 D7 接腳宣告爲輸入模式。特別注意這 14 個數位接腳中，有部分接腳具有特殊功能，可以完成特定的工作，如表 2-3-5 所列。

表 2-3-5　Arduino UNO 數位接腳中的特殊功能

功能	描述
脈波寬度調變 (PWM) 類比輸出	在編號前面有 ~ 符號的接腳，D3、D5、D6、D9、D10 和 D11 這六個接腳可以提供 8-bit (0 ~ 255) 的脈波寬度調變 (Pulse Width Modulation, PWM) 輸出，所謂的 PWM 是一種利用數位的方式來產生近似類比訊號的技術，所以這 6 個接腳等同於類比輸出，通常我們可以用來調整馬達的轉速、喇叭音量的大小和燈光的亮度等，由於 PWM 是一個非常重要的觀念與技術，廣泛的應用在可以調整大小的輸出控制，所以我們會在第 9 章有完整深入的介紹。
UART 串列通訊	D0 和 D1 是 UART 串列通訊的接收 (Rx) 與傳送 (Tx) 腳位，因爲與 USB 傳輸共用，所以當 UNO 開發板使用 USB 連線時，可以看到 Rx 與 Tx 的 LED 會不停的閃爍，此時要避免使用 D0 和 D1，否則會產生干擾。
LED	D13 固定連接到開發板上內建的 LED(有 L 標記)，因此 D13 訊號的改變會直接造成 LED 的閃爍。
SPI 串列通訊	D10、D11、D12 和 D13 這四個接腳可提供串列週邊介面通訊 (Serial Peripheral Interface, SPI)，如圖 2-3-1 所示，它們分別對應到 SPI 的 SS/CS、MOSI、MISO 和 SCK 四個訊號。SPI 是一種主從式架構的同步資料協定，可以讓多個裝置在短距離互相通訊，我們在稍後的第 12 章會有詳細的介紹。
外部中斷	D2 和 D3 這二個接腳可以用來觸發外部中斷，強制 MCU 優先執行中斷處理程式，詳細內容請參閱第 7 章。

8. 類比 (Analog) 輸入接腳

UNO R3 提供了 6 個類比輸入接腳，編號從 A0 ~ A5，同樣的我們會冠上 A 來代表類比訊號以示區別，首先注意到這 6 個類比接腳的方向都是單向的輸入，對每個接腳而言，ATmega328P 內的類比數位轉換器 (Analog-to-Digital Converter, ADC) 會負責把輸入的類比訊號轉換成一個 10 位元的數值，所以轉換後數值的範圍會介於 0 ~ 1023 之間。可是只有類比輸入，難道沒有類比輸出的需求嗎？當然有，如前所述，這時候我們就可以使用 PWM 接腳來模擬輸出類比訊號。

實際上，當數位接腳不夠使用時，這 6 個類比輸入接腳也可當成數位接腳來使用，如圖 2-3-1 所示編號從 D14 ~ D19。另外，A4 和 A5 這二個接腳可提供 I2C 通訊 (Inter IC)，如圖 2-3-1 所示它們分別對應到 I2C 通訊協定中的 SDA 和 SCL 二個訊號，I2C 協定只使用二條接線，就可在 I/O 裝置與 Arduino 之間傳送資訊，在稍後的第 11 章會有詳細的介紹。

9. 其它接腳

(1) Vin 接腳可提供外部電源給開發板，跟 DC 電源插孔一樣，Vin 輸入的電壓都會經過開發板上的電壓調節模組，因此輸入電壓的最大範圍在 6V ~ 20V，建議在 7V ~ 12V 是最安全合適的區間。

(2) IOREF 接腳可輸出 UNO 開發板 I/O 接腳的運作電壓讓其他設備知道，這在 Arduino 需要連接不同的設備時，尤其是這些連接的設備都有不同的運作電壓，IOREF 的功能就會顯得更為重要。

(3) AREF 為類比輸入的參考電壓，預設為 0 到 5V，但是我們可以利用 AREF 訊號搭配 analogReference( ) 函式的使用，來變更類比輸入的參考電壓。

2-4 Arduino 的軟體

有了 Arduino 開發板之後，接下來我們就要開始撰寫程式了，很幸運地 Arduino IDE 讓這一切變得非常的簡單，Arduino IDE 是 Arduino 官方提供的整合開發環境，在這個環境下，我們可以完成程式的撰寫、編譯、上傳 (燒錄) 以及執行時的監控。基於 Arduino 開放源碼的創始精神，Arduino IDE 當然也是開放源碼的軟體，官網上除了可以免費下載安裝外，也可以下載 Arduino IDE 的原始程式碼。

2-4-1 Arduino IDE 的安裝

STEP 1 下載軟體

(1) 前往 Arduino 官網 https://www.arduino.cc/，如圖 2-4-1 所示，在官網頁面的 SOFTWARE 選項下可看到最新版的 Arduino IDE，接著根據你所使用的作業系統選擇適當的版本下載，如圖 2-4-1 所示，本書選擇 Win7 版本，點擊後可進到軟體下載頁面。因為 Arduino 官網會不定時的更新網頁，你可能會看到不同的網頁畫面，不過這沒有關係，操作的步驟大同小異，當然，如果你不想使用最新版本，你也可以點選先前的舊版 Previous Releases，下載你想要的版本即可。

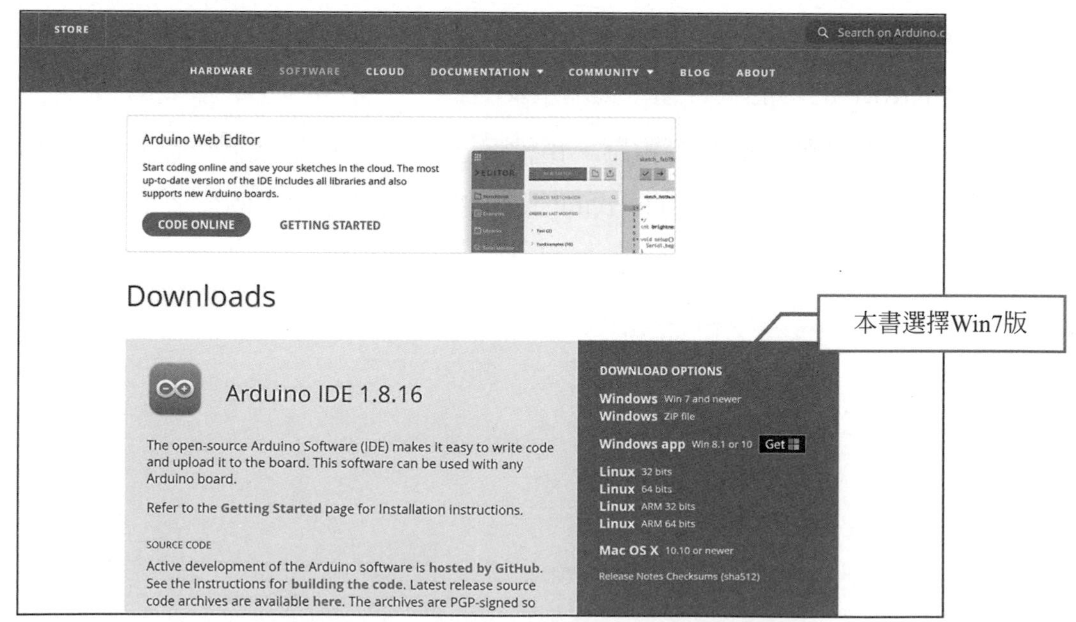

圖 2-4-1 Arduino IDE 下載，版本的選擇

(2) 圖 2-4-2 爲軟體下載頁面，你可選擇單純的下載即可，等以後有能力就可選擇付費或是贊助下載，存放路徑是瀏覽器預設的下載資料夾。

圖 2-4-2　Arduino IDE 下載

STEP 2　安裝

(1) 安裝檔案下載完成後，例如本書的範例 arduino-1.8.16-windows.exe，直接從瀏覽器或是檔案總管點擊安裝。

(2) 圖 2-4-3 是安裝程序的允許變更以及授權協議內容，必須點選同意 (I Agree)。

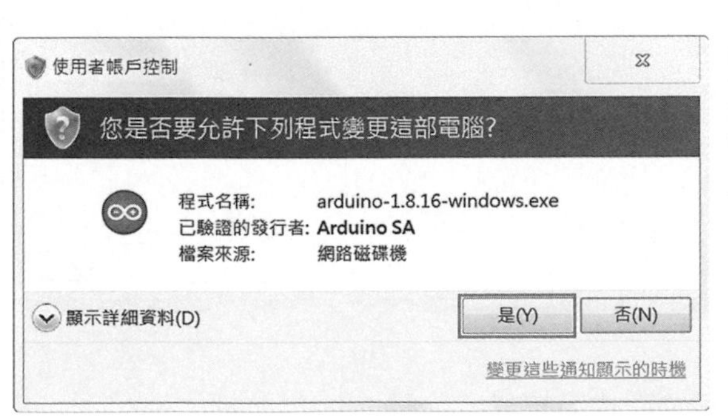

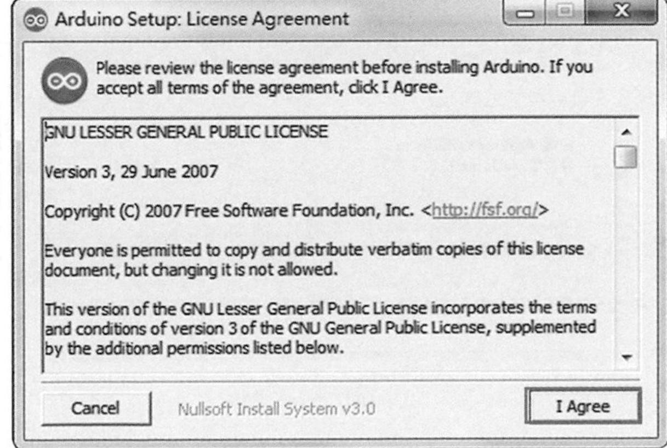

圖 2-4-3　安裝程序第一步

(3) 接著是安裝的選項，如圖 2-4-4(a) 所示，建議全部勾選，其中安裝 USB 驅動程式 (Install USB driver) 尤其重要。

(4) 下一步指定安裝資料夾，如圖 2-4-4(b) 所示，建議使用預設的路徑即可。

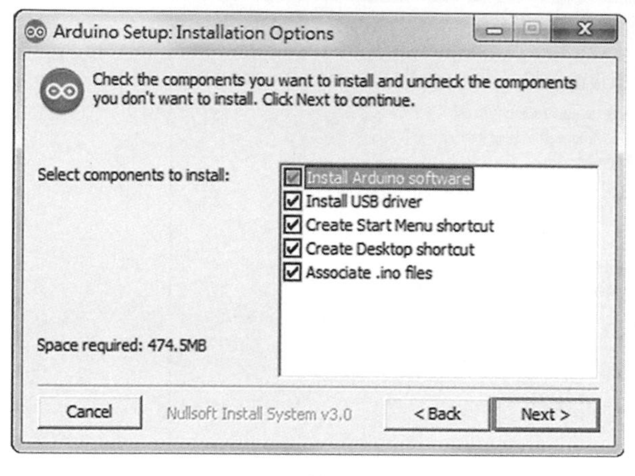

(a)

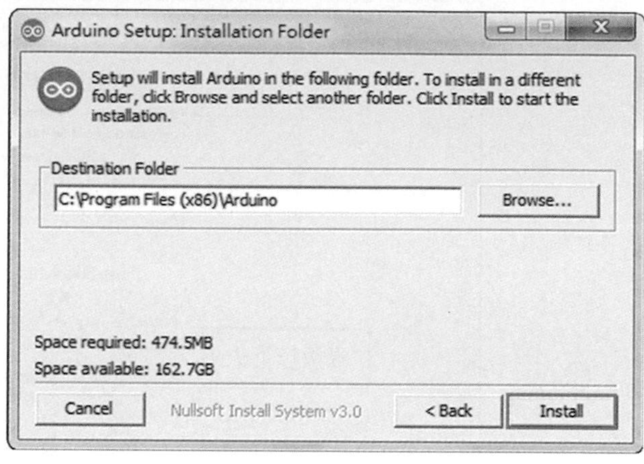

(b)

圖 2-4-4　安裝選項及路徑

(5) 安裝過程到一半的時候，會出現是否要安裝 Arduino USB Driver(Arduino LLC) 的畫面，如圖 2-4-5(a) 所示，要點選「安裝 (I)」。

(6) 圖 2-4-5(b) 是安裝完成的畫面，點選 Close 後，就會看到桌面上多了 Arduino 的圖示。

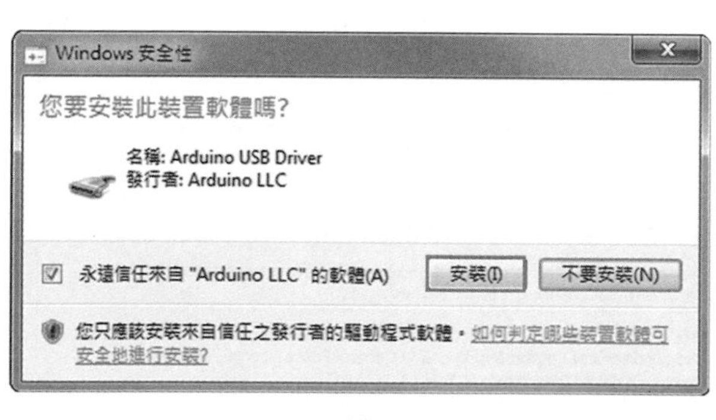

(a)

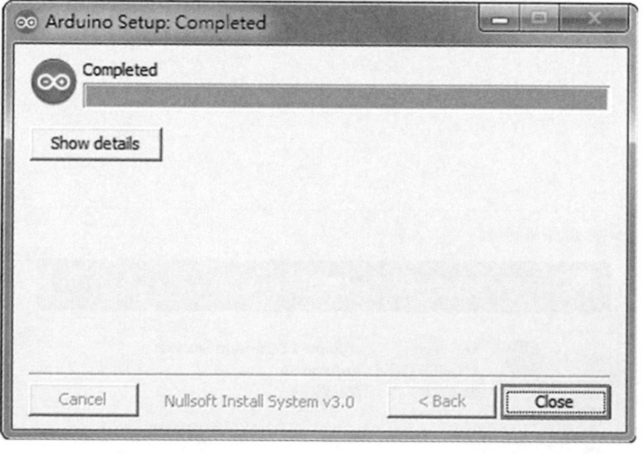

(b)

圖 2-4-5　安裝 USB 驅動程式及完成

2-4-2　Arduino IDE 的使用

STEP 1　確認 USB 驅動程式已正確安裝

(1) 將 Arduino 開發板透過 USB 線和電腦相連，然後開啓裝置管理員，檢查連接埠 (COM 和 LPT) 項目，是否有顯示 Arduuino UNO 的 COM 編號，如圖 2-4-6(a) 紅框所示，如果有則表示已正確安裝；若沒有，則表示 USB 驅動程式沒安裝成功，需重新安裝。

(2) 開啓 Arduino IDE 程式，如圖 2-4-6(b) 從功能表的工具→開發板選項，選擇你的 Arduino 開發板型號。

(3) 設定正確的 COM 埠，從功能表的工具→序列埠選項，選擇正確的 Arduino 的 COM 埠，要跟在裝置管理員看到的一致。

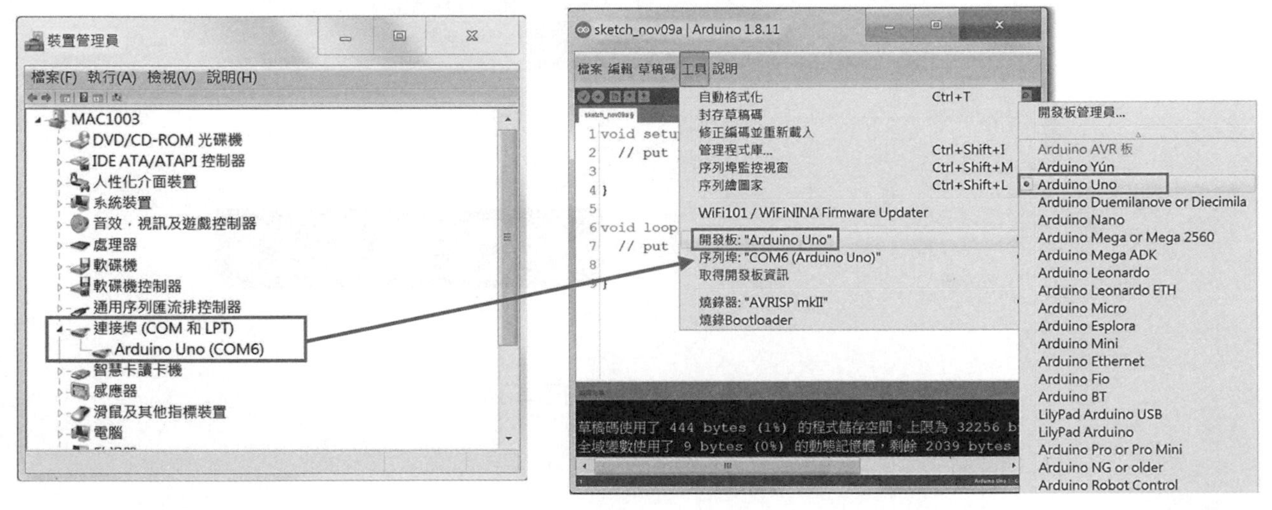

(a)　　　　(b)

圖 2-4-6　檢查 USB 驅動程式是否已正確安裝

STEP 2 最常用的工具列

Arduino IDE 的使用者介面非常陽春簡單，其中最常使用的工具列，如圖 2-4-7 中紅框所示，有 5 項功能，分別說明如下；

(1) 驗證：編譯程式，驗證程式碼是否有錯。

(2) 上傳：將編譯好的程式上傳到 Arduino 開發板執行 (預設先編譯再上傳)。

(3) 新增：新增一個 Arduino 程式。

(4) 開啓：開啓已存在的 Arduino 程式。

(5) 存檔：將目前正在編輯的程式碼存檔。

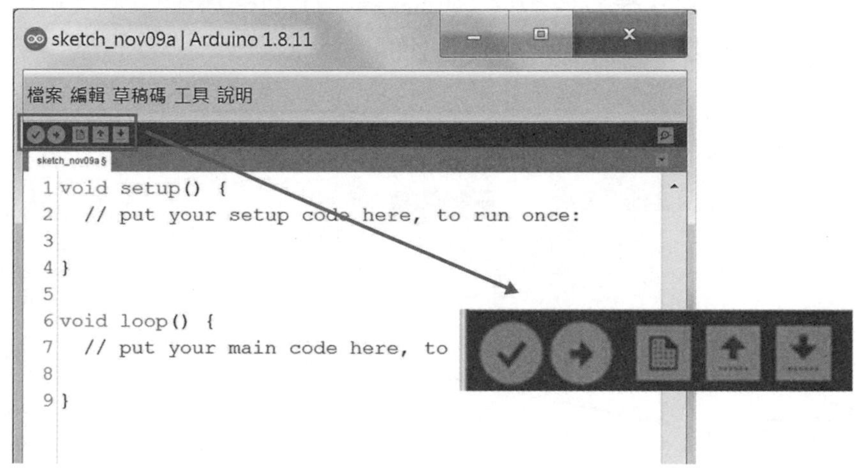

圖 2-4-7 最常用的工具列

Chapter 3

Arduino 程式語言

3-1 Arduino 程式的基本認識

Arduino 程式語言基本上繼承了 C/C++ 語言的語法跟概念，具有簡潔靈活但運算能力強大的特性，學習起來並不會太困難，因爲 Arduino 所堅持的核心概念，就是要非資訊相關科系的學生或使用者皆能輕鬆入門、簡單上手。有趣的是，一般我們會用 program 這個單字來代表程式，可是在 Arduino 的習慣用語中卻是將程式稱之爲 sketch，我們可翻譯成「腳本」、「草稿」、「素描」或是「速寫」，sketch 這個名詞除了表示 Arduino 的程式都是比較簡短的之外，推敲其用意，也許是爲了讓一般人比較能接受，所以使用比較生活化的 sketch 來取代 program 這個專業冷硬的字眼，但這也只是名稱上的不同，實質上一樣都是程式碼。

3-1-1 Arduino 程式的框架

Arduino 的程式基本上可以分成五個部分，如圖 3-1-1 所示，除了 setup( ) 和 loop( ) 這二個不可缺少也不可更改名稱的函式之外，其餘的部分皆是可有可無，可以視程式的需要增加或是省略。

1. 第一部分是前置處理部分，我們會在這裡匯入函式庫的標頭檔和定義程式中會使用到的字串或是巨集；反之，如果程式沒有相關的需求，省略第一部分並不會影響 Arduino 程式的執行。一般我們買來的 I/O 裝置，通常會在第一部分匯入廠商所提供函式庫的標頭檔，這樣 I/O 裝置才可以正常的驅動使用。
2. 第二部分是常數 (Constant) 或是全域變數 (Global Variable) 的宣告，如果程式中有多個函式會共用的變數，通常會在第二部分宣告成全域變數。當然如果沒有常數或是全域變數的需求，則第二部分也可省略。

```
//--- 1. 匯入標頭檔，與字串 / 巨集的定義 ( 可有可無 )
#include <Wire.h>
#define LED_pin 13;

//--- 2. 宣告常數與全域變數 ( 可有可無 )
const float PI=3.14;
int index;

//--- 3. 初始設定函式 ( 必要，不可缺少也不可更改名稱 )
void setup( )
{
}

//--- 4. 無窮迴圈函式 ( 必要，不可缺少也不可更改名稱 )
void loop( )
{
}

//--- 5. 其它自訂函式 ( 可有可無 )
func1( ) {...}
func2( ) {...}
```

圖 3-1-1 Arduino 程式的框架

3. 第三部分是初始設定函式 setup( )，它是 Arduino 程式中必要的函式，如圖 3-1-2 所示。在 Arduino 程式的執行流程中 setup( ) 函式只會被執行一次，顧名思義在這個函式中，我們會完成整個系統的初始設定，包含接腳模式的宣告與週邊 I/O 裝置的初始驅動。
4. 第四部分是無窮迴圈函式 loop( )，如圖 3-1-2 所示。loop( ) 函式會緊接在 setup( ) 之後執行，是 Arduino 程式碼中最重要的核心，通常我們會將系統中永遠執行的工作寫在 loop( ) 函式裡，但是我們不必自己撰寫無窮迴圈，因爲在 Arduino 的執行流程中，loop( ) 函式會預設成無限次的重覆執行，直到電源關閉才會停止。

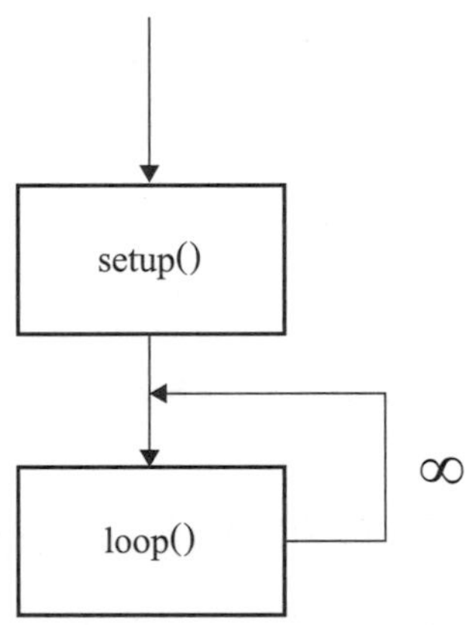

圖 3-1-2　Arduino 程式 (sketch) 的執行流程

5. 第五部分是自訂函式的部分，這部分的程式碼可以複雜到數萬行，也可以簡單到完全省略，基於程式碼的擴充性與可維護性，還是建議多使用結構化的自訂函式，一方面可以減少 loop( ) 函式的複雜度，也可以增加 Arduino 程式碼的可讀性與可維護性。

3-1-2　註解說明

一個眞正的程式高手，應該要把每一段你嘔心瀝血的程式累積成你眞正的資產，這就是程式碼可讀性的重要，可是大部分的人往往是今天程式寫的很辛苦，隔了幾天後，卻要看程式看得很辛苦，即使是你自己寫的程式碼，你還是得花一段時間才能恢復記憶。所以如果要讓你的程式碼有重複利用的價值，請記得一定要留下必要的註解與說明。Arduino 程式的註解說明分成單行註解與多行註解二種，範例請參考圖 3-1-3。

(1) // ：單行註解，在 // 之後到該行結尾的文數字都會被當成註解，不會被編譯。

(2) /*…*/ ：多行註解，在 /* 與 */ 之間所有的文數字都會被當成註解，不會被編譯。

```
// 單行註解
t=t+1;   //t 是代表時間變數

/*
多行註解使用在詳細的解釋，
時間： 2017/08/01
作者： David
說明：此段程式碼是快速排序法
*/

/* 這樣也可以 */
```

圖 3-1-3 註解說明

3-1-3 以分號；為結尾的敘述 (Statement)

與 C/C++ 程式語言一樣，敘述 (Statement) 是 Arduino 程式最基本的執行單位，每個敘述都是以分號；爲結尾，而 Arduino 的程式就是一個敘述接著一個敘述，按照順序來執行的。

1. 根據定義，最簡單的敘述就是只有一個分號的空敘述，相當於 NOP(No Operation) 的作用，表示不執行任何動作，如圖 3-1-4。
2. 除了在字串中的空格之外，敘述中的任何空格不分數量都是可以省略的。
3. 在程式碼中可允許多個敘述寫在同一行，但爲了程式具有較好的可讀性與可除錯性，還是建議一行一個敘述比較單純，請記住行數的增加並不會影響程式碼的大小 (Code size)。
4. 如果一個敘述太長必須分成多行來寫，有二種方式可以採用：

   (1) 只要不是斷行在字串、數字、變 (常) 數名稱或函式名稱的中間，都可任意分成多行來寫。

   (2) 沒有任何限制，在敘述中的任一個位置都可以使用反斜號 \ 來斷行，因爲在編譯時，\ 後面的換行符號將被忽略而當成一行來處理，請參考圖 3-1-4。

```
;                         // 空的敘述
int i=0;                  // 宣告整數變數 i
m=10;                     // 設定變數 m 的值
delay(1000);              // 呼叫延遲函式，輸入參數 1000
i=1; i=f1(i); i=f2(i);    // 一行有 3 個敘述

total=a*1000+b*100+c*10+d;
// 同一個敘述寫成四行
total=
a*1000
+b*100+c
*10+d;

total=a*1000+b*10         // 錯誤的斷行
0+c*10+d;

total=a*1000+b*10\        // 使用反斜號 \ 來斷行
0+c*10+d;
```

圖 3-1-4　Arduino 的敘述 (statement)

3-1-4　使用大括號 {…} 來定義程式區塊或範圍

在 Arduino 的程式中，我們會使用大括號 {…} 來定義函式的範圍、迴圈的範圍和條件成立 / 不成立的程式區塊範圍，如圖 3-1-5 所示。大括號 {…} 的使用有多種不同的樣態，但有下列二點最基本的原則要特別注意：

1. 大括號的使用一定要成雙成對符合對稱性，也就是使用了左括號 '{'，一定要有相對應的右括號 '}'，否則會發生編譯錯誤。
2. 大括號的配對原則是屬於堆疊 (stack) 結構，也就是最先出現的左括號，其配對的右括號會是最後才出現，在大型程式中，大括號 {…} 使用的錯誤也會因爲程式結構的複雜而導致除錯困難，如圖 3-1-5 中的巢狀迴圈，所以除了小心使用外，也要養成註解的好習慣，才能避免錯誤的發生。

```
//--- 定義函式範圍
void myfunction( )
{
  敘述；
}

//--- 定義迴圈範圍
while （條件式）
{
  敘述；
}

do
{
  敘述；
} while （條件式）;

for （ ; ; ）
{
  敘述；
}

//--- 定義條件式執行範圍
if （條件式）
{
  敘述；
}

if （條件式） {
  敘述 1;
} else {
  敘述 2;
}
```

```
//--- switch 多重選擇控制
switch (var) {
case 1:
     敘述 1;
     break;
case 2:
     敘述 2;
     break;
default:
     敘述 3;
     break;
}

//--- 巢狀迴圈
for ( ; ; ) {
  敘述 1;
  for ( ; ; ) {
    敘述 2;
  }
}

for ( ; ; )
{
  敘述 1;
  if （條件式） {
   敘述 2;
   } else {
   敘述 3;
   }
  敘述 4;
}
```

圖 3-1-5　大括號 {…} 的使用

3-1-5　第一支 Arduino 程式：在 PC 上秀出結果

有了 Arduino 程式的基本認識之後，我們就可以嘗試來撰寫第一支 Arduino 的程式，在這裡要不厭其煩地再叮嚀一次，程式不是拿來看的，是要動手寫的，當你一個字一個字的把範例打好，你的程式功力也會隨之一點一滴的累積，千萬記住不要嫌打字麻煩而使用複製的方式，這些看似無聊枯燥的基本功，正是你未來成長的動力。一般我們在寫程式時，最重要也是最直接的回饋就是執行結果的輸出，另外，在程式除錯時，也是要把除錯訊息顯示出來，才能確定錯誤的發生，以上這二個動作都需要螢幕的輸出，所以我們第一支 Arduino 的程式目標很簡單，就是要把訊息文字顯示出來，可是這對 Arduino 開發板而言就是一個不小的挑戰，除非你先外接一個專用的輸出螢幕或者顯示器，如此一來不僅會增加設備的成本支出，也要擴增相關的程式庫，實在耗時費工又瘦了荷包。

針對以上畫面顯示的問題，所幸我們還有另一個解法，那就是利用 Arduino 上的 USB 串列埠 (Serial port) 將執行結果傳輸到 PC 端的螢幕上顯示出來，因爲此種方法的軟硬體都是 Arduino 內建標準的支援，所以我們不需要購買額外的硬體週邊，也不用安裝額外的程式庫，直接叫用 Arduino 所提供的 Serial 類別中的函式，即可達成我們第一支程式的目標。

```
void setup( )
{
   Serial.begin(9600);  //以 9600 bps 傳輸速率初始化串列埠
}

void loop( )
{
   Serial.print( “Hello !!\n” );                    // '\n' 是換行控制代號
   Serial.print( “I am the king of Arduino.\n” );  //印出 I am... 字串並且換行
}
```

圖 3-1-6　第一支 Arduino 程式

圖 3-1-6 即為我們第一支 Arduino 的程式，記得在上傳執行前先開啓串列埠視窗，並且設定好傳輸速率，步驟如圖 3-1-7 所示，這樣才能將執行結果正確地顯示出來。從圖 3-1-6 簡單的程式碼中可以發現，使用串列埠通訊最重要的第一步就是要做初始化的動作，在 setup( ) 中，我們使用 Serial 類別中的 begin 函式來完成初始化的動作，特別注意串列埠通訊的初始化，一定要設定傳輸速率，也就是鮑率 (Baud rate)，其定義是通訊雙方每秒要傳輸的位元數量 (bits per second, bps)，因為這個範例設定的傳輸速率是 9600 bps，所以我們在開啓 PC 端的串列埠視窗時，也要設定 9600 的傳輸速，率才能正確的收到 Arduino 傳過來的資訊而加以顯示，如圖 3-1-7(b) 標記所示，當然我們可以使用其他的傳輸速率，這取決於雙方的串列通訊晶片可以接受的範圍，一般 Arduino 可支援最高的傳輸速率為 115200。

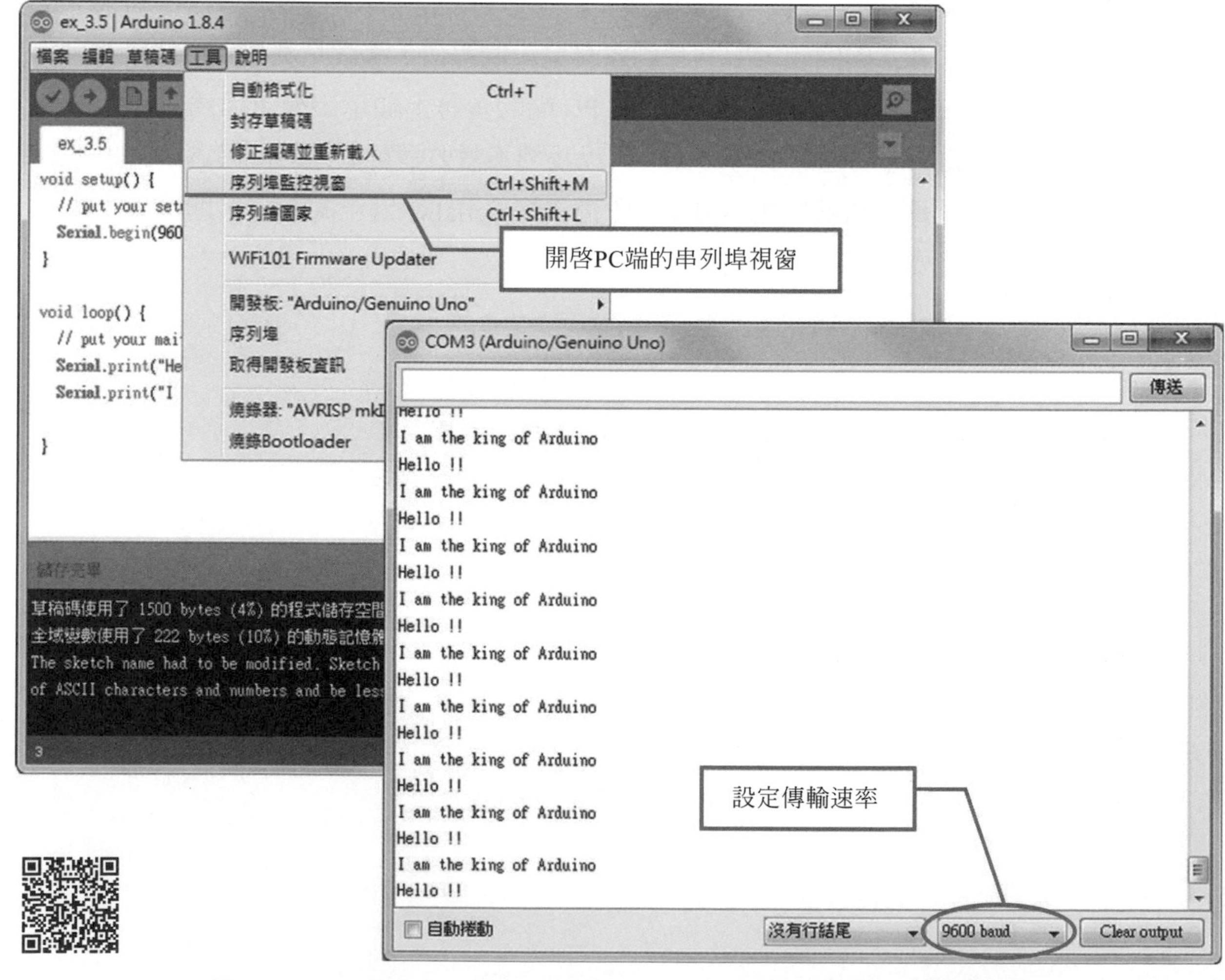

圖 3-1-7 (a) 開啓 PC 端串列埠視窗 (b) 設定 PC 端串列埠的傳輸速率

3-2 常數

常數 (Constant) 就是指恆常不會變動的數值，一般而言，常數的使用有助於提高程式碼的可讀性，在 Arduino 的程式碼中，使用的常數可以分成二類：第一類是 Arduino 預先定義好的內定常數，第二類是使用者自行定義的常數。此外爲了凸顯常數的專用性與獨特性，常數名稱通常使用大寫，但這只是爲了方便識別，並非程式語法的要求。

3-2-1 Arduino 內定的常數

Arduino 程式語言中有預設的一組通用常數，如表 3-2-1 所示，因爲已經預先定義好在編譯器中，所以使用者不需要宣告就能直接使用，但是要特別注意這些常數名稱是系統保留字，我們不能在 Arduino 的程式碼中重複的宣告，而這些常數的值也不能被改變，有任何要改變這些常數值的敘述，都會導致編譯錯誤的發生，以下就是 Arduino 常用內定常數的整理，可分成布林常數、接腳模式常數、訊號常數三類，詳細說明如下：

表 3-2-1 Arduino 常用的內定常數

常數類別	常數名稱
布林常數	true，false
接腳模式常數	INPUT，INPUT_PULLUP，OUTPUT
訊號常數	HIGH，LOW

表 3-2-2 布林常數的說明

常數類別	常數名稱	說明
布林常數	true	邏輯判斷的“眞”，一般都是定義成數值“1”來表示，但其實只要是非 0 的整數都可以代表 true，不限定只是數值“1”，數值 -5 或 100 都是代表 true 的意思，參考圖 3-2-1 範例。
	false	邏輯判斷的“假”，定義比 true 明確而且唯一，只有數值“0”能表示 false，可參考圖 3-2-1 範例。

```
//--- 以下 4 個敘述同為邏輯判斷的 true
if(true) {  }
if(1) {  }
if(-2) {  }
if(100) {  }

//--- 以下 2 個敘述同為邏輯判斷的 false
if(false) {  }
if(0) {  }
```

```
int true;      // 會發生編譯錯誤
true=5;        // 會發生編譯錯誤

int TRUE;      // 因為區分大小寫，不會有錯
TRUE=false;    // 沒有錯誤
TRUE=100;      // 沒有錯誤
```

圖 3-2-1　布林常數使用範例

表 3-2-3　接腳模式常數的說明

<table>
<tr><th>常數類別</th><th>常數名稱</th><th>說明</th></tr>
<tr><td rowspan="4">接腳模式常數</td><td colspan="2">使用在 pinMode( ) 函式中，設定接腳訊號的模式，也就是訊號的方向是輸入 (INPUT) 到 Arduino 開發板，還是輸出 (OUTPUT) 到週邊設備。</td></tr>
<tr><td>INPUT</td><td>規劃數位接腳的模式爲輸入模式，訊號的方向是從週邊設備輸入到 Arduino 開發板，對應的動作函式爲 digitalRead( )。爲了避免浮接狀態 (Floating) 下讀取接腳訊號會呈現無法預測的值，一般都會外接一個適當的上拉 (Pull-up) 電阻。</td></tr>
<tr><td>INPUT_PULLUP</td><td>規劃數位接腳的模式爲輸入模式，並且啓用接腳內建的 20KΩ 上拉電阻，在浮接狀態下，可以讀取到穩定的 HIGH，省去使用者必需自行外接一個上拉電阻的麻煩，如圖 3-2-2。</td></tr>
<tr><td>OUTPUT</td><td>規劃數位接腳的模式爲輸出模式，訊號的方向是從 Arduino 開發板輸出到週邊設備，對應的動作函式爲 digitalWrite( )。相較之下，OUTPUT 模式沒有浮接的問題，所以不需要外接上拉 / 下拉電阻。</td></tr>
</table>

```
pinMode(2,INPUT_PULLUP);     // 設定數位接腳 2(D2) 為 INPUT 模式
pinMode(2,INPUT);
val=digitalRead(2);          // 將 D2 讀到的值指定給 val 變數

pinMode(13,OUTPUT);          // 設定數位接腳 13(D13) 為 OUTPUT 模式
digitalWrite(13,HIGH);       // 將 HIGH 值寫到 D13
```

圖 3-2-2　接腳模式常數的使用範例

表 3-2-4 訊號常數的說明

常數類別	常數名稱	說明
訊號常數	根據電壓準位的高低範圍來定義數位接腳的訊號值，因爲是使用在數位接腳所以只定義 LOW 與 HIGH 二種值，也就是二進位中的 0 與 1，相關函式有 digitalRead( ) 與 digitalWrite( )，可參考圖 3-2-3 使用範例。	
	HIGH	(1) 讀取時，電壓範圍符合下列條件者爲 HIGH 5V 的開發板 ：訊號的電壓值 >3V 3.3V 的開發板：訊號的電壓值 >2V (2) 寫入時，訊號爲 HIGH 的電壓值 5V 的開發板 ：訊號的電壓值 =5V 3.3V 的開發板：訊號的電壓值 =3.3V
	LOW	(1) 讀取時，電壓範圍符合下列條件者爲 LOW 5V 的開發板 ：訊號的電壓值 <1.5V 3.3V 的開發板：訊號的電壓值 <1.0V (2) 寫入時，訊號爲 LOW 的電壓值 5V 的開發板 ：訊號的電壓值 =0V 3.3V 的開發板：訊號的電壓值 =0V

```
pinMode(13,OUTPUT);           //設定數位接腳 13(D13) 為 OUTPUT 模式
digitalWrite(13,HIGH);        //將 HIGH 值寫到 D13
digitalWrite(13,LOW);         //將 LOW 值寫到 D13

pinMode(2,INPUT);             //設定數位接腳 2(D2) 的為 INPUT 模式
val=digitalRead(2);           //將 D2 讀到的值指定給 val 變數
if(val==HIGH) 敘述 1;         //如果 val==HIGH，則執行敘述 1，否則執行敘述 2
else 敘述 2;
```

圖 3-2-3 訊號常數的使用範例

3-2-2 使用者自行定義的常數

如果程式中會使用到一個固定不變的常數值，爲了提高程式碼的可讀性，通常我們會賦予這個常數值一個有意義的常數名稱，這時候我們就必須自行定義常數，然後在程式碼的撰寫中，用這個常數名稱來代表這個常數值。在 Arduino 的程式語言中，使用者自行定義的常數類似一般變數宣告的方式，格式如下：

const 變數型別 變數名稱 = 常數值 ;

其概念就是先宣告一個變數，然後使用 const 這個修飾詞 (Qualifier)，把變數設定成唯讀 (Read only) 的模式，同時指定常數值之後，就再也不能改變其值，任何要修改自定常數的敘述都會導致編譯錯誤，如圖 3-2-4 範例。

```
const float myPI = 3.14;      // 宣告浮點常數 myPI，並給定常數值為 3.14
float x;                      // 宣告浮點數 x

x = myPI * 2;                 // 正確無誤
myPI = 7;                     // 會出現編譯錯誤，因為要修改常數值
```

圖 3-2-4　使用者自定義常數

3-2-3 十進位以外的數值表示法

在程式碼中數值的表示方法，除了我們最熟悉的 10 進位 (Decimal) 之外，實際上我們也可以根據撰寫程式碼的需求，把數值表示成其他的進位方式，這裡要特別強調不同的進位表示法並不會改變原來的數值，只是顯示出來的格式數字有所不同。Arduino 程式語言中可接受的數值表示方法共有 10 進位、2 進位、8 進位與 16 進位四種，分別整理如表 3-2-5。

表 3-2-5　十進位以外的數值表示法

數值表示法	格式	範例	說明
10 進位 (Decimal)	數字 0 ~ 9	101	$10^2+1=101_{10}$
2 進位 (Binary)	B/0b+ 數字 0/1	B101 或 0b101	$2^2+1=5_{10}$
8 進位 (Octal)	0+ 數字 0 ~ 7	0101	$8^2+1=65_{10}$
16 進位 (Hexadecimal)	0x/0X+ 數字 0 ~ F/f	0x101 或 0X101	$16^2+1=257_{10}$

3-3　變數

另一類與常數不同的數值就是變數 (Variable)，從字面上的解釋變數就是可變動的數，是 Arduino 程式中使用最多的一類數值，與數學中變數的觀念類似，Arduino 的變數也是使用某個名稱來代替某個數值，方便運算式的撰寫。在使用變數前，必須先宣告一個變數名稱，通常我們可以把變數想像成是一個「容器」，然後在程式的執行過程中，在不同的階段把不同的數值放進去，如圖 3-3-1 所示，我們先宣告一個變數其名稱為 cup，接著再依序指定變數 cup 的值為 0、15、-2，最後 cup 的內容值就是 -2，要特別注意一旦放進新的數值，舊的數值會立即被覆蓋，再也不能恢復，所以變數數值的改變要特別謹慎。

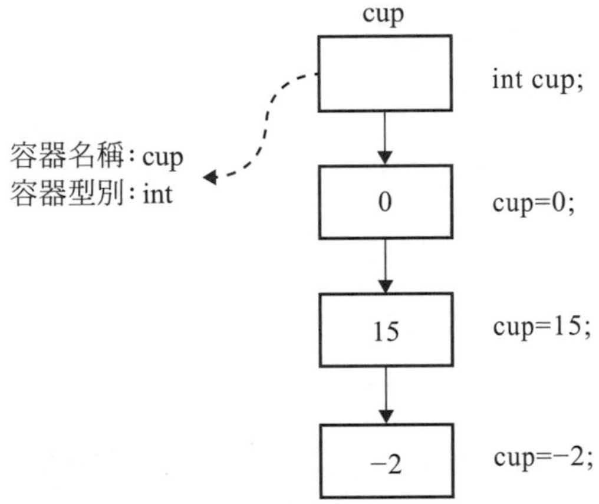

圖 3-3-1　Arduino 程式中變數使用的概念

3-3-1 變數名稱

在 Arduino 程式語言中，變數在使用前一定要先進行宣告 (Declare)，宣告的方式很簡單，就是變數型別後面接空格，然後是變數的識別名稱，格式如下：

變數型別 變數名稱； // 例如： int apple;

變數的宣告主要有二個目的：

(1) 讓編譯器在進行程式編譯時，能識別這個變數名稱，不會有錯誤產生。

(2) 讓編譯器知道變數的資料型別，爲此變數配置足夠的記憶體空間。

變數的名稱可以是任何大小寫英文字母 (含底線 _) 或數字，而且字母與數字可以混合使用，但是必須遵從下列幾點命名的規則，如圖 3-3-2 中的範例：

(1) 英文字母的大小寫是有區分的。

(2) 名稱中不可以有空格。

(3) 不可以全部是數字，或者用數字當變數名稱的第一個字元。

(4) 不可使用字母或數字以外的文字符號，包括中文。

(5) 不可以是 Arduino 程式語言的保留字。

(6) 變數的名稱最好有意義，這樣才能提高程式碼的可讀性，例如若有一變數爲某人的年齡可命名爲「age」、體重可命名爲「weight」等。

// 以下為合法的變數名稱	// 以下為錯誤的變數名稱
int aBc;	int 2nd;　　　// 第一個字元為數字
int A2bc3;	int 123;　　　// 全為數字
int char_5b;	int he is;　　// 名稱中有空格
int _0_1_2;	int case;　　 //Arduino 保留字
int m_;	int a_人數；　// 使用中文
int Case;	int you&me;　// 使用字母數字外的符號

圖 3-3-2　變數名稱範例

3-3-2 變數型別 (Type)

如圖 3-3-1 所示，我們可以把變數想像成是一個可以放任何數值的「容器」，可是容器形狀各異，尺寸有大有小，我們不希望容器太小放不進數值，也不希望容器太大而浪費空間，所以選擇一個形狀正確尺寸大小最適合的「容器」，就是宣告變數的第一步，也就是變數型別 (Variable type) 的選擇。Arduino 允許的變數型別整理如表 3-3-1，基本上與 C/C++ 一致，對應「容器」的比喻，容器的形狀可分成二種：一種是裝整數的，另一種是裝浮點數的 (有小數點的)，而容器的大小則是可儲存數值的範圍。

表 3-3-1　變數的型別及其長度、範圍

變數型別	佔用記憶體空間 (byte)	數值種類	可儲存數值範圍
boolean	1	整數	只有 true 和 false 二種值，也就是 1 與 0
char	1	整數	-128 ~ 127
unsigned char	1	無號整數	0 ~ 255
byte	1	整數	0 ~ 255，與 unsigned char 一樣
int	2 (Uno+) 4 (Due*)	整數	-32,768 ~ 32,767 -2,147,483,648 ~ 2,147,483,647
unsigned int	2 (Uno+) 4 (Due*)	無號整數	0 ~ 65,535 0 ~ 4,294,967,295
word (unsigned int)	2 (Uno+) 4 (Due*)	整數	0 ~ 65,535 0 ~ 4,294,967,295
long	4	整數	-2,147,483,648 ~ 2,147,483,647
unsigned long	4	無號整數	0 ~ 4,294,967,295
short	2	整數	-32,768 ~ 32,767
float	4	浮點數	-3.4028235E+38 ~ 3.4028235E+38
double	4 (Uno+) 8 (Due*)	浮點數	-3.4028235E+38 ~ 3.4028235E+38 約 -1.8E+308 ~ 1.8E+308
string	-	字完陣列	詳見說明 6
String	-		詳見第 4 章字串函式

Uno+：Uno 和 ATMega 系列的開發板 (請參閱表 2-3-2)
Due*：Due 和 ATSAMD 系列的開發板 (請參閱表 2-3-2)

所有的變數型別中，使用率最高的前三名分別是整數的 char、int 與浮點數的 float，我們應該要特別熟記這三種變數型別可儲存數值的範圍，方便往後在撰寫程式時，選擇最適當的變數宣告，char 與 float 的所佔用的記憶體固定是 1 個位元組與 4 個位元組，這是毫無懸念的，但是 int 就有點不同了，基本上 int 的長度是跟著微控制器而變動的，以本書所使用的 UNO 開發板而言，int 的長度就是 2 個位元組，而在 Due 的開發板上，int 的長度則爲 4 個位元組。從以下的範例我們就可了解選擇正確的變數型別的重要性：

範　例

某班級老師想要設計一個程式，可以儲存班上每一位學生在中學三年所有科目考試的成績方便查詢，假設班上共有 40 名學生，考試科目有國文、英文、數學、自然、社會等 5 個科目，三年有 6 個學期，每個學期有 3 次段考。(1) 若老師選用 4 個位元組的 int 來儲存每一個科目的成績，則三年下來全部學生所需要的記憶體空間爲 $(5 \times 40 \times 4B) \times 18 = 14400B = 14.4KB$。(2) 因爲成績的範圍只限定在 0 ~ 100 之間，所以老師選用 1 個位元組的 char 就已足夠，則所需要的記憶體空間爲 $(5 \times 40 \times 1B) \times 18 = 3600B = 3.6KB$，與 (1) 的結果比較，光是一個班級就有大約 10KB 的差距，若有 10 個班級，那就會有 100KB 的差距，這對嵌入式系統而言，所需要的記憶體容量就足以墊高成本，進而降低產品的競爭力。

其它有關變數的使用說明，分別條列如下：

1. **sizeof( )**：因爲有一部分的變數型別，其記憶體長度會隨著所使用的開發平台而改變，所以爲了要確認各個變數型別的記憶體長度，我們可以使用 sizeof( ) 這個函式，只要把變數型別當成參數，其回傳值就是此變數型別的記憶體長度，單位是位元組 (byte)，程式範例如圖 3-3-3，經由此一測試，我們就能確定目前正在使用的開發板上所有變數型別的實際長度。
2. **有號數 (Signed) 與無號數 (Unsigned)**：變數的種類除了分成整數與浮點數之外，整數的部分還可細分爲有號數 (signed) 與無號數 (unsigned)，二者記憶體長度一樣，差別只在數值範圍的不同，一般而言，有號數是採用 2 補數系統 (2's

complement)，若長度爲 n 個位元，其值的範圍會落在 $-2^{n-1} \le value \le 2^{n-1}-1$ 區間，大約包含一半的負值、一半的正值，而無號數則全爲≧ 0 的正整數，若變數型別前沒有加 unsigned 這個修飾字，則 Arduino 的預設爲有號數的宣告；相較之下，浮點數的宣告皆爲有號數，沒有無號數的選項。

```
void setup( ) {
  Serial.begin(9600);
  Serial.print( "boolean=" ); Serial.println(sizeof(boolean));
  Serial.print( "char=" );    Serial.println(sizeof(char));
  Serial.print( "int=" );     Serial.println(sizeof(int));
  Serial.print( "word=" );    Serial.println(sizeof(word));
  Serial.print( "long=" );    Serial.println(sizeof(long));
  Serial.print( "short=" );   Serial.println(sizeof(short));
  Serial.print( "float=" );   Serial.println(sizeof(float));
  Serial.print( "double=" );  Serial.println(sizeof(double));
}

void loop( ) { }
```

圖 3-3-3　sizeof( ) 的使用範例

3. **溢位 (Overflow)**：使用者要特別注意，當要儲存的數值超過該變數型別的範圍時，編譯過程並不會出現錯誤訊息，但是存入的數值會有歸零或變成負數等非預期數值的結果，這就是產生溢位 (Overflow) 的情況，例如 : char 最大爲 127，若存入 128，結果反而會變成 -128，這種錯誤是程式設計者最難發現的，不可不慎，否則一定會讓你吃足苦頭。

```
unsigned char a;
a=256; a=a/2;
Serial.print( "a=" );  Serial.print(a);    // 會印出 a=0

int b;
b=32768;
Serial.print( "b=" );  Serial.print(b);    // 會印出 b=-32768
```

圖 3-3-4　溢位 (Overflow) 的範例

4. **型別轉換**：另外撰寫程式常會遇到，在同一個運算式中的變數各有不同的資料型別，這時候 Arduino 會有二種處理方式，分別爲自動型別轉換與強制型別轉換，二種方式所產生的結果各不相同，使用者需自行判斷使用。

▶ **自動型別轉換**：此爲 Arduino 預設的方式，使用者不需要做任何修改，小範圍的變數會自動轉換成大範圍的變數，例如運算式中同時有 char 變數 a 和 int 變數 b，則 char 變數 a 會自動轉換成 int 變數 a，再與 int 變數 b 運算產生結果。依照變數範圍從小到大的排序，Arduino 自動轉換的方向如下：

char → int → long → float → double

▶ **強制型別轉換**：若自動型別轉換的結果不是你所預期的，我們就必須使用強制型別轉換的方式，使用格式如下

(強制轉換的資料型別) 變數或 (運算式)

如圖 3-3-5 中範例所示，變數 a、b 均爲 int，所以 a/b 是執行 int 的除法運算後，再將結果指定給 float 變數 c，因此結果會是整數的 1 而不會是 1.25，除非我們將 a、b 其中的一個變數強制轉換成 float，如此便可獲得浮點數的正確結果。再看 4096*8，正確答案應爲 32768，但是因爲數字常數是預設 int 的型態，所以只會執行 int 的乘法運算，因此會造成負數的結果，只要 4096 或 8 至少有一個使用 (long) 強制型態轉換，就可以有正確的執行結果。

```
int a=5, b=4;
float c;
long d;

c=a/b;            Serial.print(c);     // 會印出非預期的 1.00
c=(float)a/b;     Serial.print(c);     // 會印出正確的 1.25
c=a/(float)80;    Serial.print(c,5);   // 即使是常數也可以，會印出 5 位小數 0.06250
d=4096*8;         Serial.print(d);     // 因為數字常數是預設 int，所以會印出 -32768
d=4096*(long)8;   Serial.print(d);     // 會印出正確的 32768
d=4096*8L;        Serial.print(d);     // 在數字常數後加 L/l 這樣也可以
```

圖 3-3-5　強制型別轉換

5. **char 字元變數：**char 是源自 character 的縮寫，如前所述 char 是 8 位元的整數變數，除了可用來儲存 -128 ~ 127 的整數數值之外，其實還有另一個常見的用途，就是 ASCII 字元的運算操作 (ASCII 字元表請參閱附錄)；例如字元 'A' 的 ASCII 十進位編碼值為 65，只要加上 3 就能變成 68，也就是字元 'D' 的十進位編碼值，這裡要特別注意，如果我們只使用到 ASCII 的基本字元集，編碼範圍 0 ~ 127，可直接宣告成 char，但是若有使用到 ASCII 擴充字元集的部分，其編碼範圍 128 ~ 255，則我們就必須宣告成 unsigned char 才足以操作。

```
char ch1;
int  ch2;
ch1='A';                        //字元必須用單引號括起來， 不能用雙引號
ch2='A';
Serial.println(ch1);            //印出 A
Serial.println(ch2);            //印出 65
Serial.println(ch1+1);          //印出 66，自動型別轉換
Serial.println((char)(ch2+1));  //印出 B，強制型別轉換
```

圖 3-3-6 char 字元變數範例

6. **string 字串：**嚴格來說，字串 string 不算是一種變數型別，它是一個以 NULL 字元 ('\0') 為結尾的字元陣列。在程式中，我們經常會使用單引號來給定一個字元變數的值，例如：char ch='A';，

   而字串則使用雙引號，例如：char str[8]="Arduino";，為何 7 個英文字母卻要宣告 8 個 byte 的字元陣列？切記！字串所使用的字元陣列，一定要保留最後一個 byte 用來儲存結尾字元 ('\0')，否則字串在不知道結尾的運算下，可能會導致嚴重的錯誤，使用範例請參考圖 3-3-7。

```
char str1[15];
// 宣告 str1 為 15 個 byte 的字元陣列，無初始內容

char str2[8]={'a','r','d','u','i','n','o'};
// 宣告 str2 為 8 個 byte 的字元陣列，依序指定 str2[0]='a'，str2[1]='r'，一直到
//str2[6]='o'，特別注意一定要預留一個 byte 的空間，編譯器會自動加上隱含的字串結
// 尾字元 '\0'，所以 str2[7]='\0'。
char str3[8]={'a','r','d','u','i','n','o','\0'};
// 明確寫入結尾字元 '\0'

char str4[8]="arduino";
// 宣告效果等同 char str4[8]= {'a','r','d','u','i','n','o'};

char str5[]="arduino";
// 沒有指定字元陣列的長度，編譯器會根據字串自動配置

char str6[15]="arduino";
// 宣告陣列的長度大於字串，可存放更長的字串
```

圖 3-3-7　字串使用範例

3-3-3 變數的有效範圍 (Scope)

根據定義，變數的有效範圍 (Scope) 是指在程式中能存取到該變數的程式碼區間，包含讀取跟寫入二種動作，因此變數可以依照有效範圍的大小，進一步的區分成全域變數 (Global variable)、區域變數 (Local variable) 以及 for 迴圈變數 (for-loop variable)，分別表列說明如表 3-3-2。

表 3-3-2 變數的有效範圍

變數有效範圍	說明
全域變數	程式中任何一個函式都能存取到的變數即爲全域變數，一般會定義在所有的函式之前，變數名稱具有唯一性不能重複，例如圖 3-3-8 範例中的變數 gVIP。優點是變數存取方便，缺點是不易除錯。
區域變數	定義在函式之內，只有在這個函式的範圍內才能被存取的變數，在同一個程式中，區域變數的名稱只要不是在同一個函式之內都可以重複使用，不會互相干擾，例如圖 3-3-8 範例中的變數 var，同時使用在 loop 與 func1 函式中。
for 迴圈變數	定義在 for 迴圈敘述的第一個欄位，此種變數的有效範圍只侷限在此 for 迴圈內，例如圖 3-3-8 範例中，函式 loop 中的變數 j。

```
int gVIP;                              // 全域變數，程式中所有的函式都能存取

void setup( )
{
  func1( );
}

void loop( )
{
  int var=1;                           //var 為區域變數，只有 loop 函式能存取。

  for (int j=0; j<100; j++) {          //j 為 for 迴圈變數，只有在此 for 迴圈內才能被存取
    j=j+1;
  }

  j=var+1;                             // 會出現編譯錯誤
  gVIP=var-1;
}

void func1( )
{
  int var=11;                          //var 為區域變數，只有 func1 函式能存取，
                                       // 即使與 loop 中的 var 名稱相同也不會互相干擾。
  gVIP=var-1;
}
```

圖 3-3-8 變數的有效範圍

3-3-4 變數的修飾子 (Qualifier)

變數的宣告除了在名稱前一定要加上變數型別之外，我們也可以在變數型別之前，選擇性的加上修飾子 (Qualifier)，賦予變數更多樣的特性，讓程式設計者使用變數的時候，更靈活更有彈性，格式如下：

[修飾子] 變數型態 變數名稱； // 例如： `const int apple;`

Arduino 程式語言中可使用的變數修飾子有 const，static 和 volatile 三種，如表 3-3-3 所列。

表 3-3-3 變數的修飾子

變數的修飾子	說明
const	將變數設定成唯讀 (Read only) 的特性。
static	將區域變數配置在靜態區 (Static)，而非堆疊區 (Stack) 的記憶體。
volatile	指定載入變數的時候是直接從記憶體讀取而來，而不是從暫存器讀取的。

1. **const**：const 修飾子是 constant 常數的縮寫，顧名思義其作用就是將一個變數設定成唯讀 (read only) 的特性，也就是變成固定不變的常數。在給定初始值之後，任何要改變其值的敘述都會導致編譯錯誤的發生。參考圖 3-3-9 範例。因爲 const 可使用在全域變數，也可使用在區域變數，它並不會改變變數的有效範圍，比起使用 #define 定義出來的常數，只有全域範圍的效果更有彈性，所以相較之下大部分的設計者還是會選擇採用 const 的方式來定義常數。

```
#define V1 11
const int V2=22;     //V2 是全域常數
int M;

void setup( )
{
  const int V3=33;  //V3 是區域常數
  M=V2+V3;          //M=22+33=55
  V2=100;           // 會發生編譯錯誤
}

void loop( )
{
  const int V3=44;  //V3 是區域常數
  M=V2+V3;          //M=22+44=66
}
```

圖 3-3-9 變數修飾子 const 的使用範例

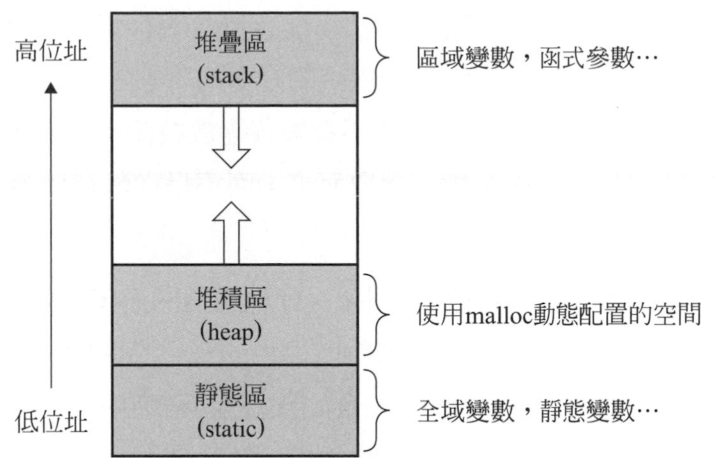

圖 3-3-10　記憶體空間配置示意圖

2. **static**：在 Arduino 的程式語言中，static 修飾子是使用在函式內區域變數的宣告，加上 static 的變數即爲靜態變數，其作用是將變數配置在靜態記憶體空間。參考圖 3-3-10 的記憶體空間配置示意圖，一般編譯器都會把函式內的區域變數配置在堆疊區中，以達到記憶體動態利用的效果，在呼叫函式時才會將記憶體配置給這個函式的區域變數，一旦函式執行結束，就會摧毀這些區域變數的值，收回其記憶體空間。但是使用 static 修飾子可將變數配置在靜態區，其最大的特色是在函式第一次執行時才配置記憶體，而且設定其初始值，之後函式執行結束並不會收回此靜態變數的記憶體空間，其值可以持續保留到下一次函式執行時仍然可以使用，如圖 3-3-11 範例中 loop 的區域變數 V2，其值會隨著 loop 函式不斷的執行而產生累加的效果；相反的，一般區域變數 V1 在每一次 loop 函式執行時都會重新配置，不會有累加的效果。

```
void setup( ){
   Serial.begin(9600);
}

void loop( ){
int V1=0;            // 一般區域變數，初始值 =0
static int V2=0;   // 靜態區域變數，初始值 =0
  V1=V1+1;
  V2=V2+1;
  Serial.print( " V1=" ); Serial.println(V1);
  Serial.print( " V2=" ); Serial.println(V2);
}
```

```
執行結果 ...
 V1=1  V2=1
 V1=1  V2=2
 V1=1  V2=3
 V1=1  V2=4
 V1=1  V2=5
   :     :
```

圖 3-3-11　變數修飾子 static 的使用範例

3. **volatile**：volatile 修飾子的作用是在解決可能會發生資料不一致 (Data inconsistent) 的問題，也就是程式在執行過程中讀取到的是舊的資料，而不是最新的資料，只要變數加上 volatile 就可以指定編譯器不會對該變數做任何的最佳化，而且在載入該變數的值的時候是直接從記憶體讀取而來，而不是從暫存器讀取的，如此就可以解決資料一致性的問題。

   一般而言資料不一致的問題會發生在 (1) 編譯器的最佳化所造成的錯誤 (2) 在多線程 (Multi-thread) 的程式中共用資料所衍生的一致性問題。但是以 Arduino 程式而言，唯一有可能會發生資料不一致的狀況是在使用中斷服務程式 (Interrupt service routine, ISR) 的時候，所以只要將中斷服務程式中有可能改變數值的變數加上 volatile 修飾子，就可以避免資料不一致的問題發生，例如圖 3-3-12 範例中的變數 state。

```
// 當中斷接腳的狀態改變時會觸發 LED 亮暗狀態的反轉
int pin=13;
volatile int state=LOW;

void setup( ){
  pinMode(pin, OUTPUT);
  // 啓用外部中斷 INT0，當狀態有改變 CHANGE 的時候，就執行 myISR 函式
  attachInterrupt(0, myISR, CHANGE);
}

void loop( ){
  digitalWrite(pin, state);
}

void myISR( ){
  state = !state;
}
```

圖 3-3-12　變數修飾子 volatile 的使用範例

3-4 資料的運算

繼承 C/C++ 的特色，Arduino 擁有豐富而且多樣的資料運算能力，包括算術運算、比較運算、邏輯運算、位元運算、複合運算以及指標運算。

3-4-1 算術運算 (Arithmetic)

如表 3-4-1 所示，Arduino 共有 6 種算術運算，除了最基本的加減乘除四則運算外，還有指定運算跟取餘數運算，其中要特別注意浮點數的除法運算，只有在運算元符合規定的格式下，才會有正確的浮點數的商。

表 3-4-1 Arduino 的算術運算

運算子	名稱	說明
=	指定運算	將右邊運算元的值指定給左邊的變數，切記不要跟比較運算的相等 " ==" 混淆了。例如： x=100; x=y; x=func( ); x=y=z=100;
+	加法運算	對運算元進行加法運算。 例如：x=1+2+3; x=y+5; x=func( )+y+z;
-	減法運算	對運算元進行減法運算。
*	乘法運算	對運算元進行乘法運算。

/	除法運算	對運算元進行除法運算，特別注意若要執行浮點數的除法，至少要有一個運算元為浮點數，才會正確的產生有小數點的商。例如：
		int x=100/8; //x=12
		float y=100/8; //y=12
		float y=(float)100/8; float y=100.0/8; //y=12.5

%	取餘數運算	對運算元執行取餘數的運算。例如：
		x=11%3; //x=2
		x=(a+b)%c; // 將 (a+b) 對 c 取餘數的結果指定給變數 x

3-4-2 比較運算 (Comparison)

如表 3-4-2 所示，Arduino 的比較運算固定有二個運算元，主要目的就是在比較二個運算元值的大小，其運算結果是 boolean 型態的 true 或 false，一般會使用在條件式的判斷，以控制程式的執行流程。

表 3-4-2　Arduino 的比較運算

運算子	名稱	說明
>	大於	判斷左邊運算元是否大於右邊運算元。 例如：if (x>0) x=x-1; else x=x+1;
<	小於	判斷左邊運算元是否小於右邊運算元。
==	等於	判斷左邊運算元是否等於右邊運算元。 例如：if (x==y) c=100;
>=	大於等於	判斷左邊運算元是否大於等於右邊運算元。
<=	小於等於	判斷左邊運算元是否小於等於右邊運算元。
!=	不等於	判斷左邊運算元是否不等於右邊運算元。

3-4-3　邏輯運算 (Logic)

Arduino 有 3 種邏輯運算，如表 3-4-3 所示，與比較運算一樣，邏輯運算的結果也是 boolean 型態的 true 或 false，一般會用在條件式的判斷，達到控制程式執行流程的目的，其圖形表示可參考圖 3-4-1。

表 3-4-3　Arduino 的邏輯運算

<table>
<tr><th>運算子</th><th>名稱</th><th>說明</th></tr>
<tr><td>&&</td><td>邏輯 AND</td><td>適用在 2 個或 2 個以上的運算元。只有在所有運算元皆爲 true 的時候，其結果才會爲 true，只要有一個以上的運算元爲 false，則結果就爲 false。
例如：if (x>0 && y<0 && z==0) a=a+1;</td></tr>
<tr><td>||</td><td>邏輯 OR</td><td>適用在 2 個或 2 個以上的運算元。只有在所有運算元皆爲 false 的時候，其結果才會爲 false，只要有一個以上的運算元爲 true，則結果就爲 true。
例如：if (x==y || m || func( )) a=a+1;</td></tr>
<tr><td>!</td><td>邏輯 NOT</td><td>只有一個運算元，其作用就是將運算元的邏輯值反相，即爲結果。例如：while (!(x+y)) a=a+1;</td></tr>
</table>

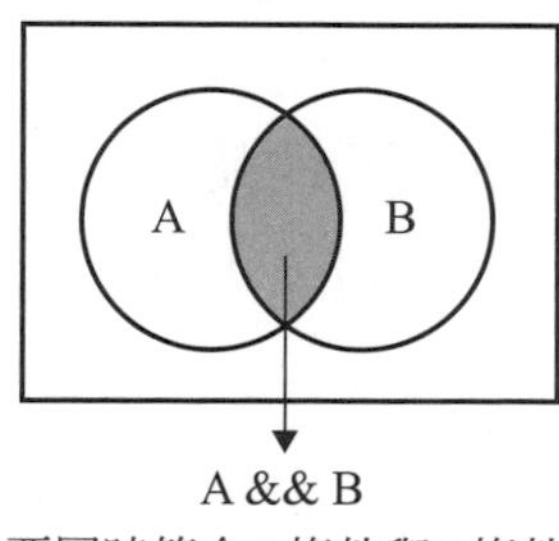

A && B
要同時符合A條件與B條件

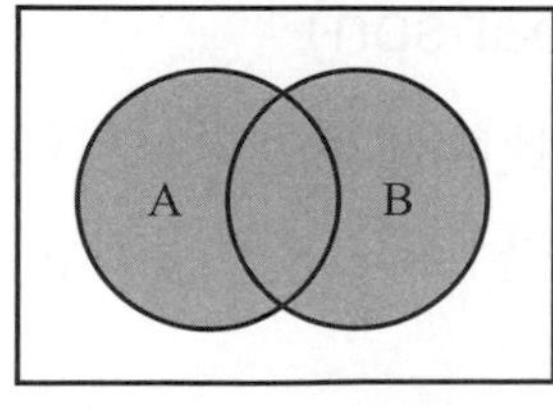

A || B
符合A條件或B條件即可

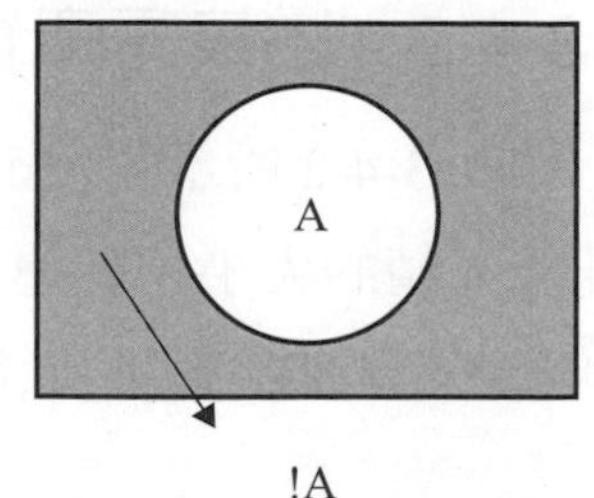

!A
不符合A條件

圖 3-4-1　邏輯運算的圖形表示

3-4-4　位元運算 (Bitwise)

Arduino 的位元 (Bitwise) 運算是針對運算元中的每一個位元進行布林代數的運算，如表 3-4-4 所示，包括 AND (&)，OR (|)，XOR (^)，NOT (~)，圖 3-4-2 是布林代數眞值表的整理。

表 3-4-4　Arduino 的位元運算

<table>
<tr><th>運算子</th><th>名稱</th><th>說明</th></tr>
<tr><td>&</td><td>位元 AND</td><td>適用在 2 個或 2 個以上的運算元，其作用是將運算元的每一個位元做個別的 AND 運算。例如：
char A=55;　　// 00110111_2
char B=81;　　// 01010001_2
char C=A & B;　　// $00010001_2=17_{10}$</td></tr>
<tr><td>|</td><td>位元 OR</td><td>適用在 2 個或 2 個以上的運算元，其作用是將運算元的每一個位元做個別的 OR 運算。例如：
char A=55;　　// 00110111_2
char B=81;　　// 01010001_2
char C=A | B;　　// $01110111_2=119_{10}$</td></tr>
<tr><td>^</td><td>位元 XOR</td><td>適用在 2 個或 2 個以上的運算元，其作用是將運算元的每一個位元做個別的 XOR 運算。例如：
char A=55;　　// 00110111_2
char B=81;　　// 01010001_2
char C=A ^ B;　　// $01100110_2=102_{10}$</td></tr>
<tr><td>~</td><td>位元 NOT</td><td>只有 1 個運算元，其作用是將運算元的每一個位元做 NOT 運算。例如：
unsigned char A=55;　　// 00110111_2
unsigned char B= ~ A;　　// $11001000_2=200_{10}$</td></tr>
<tr><td><<</td><td>位元左移</td><td>將運算元中所有的位元向左移動 n 個位元，等同乘上 2^n 倍，向左移動後，超出儲存範圍的數字捨去，右邊位元則補上 0。例如：
char A=23;　　// 00010111_2
char B=A<<2;　　// $01011100_2=92_{10}$，將 A 左移 2 個位元</td></tr>
<tr><td>>></td><td>位元右移</td><td>將運算元中所有的位元向右移動 n 個位元，等同除以 2^n，向右移出的位元就直接捨去，而左邊多出的位元就補上 0。例如：
char A=23;　　// 00010111_2
char B=A>>3;　　// $00000010_2=2_{10}$，將 A 右移 3 個位元</td></tr>
</table>

a	b	AND (&)
0	0	0
0	1	0
1	0	0
1	1	1

a	b	OR (|)
0	0	0
0	1	1
1	0	1
1	1	1

a	b	XOR (^)
0	0	0
0	1	1
1	0	1
1	1	0

a	NOT (~)
0	1
1	0

圖 3-4-2 位元運算 AND、OR、XOR、NOT 的真值表

3-4-5 複合運算 (Compound)

表 3-4-5 是 Arduino 複合運算的整理，複合運算並不是新的運算分類，它主要是由算術運算或位元運算結合指定運算的一種簡寫形式，目的是讓運算式更簡潔清楚。在表 3-4-5 中，我們表列出所有的複合運算及其對應的等效運算，其中要特別注意 ++ 運算子 (-- 運算子也一樣)，可以放在變數後成為 a++，也可放在變數前成為 ++a，但是二者若使用在指定運算式中，則會有不同的效果，a++ 是完成運算後再做 +1 的動作，而 ++a 則是先做 +1 的動作再執行運算，如圖 3-4-3 範例中的變數 a，在執行完運算式之後 a++ 與 ++a 都具有相同的值，但是運算式的結果卻是大不相同。

表 3-4-5 Arduino 的複合運算

複合運算子	範例	運算結果等同
++	a++;	a=a+1; a+=1;
--	a--;	a=a-1; a-=1;
+=	a+=5; a+=b;	a=a+5; a=a+b;
-=	a-=5; a-=b;	a=a-5; a=a-b;
*=	a*=2; a*=b;	a=a*2; a=a*b;
/=	a/=2; a/=b;	a=a/2; a=a/b;
%=	a%=2; a%=b;	a=a%2; a=a%b;
&=	a&=2; a&=b;	a=a&2; a=a&b;
|=	a|=2; a|=b;	a=a|2; a=a|b;

```
int a;
float b;

a=1; b=a++/(float)2;   // 執行後 a=2, b=0.50
a=1; b=++a/(float)2;   // 執行後 a=2, b=1.00
```

圖 3-4-3 Arduino 複合運算的範例

3-4-6 指標運算 (Pointer)

指標運算並不是 Arduino 特有的運算，它是繼承 C/C++ 而來的，因爲指標運算正是 C/C++ 語言能夠縱橫程式語言界歷久不衰，至今仍不會被淘汰最厲害的武器之一，所以一旦學會了指標運算，也代表你的程式功力又更上了一層樓。

記憶體位址	內容值	變數名稱
0x8FC		
0x8FA	10	A
0x8F8	20	B
0x8F6	0x8FA	p
0x8F4		
0x8F2		
0x8FC		

```
int A=10;
int B=20;
int *p; //宣告一個int指標變數p用來存放指標

Serial.print("&A:");
Serial.print(long)&A,HEX); //印出變數A的位址
P=&A; //取出變數A的指標放入指標變數p中
Serial.print("&p:");
Serial.print(long)p,HEX); //印出指標變數p的位址
Serial.print("p:");
Serial.print(long)p,HEX); //印出指標變數p的內容值
Serial.print("*(p-1):")
Serial.print(*(p-1); //印出記憶體位址(p-2)的內容值

===執行結果===
&A:8FA
&p:8F6
p:8FA
*(p-1):20
```

圖 3-4-4 指標運算及其記憶體配置圖

到目前爲止我們所學習到的運算都是以資料數值爲運算元，簡單來說，就是運算的內容都是變數的數值，可是指標運算就不一樣了，相較於數值運算，指標運算最大的差別是運算的內容是變數在記憶體的位址而不是變數的數值，因爲這跟記憶體在存放變數資料的組織架構息息相關，所以對初學者而言，是一個比較難以理解的觀念，需要對記憶體有較深入的了解，加上程式經驗的累積，才有辦法完全地駕馭。

在圖 3-4-4 的範例中，我們宣告一個整數變數 A，設定初始值爲 10，這時候編譯器就會找一個大小適合的記憶體空間，將它配置給變數 A，然後存入數值 10，到這裡相信大家都能理解，可是有一個問題，編譯器並不會告訴我們變數 A 到底存放在記憶體的什麼地方？也就是我們並不知道變數 A 眞正的記憶體位址，這時候就可以利用取址運算子「&」來達成需求，只要在變數名稱前加上「&」，就能取得配置給該變數的記憶體位址，通常稱爲該變數的指標 (pointer)，所以變數的記憶體位址等同於變數的指標。從另一個方向思考，若已知變數的指標 (位址)，那如何取得此變數的內容值？答案是利用另一個取內容運算子「*」就可達成，只要在指標 (位址) 前加上「*」，就能取得該記憶體位址的內容值。總結以上的說明，我們可以簡單的說「&」的作用是「取出地址」，「*」的作用是「取出內容」。

		&		*	
	變數名稱	⟶	指標 (位址)	⟶	內容值
例如：	A	⟶	0x8FA	⟶	10

了解指標之後，接下來要介紹的是指標變數，指標變數宣告的格式如下：

型別 * 變數名稱； // 例如： int *p;

與一般變數的宣告格式相比，指標變數只是在變數名稱前多了「*」，但是意義卻大不相同，一般變數存放的是資料數值，如圖 3-4-4 中的變數 A 與 B，但是指標變數存放的卻是指標，也就是記憶體位址，參照圖 3-4-4 中的範例，思考下列的宣告：

```
int *p=&A;
```

我們可獲得的資訊有 (1) p 是一個指標變數名稱，&p 可取得變數 p 的記憶體位址爲 0x8F6。(2) 變數 p 的初始値爲 &A，也就是變數 p 的內容值爲變數 A 的記憶體位址 0x8FA。(3)*p 代表取出位址 0x8FA 的內容值，因此 *p 爲 10。

在圖 3-4-4 的範例中，要特別強調指標的加法與減法與一般數值的加減法不同，在指標運算上加 1，是表示加上一個資料型態的記憶體長度，例如在 UNO 開發板上 int 型態的指標上加 1，是表示在記憶體位址上加 2 個位元組，所以範例中的 *(p-1) 即表示要取得記憶體位址 (0x8FA-2)=0x8F8 的內容值，對照記憶體配置圖，也就是變數 B 的內容值，所以 *(p-1)=20。

3-4-7　運算子的優先順序

當一個運算式變得很複雜，其中擠滿了各式各樣的運算子時，這時候我們就必須要制定一個規範，哪些運算一定要先做，哪些運算要最晚做，這就是運算子的優先順序，因爲不同的優先順序，就會產生不同的運算結果，所以基本上在 Arduino 語言中，會使用到的運算子優先順序都是跟 C/C++ 有一致性的，表 3-4-6 中所列的運算，其序號愈小優先順序就愈高。雖然遵循著運算子優先順序，我們的運算結果就不會出錯，但是還是建議各位，在寫運算式時，盡可能的不要過長，因爲那不是代表你的程式功力，只會讓運算錯誤的機會提高，自己難以除錯。所以在遇到太過複雜的運算式時，應該要拆成多個階段的運算，或是善用 ( )，明確的定義出運算順序，這樣才是良好的寫程式習慣。

表 3-4-6　各類運算子的優先順序

<table>
<tr><th colspan="10">優先順序　高 → 低</th></tr>
<tr><th>1</th><th>2</th><th>3</th><th>4</th><th>5</th><th>6</th><th>7</th><th>8</th><th>9</th><th>10</th></tr>
<tr><td>( )</td><td>!
~
++
--</td><td>*
/
%</td><td>+
-</td><td><<
>></td><td>>
>=
<
<=</td><td>==
!=</td><td>&
|
^</td><td>&&
||</td><td>=</td></tr>
</table>

3-5 執行流程控制

一般而言，程式的執行流程都是從第一道指令開始，然後一道指令接著一道指令，按照順序的往下執行，可是這樣循序執行的方式除了缺乏彈性不能有效變化之外，也不符合人類的思考邏輯，所以寫出來的程式碼無法有實際上的應用成效，因此一個受歡迎的程式語言最重要的特色之一，就是要具備豐富且多樣的控制結構，也就是可以改變程式執行流程的能力，當然這對繼承 C/C++ 優良血統的 Arduino 語言而言，只是小菜一碟，絕對不是問題。如表 3-5-1 所示，在 Arduino 程式語言中流程控制敘述可以分成二大類，分別爲無條件跳躍 (Unconditional jump) 與條件式控制 (Conditional control)，詳細說明如下：

表 3-5-1　Arduino 程式語言中控制敘述的分類

條件式控制	無條件跳躍
if if⋯else switch⋯case while do⋯while for	break continue return goto

3-5-1　if 與 if⋯else 條件式控制

if 與 if⋯else 應該是使用頻率最高的條件式控制敘述，語法很接近口語化的邏輯，以日常生活中常見的狀況舉例：「如果明天放颱風假，我們就去逛街看電影」，其中有沒有放颱風假就是要不要去逛街看電影的一個判斷條件。參考圖 3-5-1 中 if 的語法，若條件判斷的結果爲 true，就執行特定的單一敘述或是 {⋯} 定義的程式區塊，如果是單一敘述，有圖 3-5-1(a)(b) 二種寫法，爲了提高程式碼的可讀性，我們建議如圖 3-5-1(b) 的寫法會比較不容易出錯；另外，如果條件式執行爲連續二個以上的敘述，就必須使用 {⋯} 明確的定義出程式區塊，如圖 3-5-1(c) 所示。我們將 if 的控制結構以圖 3-5-1(d) 的執行流程圖來表示，很明顯條件式執行的敘述或區塊，只有在判斷條件的結果爲 true 的情況下才會被執行，否則就會跳過不執行。

與 if 相較之下，if…else 的特色則是多了條件不滿足時的選擇，沿用上一個例子，「如果明天放颱風假，我們就去逛街看電影，否則就只能乖乖的上班」，仔細比較一下圖 3-5-2(d) 的流程圖，就可發現這二者不同之處，比起 if 的條件式控制，if…else 會有更多樣的控制變化。常見的條件判斷可參考圖 3-5-3 範例。

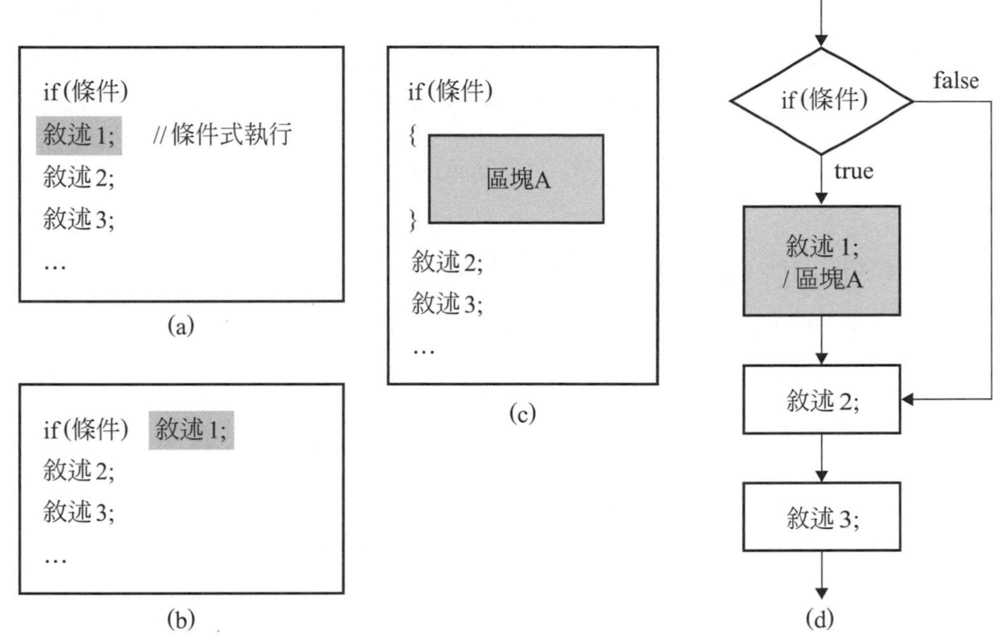

圖 3-5-1　if 條件式執行的語法及其執行流程圖，灰色表示條件式執行的敘述或區塊

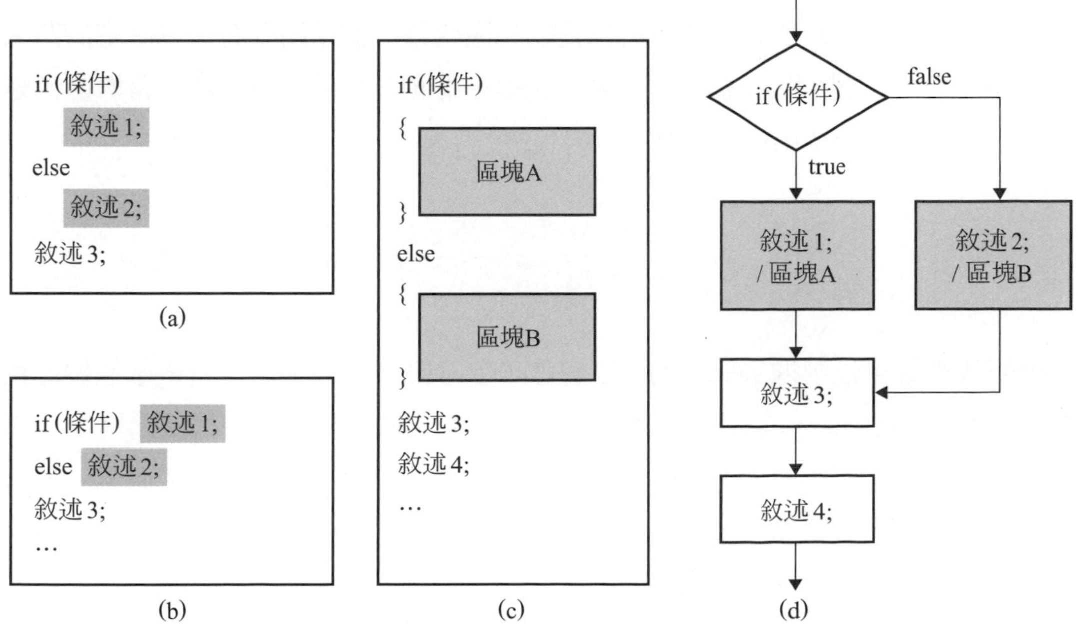

圖 3-5-2　if…else 條件式執行的語法及其執行流程圖

```
if(a==0) b++;          // 判斷 a 是否為 0
if(a>0 && a<5) b++; // 判斷 0<a<5 ?
if(a==2 && (b==5 || b==7)) c++;   // 要同時滿足 a 為 2，而且 b 為 5 或 7，才為 true
a=2; if(a) b++;        // 只要 a 不為 0 都視為 true
a=0; if(!a) b++;       //a 為 0 視為 false，所以 !a 為 true
a=5; if(!a) b++;       // 只要 a 不為 0，!a 為 false，不可使用位元 NOT， ~ a ≠ !a
if(a=2) b++; // 若 (a==2) 錯寫成 (a=2)，不會出現編譯錯誤，但會造成恆為 true 的效果
if(a=0) b++; // 若 (a==0) 錯寫成 (a=0)，不會出現編譯錯誤，但會造成恆為 false 的效果
```

圖 3-5-3　常見的 if 條件判斷

3-5-2　switch…case 多重分支控制

我們可以想像程式的執行一開始就像是走在一條沒有分支岔路的道路上，沒有選擇的只能一直往前走，而 if 與 if…else 就像是遇到了有二個路口的岔路，要嘛選 A，不然就選 B，情況還算單純，可是我們總會走到複雜的路口，可能有 5 條岔路，甚至是 10 條岔路以上，這時候 if 或是 if…else 條件式的控制使用起來就會顯得捉襟見肘，變得不容易使用，尤其太多的條件控制會讓程式碼的結構過於冗長複雜，容易發生錯誤，在這種情況下，switch…case 提供了另一種更直覺便利的多重控制結構。

參考圖 3-5-4 的語法結構與執行流程，switch...case 需要一個控制變數，其形態只能是整數或是字元變數，例如：switch (*var*) 中的 *var*。除此之外，每一個 case 後面都要接著一個整數的常數數值，我們可以把它想像成每一個岔路都有一個固定的路名，注意在 case 後面的是冒號：而不是分號，這是一個很常見的錯誤；如果常數數值是一個字元，記得要加上單引號，例如：

```
case 5:
case 'A':
```

接著我們就可以根據 switch 的控制變數，依序與每一個 case 的常數數值做比較，當控制變數的值與 case 的常數數值相等時，就執行屬於該 case 的程式碼區塊。這裡要強調的是依序，從圖 3-5-4 的執行流程中，我們可以知道，switch 是從第一個 case 開始往下比較，相等時就執行，不相等時就跳到下一個 case 繼續比較，所以如果有 *n* 個 case，則最多就會有 *n* 次的比較。

1. 如果所有的 case 都不符合，基本上是不會執行任何程式碼區塊的，但是往往人類的思考邏輯都會有一個預設 (default) 的選項，所以大部分的 switch…case 中，都會有一個特別的 default case，如圖 3-5-4 所示。當所有的 case 一一比較過都不滿足時就會執行 default 的區塊，實際上 default 區塊可以放在其它 case 之前，也不會影響功能，但是通常我們都會把 default 區塊放在最後，這樣會更符合人類的思考邏輯。再強調一次，如果程式不需要，default 是可以省略的。
2. 相符的 case 執行完畢之後，下一步呢？這時候就必須使用關鍵字 break 跳脫 switch...case 的區塊，通常每一個 case 程式碼區塊的最後一行敘述都會是 break，如果沒有使用 break，則程式會繼續的往下執行，直到 break 敘述或 switch…case 區塊的結尾。

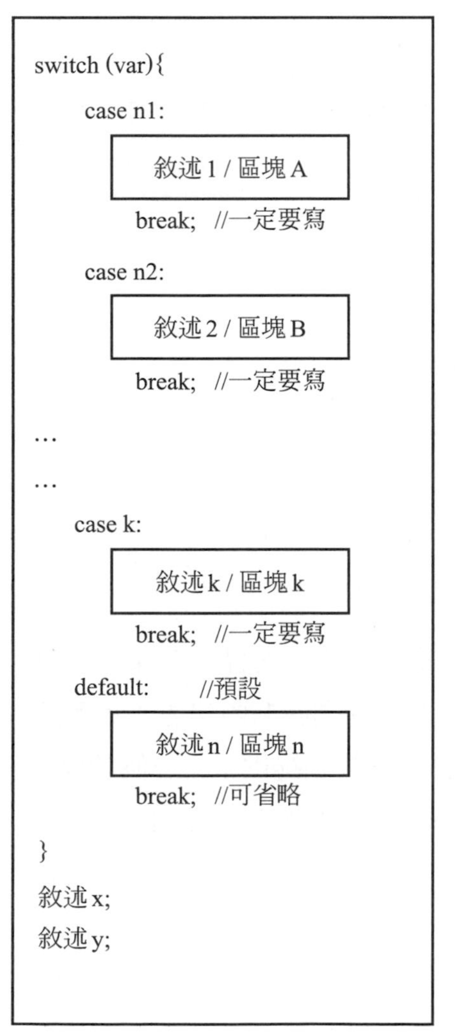

(a)

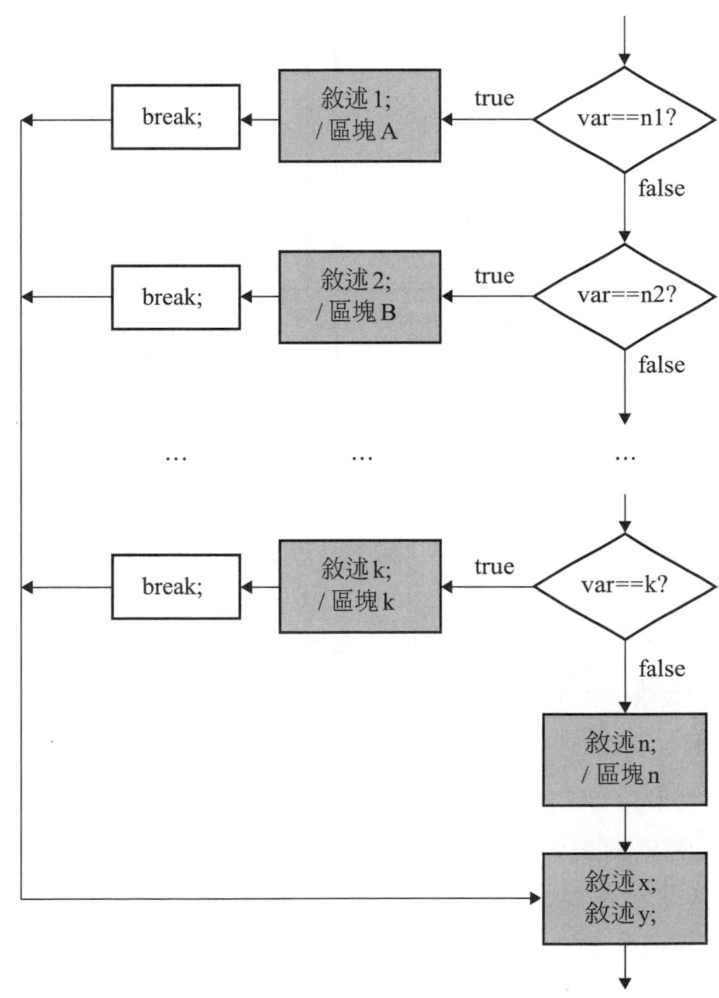

(b)

圖 3-5-4 switch…case 多重分支控制的語法及其執行流程圖

3-5-3 while 與 do⋯while 迴圈控制

如果條件式執行的程式碼只有執行一次的需求，那 if (if⋯else) 和 switch⋯case 的控制敘述就已適用，可是當條件式執行的程式碼需要多次甚至是重複不斷的執行時，則我們就必須選用 while 迴圈控制才可達到目的。參考圖 3-5-5 中 while 迴圈的寫法跟 if 大同小異，特別注意在 while 迴圈控制中，每一次條件式執行的敘述或是程式區塊執行完後，都會再繞回前面執行條件的判斷，一直到條件判斷的結果為 false，才會結束迴圈，否則就不斷地執行迴圈的內容。例如：

```
while(1); // 這是一個執行空敘述的無窮迴圈，只有重啓板子或關掉電源才能結束
```

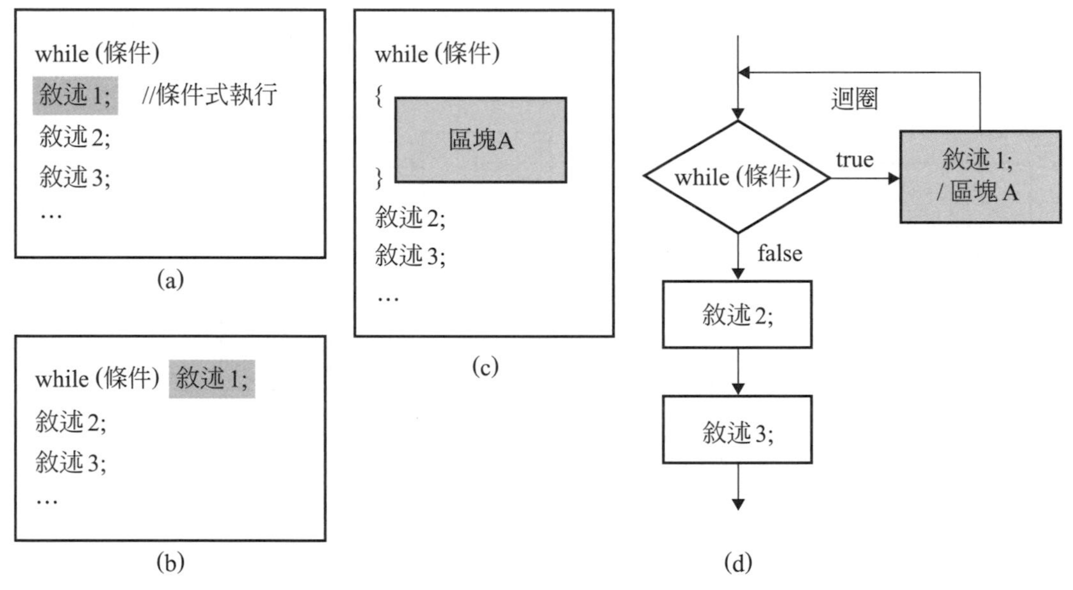

圖 3-5-5 while 迴圈控制的語法及其執行流程圖

從 while 迴圈控制的流程中我們可以觀察到一個現象，迴圈的內容是先條件判斷後執行，有可能會遇到第一次條件判斷的結果就為 false，此時迴圈的內容連一次都沒執行，所以為了增加程式設計者的使用彈性，do⋯while 迴圈控制提供了另一個選擇，如圖 3-5-6 所示，在 do⋯while 迴圈控制中，條件判斷與迴圈執行的順序是顛倒過來的，因為迴圈內容會先執行再進行條件判斷，所以迴圈的內容至少會執行一次，與單純的 while 比較起來，這是 do⋯while 最大的特色。二者比較，雖然使用 while 的次數會比使用 do⋯while 來得多很多，而且不用 do⋯while 程式還是寫得出來，但是有時候程式的需求就是先執行後比較的特性，這時候 do⋯while 的使用，就可收到事半功倍的效用。

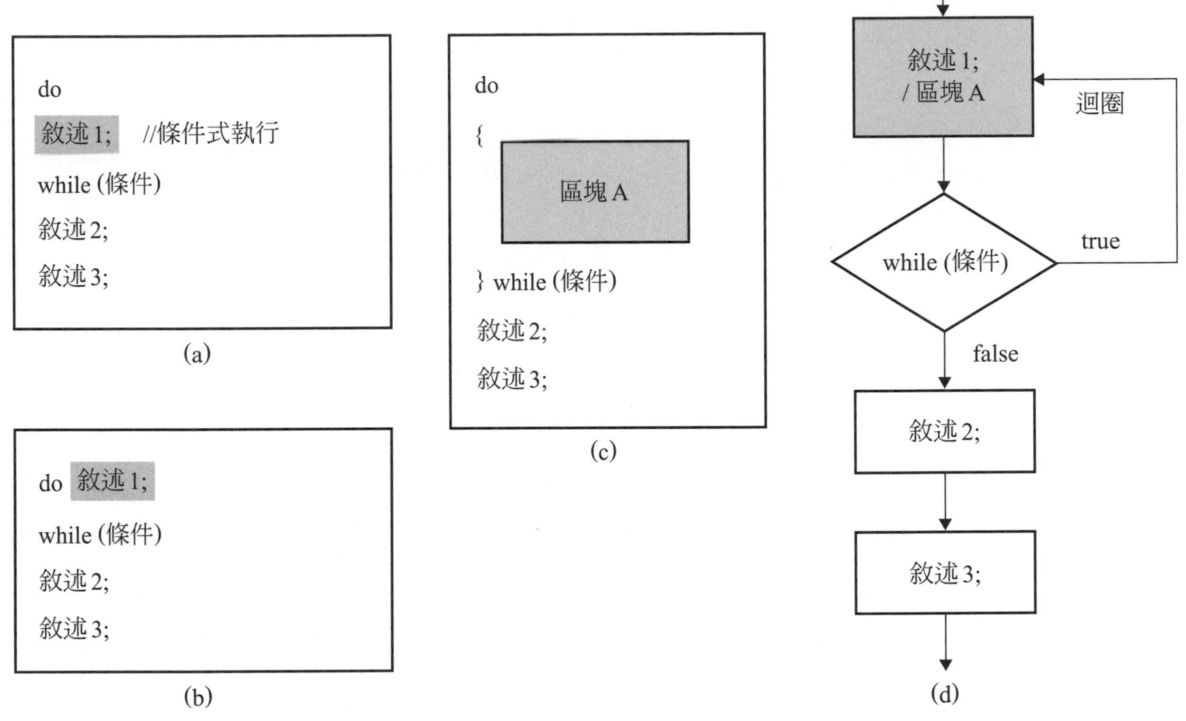

圖 3-5-6　do…while 迴圈控制的語法及其執行流程圖

3-5-4　for 迴圈控制

接下來我們要介紹的也是程式碼中很常使用的 for 迴圈控制，語法說明如下，可參考圖 3-5-7 的執行流程會更容易了解。

```
for(第一運算式;條件;第二運算式){...}
```

1. for 迴圈控制固定由三個欄位所組成，分別是第一運算式、條件與第二運算式，每個欄位之間以「；」做爲間隔。
2. for 迴圈的三個欄位都是非必要的，可選擇性的使用或是省略，但是省略的時候，間隔符號「；」一定要保留。如果三個欄位都省略的時候，就相當於 while 的無窮迴圈，範例如下：

```
for(;;) = while(1)
```

3. 第一個欄位爲第一運算式，參考圖 3-5-7，第一運算式是在進入 for 迴圈前所執行的運算，執行次數只有一次，通常是迴圈控制變數的初始設定，但不以此爲限，例如：

```
for(i=0;i<100;i++) {...}            //傳統迴圈控制變數的初始值設定
for(a+=2,b++,j=0;i<100;i++) {...}
for(int a=1,b=2;i<100;i++) {...}    //宣告 for 迴圈變數 a,b
```

省略第一運算式表示進入迴圈前不做任何的設定與運算，例如：

```
for(;i<100;i++)
```

4. 第二個欄位爲條件運算式，其結果爲布林常數 (true/false)，只有 0 值爲 false，非 0 值則皆爲 true，控制著要繼續執行迴圈或是要結束迴圈，參考圖 3-5-7，若結果爲 true，則執行單一的敘述 1 或是程式碼區塊 A，反之，若條件運算結果爲 false，就結束迴圈跳到 for 區塊的下一行敘述往下執行。例如：

```
for(i=0;i<100 && j!=0;i++) {...}
```

省略條件運算式代表不做條件的測試，也就是等同無窮迴圈，在這種情況下，除非迴圈中有無條件跳躍指令，才可能脫離迴圈，例如：

```
for(j=0;;j++) = while(1)
```

5. 第三個欄位爲第二運算式，參考圖 3-5-7，第二運算式是在迴圈區塊結束後所執行的運算，每一次迴圈內容結束後都會先執行第二運算式再回到條件的判斷，通常第二運算式是計算 for 迴圈控制變數的增量，但不以此爲限，例如：

```
for(i=0;i<100;i++)  {...}           //傳統迴圈控制變數的增量
for(b=1;i<100;b+=5) {...}           //與迴圈控制變數的增量無關
```

省略第二運算式代表不做迴圈後運算，不會對 for 迴圈有任何影響，例如：

```
for(i=2;i>1;)
```

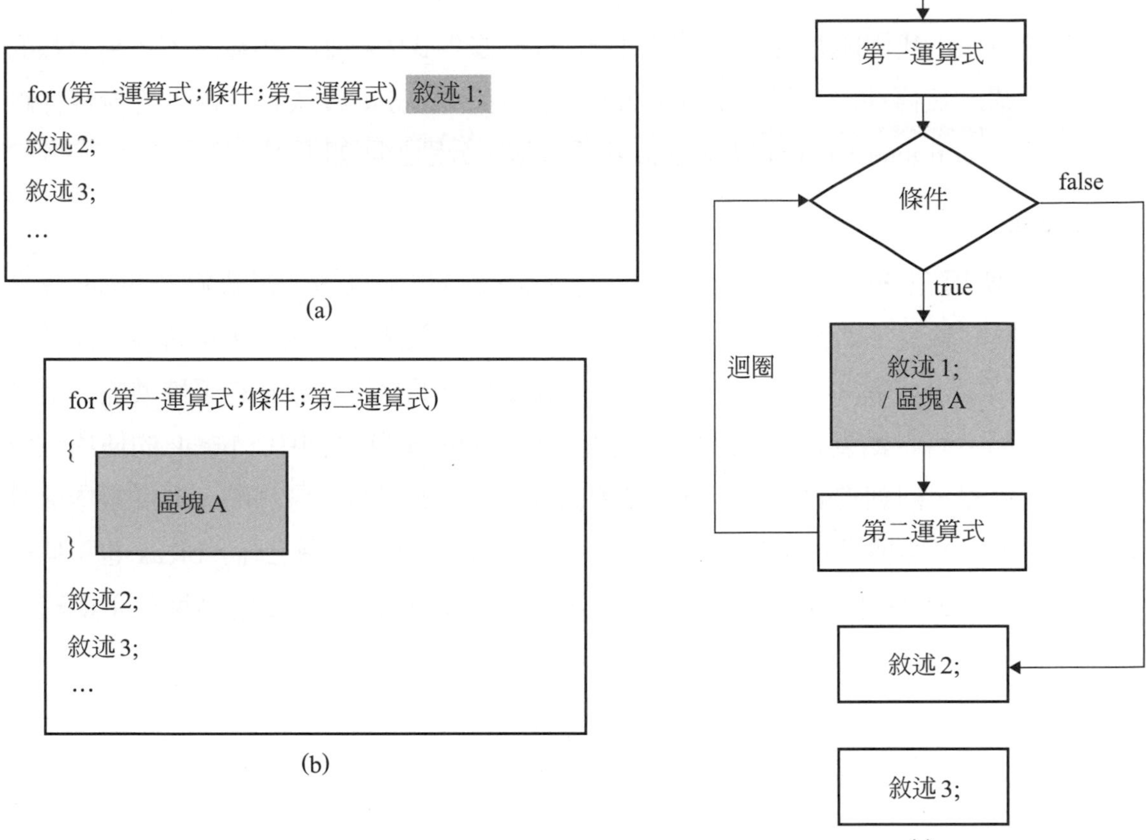

圖 3-5-7　for 迴圈控制的語法及其執行流程圖

3-5-5 break，continue，return，goto 無條件跳躍

至目前爲止我們所介紹的流程控制皆是屬於條件式的控制，相較之下，另一類的無條件跳躍或無條件的流程控制就顯得較爲單純，Arduino 程式語言提供的無條件跳躍有 break、continue、return 以及 goto 四種敘述，分別說明如下：

1. break

break 使用在 for、while、do…while 迴圈結構的強制離開，程式遇到 break 會立即停止迴圈的執行，並且跳到迴圈區塊之外的下一行敘述往下執行，這時候迴圈並不是正常的結束，如圖 3-5-8 範例的程式碼，最後的結果會將變數 a 的值轉換成二進位的形式輸出。有一點要特別強調，若是應用在多層的巢狀迴圈中，break 的使用只會跳出一層迴圈，回到它的上一層迴圈繼續執行，所以如果有 5 層迴圈，要從最內層跳到最外層，就必需要執行 5 次的 break 才可達到。當然除了迴圈之外，break 也可使用在 switch…case 的條件區塊中，其作用也是強制離開 switch…case 的區塊往下繼續執行。

```
a=11;
While(1) {
  b=a%2; Serial.println(b);
  a=a/2;
  if(a==0) break;   // 當 a/2 的商值為 0 時，則 break 迴圈
}
```

圖 3-5-8 break 的使用

2. continue

continue 也是使用在 for、while、do…while 迴圈結構的控制，與 break 不同的地方，continue 並不會跳出迴圈的執行，而是省略迴圈剩下的敘述，直接跳回到迴圈條件的判斷，進行迴圈下一回合 (next iteration) 的執行，特別注意，若是使用在 for 迴圈，continue 之後會先執行第三運算式，再進行條件判斷，如圖 3-5-9 中的範例，最後的結果只會印出 0 ~ 10 中奇數數字的 2 倍乘積。

```
for(i=0;i<=10;i++) {
  if(i%2==0) continue;   // 若 i 為偶數，則 continue
  n=i*2;
  Serial.println(n);
}
```

圖 3-5-9　continue 的使用

3. return

return 是使用在函式的結束返回，會返回到上一層呼叫此函式的下一行敘述繼續執行，如有必要 return 還具有回傳數值的功能，依據使用者的需求 return 的返回值可有可無，以圖 3-5-10 爲例，func2 會有二個可能的返回值，分別爲 5 與 10，但是返回點都是一樣的，都會返回到 func1( ) 中，繼續下一行敘述 a++ 的執行。

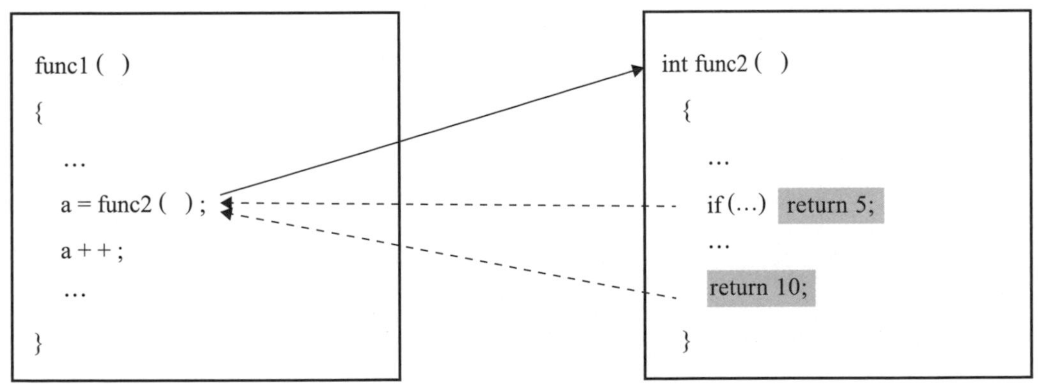

圖 3-5-10　return 的執行流程

4. goto

goto 的使用必須搭配 label 的觀念，label 是標籤的意思，使用在程式碼中具有標示定位的功能，要設定一個標籤非常的簡單，只要在一個非保留字的名稱後加上「：」就是一個標籤名稱；而 goto 後面必須要接著一個標籤名稱，才會強制執行流程轉移到標籤名稱的地方繼續執行，範例如下：

```
goto LB_b;      // 跳到 LB_b 標籤處執行
...
LB_a:           // 設定 LB_a 標籤
...
LB_b:           // 設定 LB_b 標籤
...
```

在這裡要特別強調，goto 只能跳到同一個函式內部的 label 位置，無法跨函式的跳躍。因爲 goto 的使用會破壞程式碼的結構化，讓程式碼的執行流程沒有規則，不容易追蹤，因此大部分的教科書或是有經驗的程式設計師都不建議使用 goto，但是有時候又必須借助 goto 強大的威力，才能大幅地降低程式控制的複雜度，所以 goto 就像是一把雙面刃，使用的時候要特別小心。

Chapter **4**

Arduino 的函式

4-1 基本 I/O 函式

4-1-1 pinMode( )

描 述 設定接腳輸入 / 輸出的模式。

語 法 pinMode(pin, mode)

參 數 pin：接腳編號。

mode：可設定的模式有 INPUT、INPUT_PULLUP、OUTPUT 三種模式。

傳回值 無

範 例

```
void setup() {
  pinMode(13, OUTPUT);              // 設定接腳 13 為 OUTPUT 模式
}

void loop() {
  digitalWrite(13, HIGH);           // 將 HIGH 寫到接腳 13
  delay(1000);                      // 延遲 1000ms=1s
  digitalWrite(13, LOW);            // 將 LOW 寫到接腳 13
  delay(1000);                      // 延遲 1000ms=1s
}
```

說 明

(1) Arduino 的接腳都是預設成 INPUT 模式，所以如果是輸入接腳，基本上不用 pinMode 設定也能直接使用；但如果是輸出接腳，就一定要用 pinMode 設定成 OUTPUT 模式，這樣才能輸出正確的訊號值。

(2) 大部分的 Arduino 開發板上，接腳 13 都是固定接到內建的 LED，屬於標準的輸出，所以要避免將接腳 13 設為 INPUT 模式。

(3) 與 INPUT 不同之處，INPUT_PULLUP 會啓用 Arduino 開發板內建的上拉電阻，使得 INPUT 接腳在沒有任何訊號輸入或是浮接 (Floating) 的狀態下，訊號固定拉升爲 HIGH，這樣才能避免讀取到不正確的值，所以如果是輸入接腳，一般都會直接使用 INPUT_PULLUP 模式來取代 INPUT 模式。(可參考第 5 章的按鍵範例)

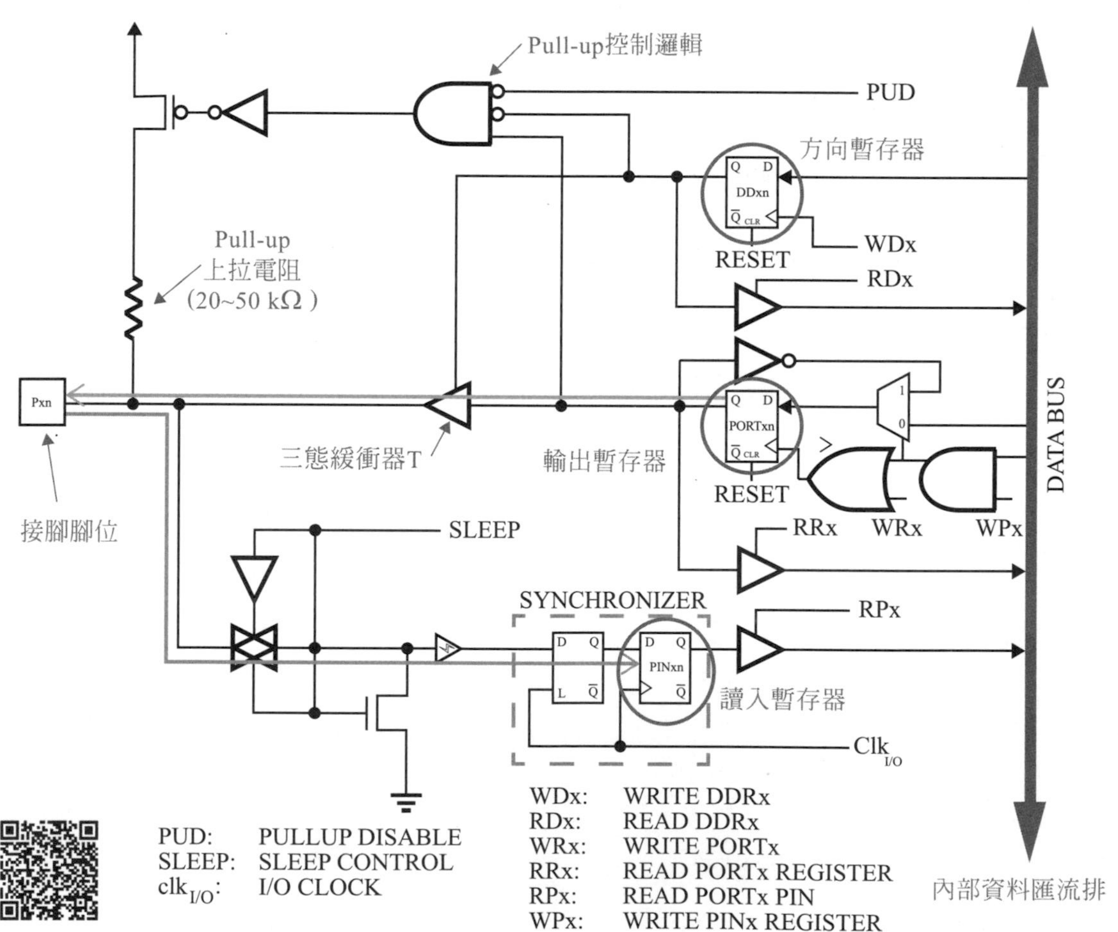

圖 4-1-1 ATmega328P 數位接腳的內部電路 (彩圖請詳見首頁)

爲了讓各位能更深入了解 Arduino 的接腳模式，開發出更進階的應用，參考 ATmgeg328P 的技術文件，我們特別將 Arduino UNO 接腳的內部電路節錄說明如下。圖 4-1-1 爲 UNO 所使用的 ATmgeg328P 中，一般數位接腳的內部電路，首先注意到每一個接腳內部都包含三個暫存器，如圖中紅色圓形框線所示，分別爲 DDxn、PORTxn 和 PINxn。

表 4-1-1　接腳模式規劃表

	DDxn	PORTxn	PUD	I/O	Pull-up	說明
case A	1	0	X	Output	No	輸出邏輯 0(低電位)
case B	1	1	X	Output	No	輸出邏輯 1(高電位)
case C	0	0	X	Input	No	接腳可能會呈現高阻抗浮接的狀態，而導致讀取錯誤或不穩定的狀況發生。
case D	0	1	1	Input	No	與 case C 相同，會有潛在的讀取風險。
case E	0	1	0	Input	Yes	啓用上拉電阻，作用等同 pinMode(x, INPUT_PULLUP)，可改善 case C 與 D 的缺點。

DDxn 爲方向暫存器，其內容値可以決定此接腳訊號輸出／輸入的方向。(1) 若 DDxn=1，則圖 4-1-1 中的三態緩衝器 T 會被致能而導通資料的輸出路徑，表示此接腳爲一個輸出接腳，如表 4-1-1 中的 case A~B。(2) 如果 DDxn=0，此 0 値會關閉三態緩衝器 T，阻斷資料的輸出路徑，代表此接腳被規劃成一個輸入接腳，如表 4-1-1 中的 case C~E。

PORTxn 爲輸出資料暫存器，當此接腳被規劃成輸出 (OUTPUT) 模式時，PORTxn 內存的値即爲要輸出的邏輯値。如表 4-1-1 中 case A 所示，當 DDxn=1 而且 PORTxn=0 時，接腳的電壓準位就會被拉降至低電位，即爲邏輯 0。case B 當 DDxn=1 而且 PORTxn=1 時，接腳的電壓準位就會被拉升至高電位，代表輸出値爲邏輯 1。

PINxn 為輸入資料暫存器，當此接腳被規劃成輸入 (INPUT) 模式時，接腳輸入訊號的邏輯值就是存放在 PINxn 暫存器。在 INPUT 模式下需要特別注意，若接腳懸空或是接到浮接的訊號來源，則 pin 腳會呈現高阻抗浮接的狀態，導致讀取錯誤或讀取不穩定的狀況發生，為了避免這種潛在的缺陷，ATmgeg328P 在每個數位接腳都內建了 20~50kΩ 的上拉電阻，參考圖 4-1-1 中的 pull-up 控制邏輯，只有在 PUD=0，DDxn=0，而且 PORTxn=1 這三個條件同時成立下，才會啓用上拉電阻，也就是表 4-1-1 中的 case E。一般來說，控制位元 PUD (Pull-Up Disable) 的預設值都會是 0，所以我們可以使用下列二種方式，在數位接腳 x 為 INPUT 的模式下啓用內建的上拉電阻：

(1) 在 Arduino 1.0.1 之後的版本，可直接使用 pinMode(x, INPUT_PULLUP);

(2) 在 Arduino 1.0.1 之前的版本，使用下列二道敘述的組合，亦可達到相同的效果。

```
pinMode(x, INPUT);          // 設定 DDxn=0
digitalWrite(x, HIGH);      // 設定 PORTxn=1
```

4-1-2　digitalRead( )

描　述　讀取數位訊號。

語　法　digitalRead(pin)

參　數　pin：數位接腳的編號，以 UNO 而言，有 0 ～ 13 總共 14 支數位 I/O 接腳。

傳回值　HIGH / LOW

範　例

```
int ledPin = 13;              // 設定 LED 的接腳編號為 13
int inPin = 7;                // 設定按鈕的接腳編號為 7
int val = 0;                  // 宣告 int 變數 val 來儲存 digitalRead 的傳回值

void setup() {
  pinMode(ledPin, OUTPUT);          // 設定數位接腳 13 為 OUTPUT 模式
  pinMode(inPin, INPUT);            // 設定數位接腳 7 為 INPUT 模式
}

void loop() {
  val = digitalRead(inPin);         // 讀取接腳 7 的訊號值，存在 val
  digitalWrite(ledPin, val);        // 將 val 變數的值寫（輸出）到 pin 13
}
```

說　明

(1) 參考圖 2-3-1，對 UNO 而言，除了 D0~D13 爲數位 I/O 接腳外，A0~A5 的類比輸入接腳也可當成數位接腳來使用。

(2) 在此範例中，若接腳 7 沒連接任何輸入裝置，則 digitalRead() 所讀到的值是隨機變動的，有可能是 HIGH，也有可能是 LOW。

(3) 建議如果是輸入接腳，一般都會直接使用 INPUT_PULLUP 模式來避免 digitalRead() 讀取到不確定的輸入值。

(4) 如果一個數位接腳設定成 OUTPUT 模式，也可使用 digitalRead( ) 函式讀取接腳訊號。

4-1-3 digitalWrite( )

描 述 輸出數位訊號。

語 法 digitalWrite(pin, value)

參 數 pin：接腳的編號。

value：有 HIGH / LOW 二種訊號值。

傳回值 無

範 例

```
void setup() {
  pinMode(13, OUTPUT);                // 設定數位接腳 13 為 OUTPUT 模式
}

void loop() {
  digitalWrite(13, HIGH);             // 將 HIGH 寫到 ( 輸出 ) 接腳 13
  delay(1000);                        // 延遲 1000ms=1s
  digitalWrite(13, LOW);              // 將 LOW 寫到 ( 輸出 ) 接腳 13
  delay(1000);                        // 延遲 1000ms=1s
}
```

說 明

(1) 若接腳已明確的使用 pinMode 設定成 OUTPUT 模式，則 digitalWrite() 的 HIGH 會對應成 5V 的輸出電壓，而 LOW 會對應到 0V 的輸出電壓。

(2) 若接腳沒有設定成 OUTPUT 模式就直接使用 digitalWrite()，則接腳會以預設的 INPUT 模式來處理，這時候 digitalWrite() 的 HIGH 不會有正確的 5V 輸出，反而是啓用接腳內建的上拉電阻，而 LOW 則是關閉接腳內建的上拉電阻。

(3) 以上說明，digitalWrite() 要有正確的功能，一定要先用 pinMode 將接腳設定成 OUTPUT 模式。

4-1-4　analogRead( )

描　述　讀取類比訊號。

語　法　analogRead(pin)

參　數　pin：類比輸入接腳的編號，以 UNO 而言，有 A0 ～ A5 總共 6 支類比輸入接腳。

傳回值　0~1023 的整數值

範　例

```
//讀取可變電阻（電位器）的輸出值
const int potPin=A0;
void setup() {
  pinMode(potPin,INPUT);
  Serial.begin(9600);
}

void loop() {
int val;
float volt;
  val=analogRead(potPin);  //讀取 A0，傳回 0-1023
  volt=val*0.00488;        //轉換成電壓值 5v/1024=0.00488v
  Serial.print(val);       //印出結果
  Serial.print(" => ");
  Serial.print(volt,1);    //小數點 1 位
  Serial.println('V');
  delay(1000);             //延遲 1 秒
}
```

說 明

(1) 類比輸入接腳編號 A0 ～ A5 是 Arduino 預設的常數，其數值對應爲 14 ～ 19。

(2) 因爲 Arduino 開發板上的類比數位轉換器 (ADC) 是 10-bit，代表 0 ～ 5V 的電壓會對應到 0 ～ 1023 個整數值，所以解析度等於 5V/1024，約爲每單位 4.9mV。

(3) 根據官網說明，Arduino 讀取類比訊號的時間，一次讀取大約是 100 微秒 (microsecond)，所以最高的讀取頻率爲每秒 10000 次。

(4) 如果類比輸入接腳沒有連接任何裝置，則 analogRead() 的傳回值會是外在因素所造成的波動值，例如其他類比訊號的輸入、或是手靠近板子的距離遠近等。

(5) 如果數位接腳不夠用，A0 ～ A5 也可以改設定爲數位輸出，例如 pinMode(A0, OUTPUT); 然後可以使用 digitalWrite(A0, HIGH/LOW); 寫出資料，但是這樣混合使用，在讀取其他類比腳位時，會產生雜訊干擾，建議還是盡量避免。

4-1-5 analogWrite( )

描 述 輸出類比訊號。

語 法 analogWritc(pin, value)

參 數 pin：類比輸出接腳的編號，以 UNO 而言，有 3、5、6、9、10、11。

value：0~255 的整數值，可表示 PWM 的 duty cycle。

傳回值 無

範 例

```
//LED 燈的亮度控制
const int ledPin=3;                              //LED 輸出接腳
void setup() {
  pinMode(ledPin,OUTPUT);
  Serial.begin(9600);
}

void loop() {
int val;
  for(val=0;val<256;val=val+15)  {       // 漸亮
    analogWrite(ledPin, val);
    delay(100);                          // 間隔 0.1 秒
  }
  for(val=255;val>=0;val=val-15)  {      // 漸暗
    analogWrite(ledPin, val);
    delay(100);                          // 間隔 0.1 秒
  }
}
```

說 明

(1) 大部分的 Arduino 開發板，只要微控晶片是 ATmega168 或是 ATmega328P 系列的，包含 UNO，analogWrite() 都可以使用在接腳 3、5、6、9、10、11 正常工作。

(2) digitalWrite() 只可輸出 0V 或 5V 二種電壓值，相較之下 analogWrite() 可以輸出 0~5V 中的任一電壓值，達到類比輸出的效果。

(3) Duty cycle(工作佔比) 表示在一個周期內，工作時間佔整個週期時間的比值，假設 value=128，則 duty cycle = 128/255 約爲 50%，輸出電壓 = 5V × 50% = 2.5V。

(4) 執行 analogWrite() 之後，指定的接腳就會持續輸出一個穩定的方波，其值由第二個參數 value 來決定，直到在相同的接腳執行到下一個 analogWrite()，digitalRead() 或是 digitalWrite() 時，才會停止。

(5) 在執行 analogWrite() 之前，可以不需要使用 pinMode() 將接腳設定成 OUTPUT 模式

4-1-6 analogReference( )

描　述 設定 analogRead() 讀取類比輸入訊號時的參考電壓。

語　法 analogReference(type)

參　數 type：參考電壓的種類，有 DEFAULT、INTERNAL、INTERNAL1V1、INTERNAL2V56、EXTERNAL 等 5 種。

傳回值 無

範　例

```
void setup() {
  analogReference(DEFAULT);         // 使用預設的參考電壓
}

void loop() {
int val=analogRead(A0);             // 讀取 A0，傳回 0-1023
}
```

說　明

(1) DEFAULT：使用預設參考電壓，在 5V 的開發板就是 5V，在 3.3V 的開發板就是 3.3V。

INTERNAL：使用內建的 (built-in) 參考電壓，在 ATmega168 或是 ATmega328P 微控器上為 1.1V，而在 ATmega8 微控器上則為 2.56V。(此參數在 Arduino Mega 無法使用)

INTERNAL1V1：使用內建的參考電壓 1.1V。(僅在 Arduino Mega 上使用)

INTERNAL2V56：使用內建的參考電壓 2.56V。(僅在 Arduino Mega 上使用)

EXTERNAL：使用從 AREF 接腳輸入的外部參考電壓，範圍限制在 0~5V。

(2) 改變類比輸入的參考電壓之後，開始幾次 analogRead 讀取的值會有不準確的情況發生，之後就會恢復正確的讀取。

(3) 使用 EXTERNAL 外部參考電壓時，不要使用低於 0V 或是高於 5V 的電壓，因為這樣可能會導致 Arduino 開發板永久性的毀損。

4-2 進階 I/O 函式

4-2-1 tone( )

描述 在指定的接腳輸出 HIGH，LOW 各佔週期一半 (50%) 的方波。

語法 tone(pin, frequency, [duration])

參數 pin：接腳編號。

frequency：方波的頻率，資料型別爲 unsigned int。

duration：持續輸出方波的時間，資料型別爲 unsigned long，單位 millisecond。此參數可有可無，若沒設定，則會不斷的輸出方波，直到叫用 noTone() 才會停止。

傳回值 無

範例

```
#define pin 13
void setup() {
  pinMode(pin,OUTPUT);        // 設定接腳 13 為 OUTPUT 模式
}

void loop() {
  tone(pin,31,2000);          // 輸出頻率 31Hz 的方波，持續 2 秒鐘
  delay(3000);                // 延遲 3000ms=3s
}
```

說　明

(1) 此範例的效果會看到 UNO 板上的 LED 燈會快速的閃爍 2 秒之後，暫停 1 秒鐘，再開始快速閃爍 2 秒，如此不停循地循環。

(2) 經測試，tone() 的頻率一定要≧ 31Hz 才有作用。

(3) tone() 函式是屬於非阻塞式 (Non-block) 的執行，即使有設定持續 (Duration) 時間，在呼叫 tone() 之後也會立刻返回，繼續執行下一道指令，所以此範例第 8 行的 delay 時間若≦ 2000ms 就會看不出暫停的效果。

(4) tone() 主要應用在蜂鳴器或喇叭，使其發出聲音或音樂，透過指定頻率可改變聲音的高低，也就是音高 (Pitch)，但是由於 duty cycle 固定爲 50%，所以音量的大小無法改變，其應用可參考第 6 章的蜂鳴器。

(5) 如表 4.2.1，在 UNO 開發板上，因爲 tone() 函式的功能必須要使用到定時器 Timer2，而 Timer2 同時也負責 D3 與 D11 接腳 PWM 的產生，所以在使用 tone() 的時候，會影響到這二個接腳 PWM 的輸出，使用者要自己避免。

表 4-2-1　Arduino UNO(ATmega328P) 定時器的用途

定時器	PWM 輸出接腳	使用在
Timer0	D5，D6	delay()、millis()、micros() 時間函式
Timer1	D9，D10	Servo 函式庫
Timer2	D3，D11	tone()

4-2-2 noTone( )

描　述　在指定的接腳停止輸出方波。

語　法　noTone(pin)

參　數　pin：接腳編號。

傳回值　無

範　例

```
#define pin 13
void setup()
{
  pinMode(pin,OUTPUT);        //設定接腳 13 為 OUTPUT 模式
}

void loop()
{
  tone(pin,31);   delay(2000);      //輸出頻率 31Hz 的方波，並持續 2 秒鐘
  noTone(pin);    delay(2000);      //停止輸出方波 2 秒鐘
}
```

說　明

此範例也可達到 LED 燈快速的閃爍 2 秒之後，暫停 2 秒鐘，再開始快速閃爍 2 秒的效果。

4-2-3　pulseIn( )

描　述　在指定的接腳上量測目標脈衝 (HIGH 或 LOW) 持續的時間。舉例而言，如果目標脈衝爲 HIGH，則 pulseIn() 會等待接腳上的電位出現 LOW 轉 HIGH 之後開始計時，直到訊號再變回 LOW 才停止計時，此爲一個完整的脈衝，最後傳回 HIGH 持續的時間 (微秒)。

語　法　pulseIn(pin, value, [timeout])

參　數　pin：接腳編號。

value：目標脈衝，HIGH 或 LOW。

timeout：設定監聽時間，若監聽時間內沒有出現目標脈衝，或是沒有量測到一個完整的脈衝，則傳回 0 值。此參數可有可無，若沒設定，則預設監聽時間爲 1 秒鐘。

傳回值　傳回 0 或目標脈衝持續的時間，單位是微秒 (microsecond)。

範　例

```
#define pin 0
unsigned long oldVal=0,newVal=0;
void setup() {
  Serial.begin(9600);                //設定串列埠傳輸速率為 9600 bps
  pinMode(pin,INPUT);                //設定接腳 0(Rx) 為 INPUT 模式
}
void loop() {
  newVal=pulseIn(pin,HIGH);          //監聽 D0 接腳上的 HIGH 脈衝
  if(oldVal!=newVal) {               //若 HIGH 持續時間有改變才印出數值
    Serial.println(newVal);
    oldVal=newVal;
  }
}
```

說　明

(1) 在 UNO 開發板上，因為 D0 固定是 UART 串列傳輸的接收 (Rx) 接腳，所以此範例我們將 D0 設為監聽接腳，只要在 PC 端串列埠監控視窗的傳送框輸入文數字，就可讀取目標脈衝，不需要連接其它的輸入設備。

(2) 根據官方網頁上的說明，pulseIn() 使用的時機取決於設計者的經驗，通常在目標脈衝持續太長的情況下，較容易發生錯誤，有效的脈衝持續時間介於 10 微秒到 3 分鐘之間。

(3) pulseIn() 是屬於阻塞式 (Block) 的函式，一旦執行就要等到目標脈衝出現或是監聽時間結束 (Timeout) 才會返回程式，執行下一道指令。

(4) pulseIn() 常應用在偵測按鈕時間的長短，短按或長按，以決定不同的執行動作。

4-2-4　pulseInLong( )

描　述　由於 pulseIn() 在量測長脈衝時會出現較大的誤差，相比之下，pulseInLong() 更適合使用在長脈衝的量測。因為 pulseInLong() 會使用到 micros() 時間函式，所以一定要在允許中斷發生的情況下才能使用 pulseInLong()。

語　法　pulseInLong(pin, value, [timeout])

參　數　pin：接腳編號。

value：目標脈衝，HIGH 或 LOW。

timeout：設定監聽的時間，此為非必要參數。若監聽時間內沒有出現目標脈衝或是脈衝長度太長，則會停止讀取並回傳 0 值。若沒設定，則預設是 1 秒鐘。

傳回值　傳回 0 或目標脈衝持續的時間，單位是微秒 (microsecond)。

範　例

```
int pin = 6;
unsigned long duration;

void setup() {
  pinMode(pin, INPUT);                         //設定接腳為 INPUT 模式
}

void loop() {
  duration=pulseInLong(pin, HIGH);             //量測接腳上的 HIGH 脈衝時間
}
```

4-2-5 shiftIn( )

描 述 在指定的接腳上，以一次一個 bit 的方式接收資料，可以選擇從最高 (MSB) 或是最低 (LSB) 位元開始接收資料，直到接收滿 8 個 bit(等於一個位元組)，再傳回完整的 byte。

語 法 shiftIn(dataPin, clockPin, bitOrder)

參 數 dataPin：讀取資料的接腳。

clockPin：時脈接腳。

bitOrder：讀取 bit 的順序，MSBFIRST 表示從最高位元開始讀取，而 LSBFIRST 則是從最低位元開始讀取。

傳回值 讀取到的 byte。

範 例 from wiring_shift.c

```
uint8_t shiftIn(uint8_t dataPin, uint8_t clockPin, uint8_t bitOrder) {
    uint8_t value = 0;
    uint8_t i;

    for (i=0; i<8; ++i) {
        digitalWrite(clockPin, HIGH);               //將時脈接腳拉升到 HIGH
        if (bitOrder == LSBFIRST)
            value |= digitalRead(dataPin) << i; //從低位元開始放
        else
            value |= digitalRead(dataPin) << (7 - i); //從高位元開始放
        digitalWrite(clockPin, LOW);                //將時脈接腳拉降到 LOW
    }
    return value;
}
```

說 明

(1) 從 shiftIn() 函式的程式碼中，我們可以看到在接收每一個 bit 的過程中，時脈接腳會先被拉升到 HIGH(第 6 行)，然後從資料接腳上讀取一個 bit 之後，再將時脈接腳拉絳到 LOW(第 11 行)，所以讀取完 8 個 bit 的資料，時脈接腳上會產生 8 個連續的脈衝。

(2) shiftIn() 函式是以軟體方式實作，效能較差但是使用彈性高。Arduino 另外提供了 SPI 函式庫，是一種硬體實作方式，效能較高但只能作用在某些固定的接腳上。

(3) 如果你要使用 shiftIn() 中時脈接腳的正緣來觸發其他的裝置，則在執行 shiftIn() 之前，你必須要確保時脈接腳的電壓準位爲 LOW，才不會出錯。

4-2-6 shiftOut( )

描述 在指定的接腳上以一次一個 bit 的方式輸出資料，可以選擇從最高 (MSB) 或是最低 (LSB) 位元開始傳送，直到指定的位元組 (8 個 bit) 傳送完畢。

語法 shiftOut(dataPin, clockPin, bitOrder, value)

參數 dataPin：輸出 bit 的接腳。

clockPin：時脈接腳。

bitOrder：輸出 bit 的順序，MSBFIRST 表示從最高位元開始輸出，而 LSBFIRST 則是從最低位元開始輸出。

value：要輸出的位元組

傳回值 無

範例 from wiring_shift.c

```
void shiftOut(uint8_t dataPin, uint8_t clockPin, uint8_t bitOrder,
uint8_t val) {
  uint8_t i;

  for (i=0; i<8; i++)  {
    if (bitOrder == LSBFIRST)
      digitalWrite(dataPin,!!(val & (1<<i))); // 從 val 的低位元開始傳送
    else
      digitalWrite(dataPin,!!(val & (1<<(7-i)))); // 從 val 的高位元開始傳送

    digitalWrite(clockPin, HIGH);                  // 在時脈接腳產生一個脈衝
    digitalWrite(clockPin, LOW);
  }
}
```

說　明

(1) 從 shiftOut() 函式的程式碼中，我們可以看到在輸出完一個 bit 之後，時脈接腳就會產生一個脈衝 (先 H 後 L)，以表示 bit 資料已成功送出，如果你要使用這個時脈接腳的正緣來觸發其他的裝置，則在執行 shiftOut() 之前你必須要確保時脈接腳的電壓準位為 LOW 才不會出錯。

(2) shiftOut() 一次只能輸出一個 byte，如果輸出數值大於 255 的時候，就必須要分成兩次傳送。

例如：val=300，以 MSBFIRST 方式輸出

```
shiftOut(dataPin, clockPin, MSBFIRST, (val >> 8));   // 先送出資料的高位 byte
shiftOut(dataPin, clockPin, MSBFIRST, val);          // 再送出資料的低位 byte
```

4-3 Serial 串列傳輸函式

4-3-1 Serial.begin()

描 述　啓用串列埠

語 法　Serial.begin(baud)

Serial.begin(baud, cfg)

參 數　baud：設定傳輸速率，單位爲 bps(bits per second)，意思是「每秒傳送多少個位元」，可選擇的速率有 300,600,1200,2400,4800,9600,14400,19200,28800,38400,57600,115200。

cfg：設定傳輸格式，包括資料長度、同位元跟停止位元，預設爲 SERIAL_8N1，可選擇的格式有

SERIAL_5N1，SERIAL_6N1，SERIAL_7N1，SERIAL_8N1，

SERIAL_5N2，SERIAL_6N2，SERIAL_7N2，SERIAL_8N2，

SERIAL_5E1，SERIAL_6E1，SERIAL_7E1，SERIAL_8E1，

SERIAL_5E2，SERIAL_6E2，SERIAL_7E2，SERIAL_8E2，

SERIAL_5O1，SERIAL_6O1，SERIAL_7O1，SERIAL_8O1，

SERIAL_5O2，SERIAL_6O2，SERIAL_7O2，SERIAL_8O2。

傳回值　無

範　例

```
void setup()  {
  Serial.println("Before ...");          // 未開啓串列埠，無法顯示
  Serial.begin(9600);                    // 設定串列埠傳輸速率為 9600bps
  Serial.println("After ...");           // 可以正常顯示在串列埠監控視窗
}

void loop()
{
}
```

說　明

因爲 Arduino IDE 在開啓串列埠監控視窗時，預設的傳輸速率固定爲 9600bps，爲了避免每次開啓監控視窗都要更改傳輸速率，我們建議 Serial.begin 設定在 9600 即可。

4-3-2 Serial.end()

描 述 停止串列埠

語 法 Serial.end()

參 數 無

傳回值 無

範 例

```
void setup()
{
  Serial.begin(9600);                    // 設定串列埠傳輸速率為 9600bps
  Serial.println("Before end ... ");     // 可以正常顯示
  Serial.end();                          // 停止串列埠
  Serial.println("After end ...");       // 無法顯示
}

void loop()
{
}
```

4-3-3 Serial.print()

描 述 將資料 (以 ASCII 文字型式) 串列輸出。

語 法 Serial.print(val)

Serial.print(val, format)

參 數 val：任意資料類型，包含數值 (long int)，字元，字串。

format：數值格式，包含二進位 BIN，十進位 DEC，八進位 OCT，十六進位 HEX，或小數點位數。

傳回值 傳回輸出成功的字元數。

範 例

```
Serial.print(65);                  //印出 "65"
Serial.print(0xab);                //印出 "171"
Serial.print(1.2345);              //印出 "1.23"，預設小數點二位
Serial.print('A');                 //印出 "A" 字元
Serial.print('\n');                //單純的換行
Serial.print("Arduino!\n");        //印出 "Arduino!" 字串並換行
Serial.print(78,BIN);              //將 78 轉成二進位印出 "1001110"
Serial.print(78,OCT);              //將 78 轉成八進位印出 "116"
Serial.print(78,DEC);              //將 78 轉成十進位印出 "78"
Serial.print(78,HEX);              //將 78 轉成十六進位印出 "4E"
Serial.print(1.23456,0);           //印出 "1"
Serial.print(1.23456,3);           //印出 "1.235"
```

說 明

(1) 因為數值的型別固定為 long int，所以 Serial.print() 在傳輸數值時，其大小範圍只能限制在 -2147483648 ~ 2147483647 之間，不過經實測最小負 -2147483648 會發生編譯錯誤。

(2) Serial.print() 在傳輸數值時，都會先轉成十進位，然後把整個數值當成字串，每個數字都會被拆成單獨的字元分開傳送。

(3) Serial.print() 並不會自動換行，若要有換行的效果必須使用 Serial.print('\n') 或是 Serial.println()。

(4) 特別注意 Arduino 並不支援格式化的輸出，所以沒有 Serial.printf() 函式。

4-3-4 Serial.println()

描 述 就字面上的拆解，println 就是 print+line，所以 Serial.println() 與 Serial.print() 的功能與格式皆相同，只是多了一個換行的動作。

4-3-5 Serial.write()

描 述 將資料串列輸出。

語 法 Serial.write(val)

Serial.write(str)

Serial.write(buf, len)

參 數 val：長度爲一個 byte 的整數值，若超出範圍只取低位元的 8 個位元

str：字串

buf：字元陣列

len：字元陣列的長度

傳回值 傳回輸出成功的字元數。

範 例

```
Serial.write(65);                //印出 "A" 字元
Serial.write(321);               //印出 "A" 字元，因為只取低位元的 8 個位元
Serial.write(1.23);              //編譯錯誤，不允許浮點數
Serial.write('A');               //印出 "A" 字元
Serial.write('\n');              //單純的換行
Serial.write("456");             //印出 "456"
Serial.write("Arduino!\n");      //印出 "Arduino!" 字串並換行
char A[]="123456789";            //宣告字元陣列
Serial.write(A,5);               //印出 "12345"
```

說 明

Serial.write() 基本上與 Serial.print() 的功能類似，都是把資料傳送出去，二者在傳送字元或字串資料時的效果完全一樣，只有在傳送數值時所使用的格式不同。如前所述，Serial.print() 在傳送數值時，是把整個數值當成字串，每個數字會拆成個別的字元分開傳送；相反的，Serial.write() 在傳送數值時，會把數值轉成二進位的格式，而且長度固定爲一個 byte (8-bit) 的傳送，所以數值如果超過 8 位元的上限，會捨去超過的部分，只傳送低位元的 8 個位元的，如範例中的第 2 行，$321_{10} = 1\boxed{01000001}_2$。

4-3-6 Serial.available()

描 述 查詢接收緩衝區中是否有可以讀取的資料。

語 法 Serial.available()

參 數 無

傳回值 傳回接收緩衝區中可以讀取的 byte 數。(包含換行字元)

範 例

```
int num_old=-1, num=-1;
void setup()
{
  Serial.begin(9600);              // 設定串列埠傳輸速率為 9600bps
}

void loop()
{
  num=Serial.available();          // 查詢接收緩衝區的資料長度
  if(num_old!=num)  {              // 如果長度有變化才印出
    Serial.println(num);
    num_old=num;                   // 將新存成 num_old，做為後續的判斷
  }
}
```

說 明

(1) 此範例必須在 PC 端串列埠監控視窗的傳送框輸入文字後，傳送才可看到效果。

(2) 按下串列埠視窗的傳送按鈕時，不管有沒有輸入資料，都會固定加上換行字元 LF(line feed)，其 ASCII 編碼值爲 10。

(3) Serial.available() 只是查詢並不會有讀取的動作，所以執行後字元還是會留在緩衝區中不會移除，長度不會改變。

(4) Arduino UNO 的接收緩衝區預設長度爲 64bytes，但是會留空一個 byte 不能佔用，所以此範例最後所顯示的上限會維持在 63。

(5) 如果接收的資料量較大，我們可以開啓在 Arduino 安裝目錄下的 HardwareSerial.h，將接收緩衝區的長度修改成 128bytes，詳細步驟如下：

a. 開啓 C:\Program Files (x86)\Arduino\hardware\arduino\avr\cores\arduino\HardwareSerial.h，

b. 找到 #define SERIAL_RX_BUFFER_SIZE 64

c. 改成 #define SERIAL_RX_BUFFER_SIZE 128

4-3-7 Serial.read()

描 述 從接收緩衝區中讀取第一個 byte 的資料，讀取後就從緩衝區移除。

語 法 Serial.read()

參 數 無

傳回值 如果緩衝區有資料，就會傳回第一個 byte 的資料，其值一定≧ 0；如果沒資料就會傳回 -1。

範 例

```
1  void setup()
2  {
3    Serial.begin(9600);               // 設定串列埠傳輸速率為 9600bps
4  }
5
6  void loop()
7  {
8    if(Serial.available())
9    //Serial.print(Serial.read()); //Serial.print 會印出 ASCII 的編碼值
10     Serial.write(Serial.read()); // 使用 Serial.write 才能正確的印出字元
11 }
```

說 明

(1) 此範例必須在 PC 端串列埠監控視窗的傳送框輸入文字後，傳送才可看到效果。

(2) 通常在 Serial.read() 之前都會使用 Serial.available() 查詢，先確定接收緩衝區中已經有資料了，再把資料讀取出來。

(3) 第 9 行使用 Serial.print() 會將讀取到的 byte 數值當成字串，所以會印出字元的 ASCII 編碼值，要使用 Serial.write() 才能印出字元。

4-3-8 Serial.peek()

描 述 與 read 功能一樣，不同之處在於 peek 讀取資料後，並不會將其從緩衝區移除。

語 法 Serial.peek()

參 數 無

傳回值 如果緩衝區有資料，就會傳回第一個 byte 的資料，其值一定≧ 0；如果沒資料就會傳回 -1。

範 例

```
int ch;
void setup()  {
  Serial.begin(9600);                                  //設定串列埠傳輸速率為 9600bps
}

void loop()  {
  if(Serial.available()) {
    ch=Serial.peek();
    if(ch>='0' && ch<='9') Func_A();                   //如果是 0-9，由函式 A 讀取
    else if(ch>='a' && ch<='z') Func_B();              //如果是 a-z，由函式 B 讀取
    else Serial.read();                                //否則讀取出來捨棄
  }
}

void Func_A() {
  Serial.print("Func_A gets digit: ");
  Serial.write(Serial.read()); Serial.print('\n');
}

void Func_B() {
  Serial.print("Func_B gets letter: ");
  Serial.write(Serial.read()); Serial.print('\n');
}
```

說 明

(1) 因爲資料不會移除，所以連續執行 Serial.peek() 讀取到的都是同一筆資料，也就是接收緩衝區中第一個 byte 的資料。

(2) peek 的作用就是可以先偷看內容，預做處理或判斷後再 read 出來。

4-3-9 Serial.availableForWrite()

描 述 查詢傳送緩衝區的剩餘空間，。

語 法 Serial.availableForWrite()

參 數 無

傳回值 傳回傳送緩衝區中，還可以寫入資料的 byte 數。

範 例

```
void setup()
{
int num;
  Serial.begin(9600);                    //設定串列埠傳輸速率為 9600bps
  num=Serial.availableForWrite();        //查詢傳送緩衝區的剩餘空間
  Serial.println(num);                   //上限值為 63
  delay(1000);
  Serial.println("0123456789");          //寫出 10 個字元
  num=Serial.availableForWrite();        //查詢傳送緩衝區的剩餘空間
  Serial.println(num);                   //num=63-10=53
}

void loop()
{ }
```

說 明

(1) Serial.print()，Serial.println()，Serial.write() 等傳送函式在執行時，都會先將資料寫入到傳送緩衝區，然後就直接返回不會等待資料傳送結束，此種方式即爲非等待或非阻塞式 (Non-blocking) 傳輸。

(2) 與讀取緩衝區一樣，Arduino UNO 的傳送緩衝區預設長度也是 64bytes，但是會留空一個 byte 不能佔用，所以 Serial.availableForWrite() 的上限值爲 63。

(3) 特別注意，如果傳送緩衝區資料已滿，則 Serial.print()、Serial.println()、Serial.write() 等傳送函式就會被堵塞住 (Block)，必須等到傳送緩衝區有空時才能執行寫入。

(4) 如果傳送的資料量較大，我們可以開啓在 Arduino 安裝目錄下的 HardwareSerial.h，將傳送緩衝區的長度修改成 128bytes，詳細步驟如下：

a. 開啓 C:\Program Files (x86)\Arduino\hardware\arduino\avr\cores\arduino\HardwareSerial.h，

b. 找到 #define SERIAL_TX_BUFFER_SIZE 64

c. 改成 #define SERIAL_TX_BUFFER_SIZE 128

4-3-10 Serial.flush()

描 述 送出傳送緩衝區中所有的資料，並且等待直到傳送結束。(在 Arduino 1.0 版之前，此函式的功能是用來清空接收緩衝區。)

語 法 Serial.flush()

參 數 無

傳回值 無

範 例

```
void setup()
{
int num;
  Serial.begin(9600);                         // 設定串列埠傳輸速率為 9600bps
  Serial.println("0123456789");               // 寫出 10 個字元
  Serial.flush();                             // 清空並等待傳送結束
  num=Serial.availableForWrite();             // 查詢傳送緩衝區的剩餘空間
  Serial.println(num);                        // 沒有 flush，num=53
                                              //   有 flush，num=63
}

void loop()
{ }
```

說 明

因爲 Serial.print()，Serial.println() 與 Serial.write() 同爲非阻塞式 (Non-blocking) 傳輸，如果程式的邏輯需要等資料全部傳送完之後，再判斷下一步要執行的步驟，此時可以使用 delay() 來暫停程式的執行等待資料傳送完畢，可是這很難評估該延遲多久，這時候就可以使用 Serial.flush() 函式來暫停程式，直到資料全部傳送完畢才會往下執行。

4-3-11　Serial.setTimeout()

描　述　設定從接收緩衝區中持續讀取資料的時間。

語　法　Serial.setTimeout(tm)

參　數　tm：持續讀取時間，單位是毫秒 ms，預設為 1000。

傳回值　無

範　例

```
void setup()  {
  Serial.begin(9600);        //設定串列埠傳輸速率為 9600bps
  Serial.setTimeout(3000); //設定讀取等待時間 3000ms=3s，若沒設定則預設 1s
}

void loop()  {
int val;
 if(Serial.available()) {
    val=Serial.parseInt();  //尋找第一個有效的整數，直到 3 秒鐘結束
    Serial.println(val);    //印出整數值或 0
  }
}
```

說　明

(1) 若沒設定，預設的持續讀取時間一律為 1000ms=1 秒。

(2) 持續讀取時間會與接下來要介紹的函式有非常密切的關係，包括；
`Serial.parseInt()`，`Serial.parseFloat()`，
`Serial.find()`，`Serial.findUntil()`，
`Serial.readString()`，`Serial.readStringUntil()`，
`Serial.readBytes()`，`Serial.readBytesUutil()`。

4-3-12 Serial.parseInt()

描 述　持續的讀取接收緩衝區的資料，直到第一個有效的整數出現，或時間終了 (參考 setTimeout)。

語 法　Serial.parseInt()

參 數　無

傳回值　傳回第一個有效的整數值，範圍在 -32768 到 32767 之間，若時間結束還是沒找到，則傳回 0。

範 例

```
void setup()  {
  Serial.begin(9600);       // 設定串列埠傳輸速率為 9600bps
  Serial.setTimeout(3000); // 設定讀取等待時間 3000ms=3s，若沒設定則預設 1s
}

void loop()  {
int val;
 if(Serial.available()) {
   val=Serial.parseInt();  // 尋找第一個有效的整數，直到 3 秒鐘結束
   Serial.println(val);    // 印出整數值或 0
 }
}
```

4-3-13 Serial.parseFloat( )

描 述　持續的讀取接收緩衝區的資料，直到第一個有效的浮點數出現，或時間終了 (參考 setTimeout)。

語 法　Serial.parseFloat( )

參 數　無

傳回值　傳回第一個有效的浮點數值，取小數點後 2 位且經過四捨五入，若時間結束還是沒找到，則傳回 0.00。

4-3-14　Serial.find()

描　述　持續的讀取接收緩衝區的資料，直到目標字串出現，或時間終了 (參考 setTimeout)。

語　法　Serial.find(str)

參　數　str：目標字串。

傳回值　若有找到目標字串則傳回 true，否則傳回 false。

範　例

```
void setup()  {
  Serial.begin(9600);       // 設定串列埠傳輸速率為 9600bps
  Serial.setTimeout(3000); // 設定讀取等待時間 3000ms=3s，若沒設定則預設 1s
}

void loop()
{
 if(Serial.available()) {
   if(Serial.find("Taiwan"))         // 尋找目標字串，直到找到或 3 秒鐘結束
     Serial.println("Yes");          // 若找到，印出 Yes
   else Serial.println("No");        // 否則印出 No
 }
}
```

4-3-15　Serial.findUntil()

描　述　持續的讀取接收緩衝區的資料，直到目標字串出現，或結束字元出現，或時間終了 (參考 setTimeout)。

語　法　Serial.findUntil(str, ch)

參　數　str：目標字串
ch：結束字元

傳回值　若有找到目標字串則傳回 true，否則傳回 false。

說　明　與 Serial.find() 比較，Serial.findUntil() 只是多了一個結束讀取的條件，例如：

```
Serial.findUntil("Taiwan",'x');
```

4-3-16 Serial.readString()

描　述　持續的讀取接收緩衝區的資料並複製到字串，直到時間終了 (參考 setTimeout)。

語　法　Serial.readString()

參　數　無

傳回值　傳回字串

範　例

```
1  void setup()  {
2    Serial.begin(9600);        // 設定串列埠傳輸速率為 9600bps
3    Serial.setTimeout(3000); // 設定讀取等待時間 3000ms=3s，若沒設定則預設 1s
4  }
5
6  void loop()  {
7  String str;                      // 宣告字串變數
8   if(Serial.available()) {
9     str=Serial.readString();   // 持續讀取資料，直到 3 秒鐘結束
10    Serial.println(str);       // 印出字串
11  }
12 }
```

說　明

(1) Serial.readString() 是屬於阻塞式 (Block) 的讀取，會持續的讀取資料，直到等待時間結束才會返回程式繼續往下執行。

(2) 若沒有第 3 行的設定，預設的等待時間爲 1000ms =1 秒鐘

(3) 有固定的持續讀取時間，是優點也是缺點，取決於應用程式的需求。

4-3-17 Serial.readStringUntil()

描 述 持續的讀取接收緩衝區的資料並複製到字串，直結束字元出現，或時間終了 (參考 setTimeout)。

語 法 Serial.readStringUntil(ch)

參 數 ch：結束字元，資料型別為 char。

傳回值 傳回字串

範 例

```
void setup()  {
  Serial.begin(9600);       // 設定串列埠傳輸速率為 9600bps
  Serial.setTimeout(3000); // 設定讀取等待時間 3000ms=3s，若沒設定則預設 1s
}

void loop()  {
String str;                          // 宣告字串變數
 if(Serial.available()) {
   str=Serial.readStringUntil('x');// 持續讀取資料，直到讀到 'x' 或 3 秒鐘結束
   Serial.println(str);             // 印出字串，不會出現 'x'
 }
}
```

說 明

(1) 與 Serial.readString() 比較，Serial.readStringUntil() 只是多了一個結束讀取的條件。

(2) 觀察結果，設定的終止位元並不會出現在傳回的字串中。

(3) 若在傳送框輸入 123xabc 傳送，則會傳回二個字串，"123" 與 "abc"。

4-3-18 Serial.readBytes()

描 述 持續的讀取接收緩衝區的資料，並複製到指定的記憶體空間，直到等於指定的長度，或時間終了 (參考 setTimeout)。

語 法 Serial.readBytes(buf, len)

參 數 buf：存放讀取資料的記憶體空間，為一字元陣列 char[] 或 byte[]。

len：指定讀取資料的長度，資料型別為 int。

傳回值 傳回讀取並存放成功的字元數

範 例

```
void setup()  {
  Serial.begin(9600);        //設定串列埠傳輸速率為 9600bps
  Serial.setTimeout(3000); //設定讀取等待時間 3000ms=3s，若沒設定則預設 1s
}

void loop()  {
char buf[20];                      //宣告字元陣列
int num;

 if(Serial.available()) {
   num=Serial.readBytes(buf,10);  //持續讀取資料，直到 10 個 byte 或 3 秒鐘結束
   Serial.write(buf,num);         //印出字元陣列內容
 }
}
```

4-3-19　Serial.readBytesUntil( )

描　述　持續的讀取接收緩衝區的資料，並複製到指定的記憶體空間，直到結束字元，或指定長度，或時間終了 (參考 setTimeout)。

語　法　Serial.readBytesUntil(ch, buf, len)

參　數　ch：結束字元

buf：存放讀取資料的記憶體空間，爲一字元陣列 char[] 或 byte[]。

len：指定讀取資料的長度，資料型別爲 int。

傳回值　傳回讀取並存放成功的字元數。

說　明　與 Serial.readBytes() 比較，Serial.readBytesUntil() 只是多了一個結束讀取的條件。

4-4 時間函式

4-4-1 delay( )

描 述 延遲程式執行一段時間，以毫秒 millisecond(ms) 爲單位。

語 法 delay(ms)

參 數 ms：延遲時間，爲一 unsigned long 的變數，單位是 millisecond。
例如：delay(1000) 會有延遲 1 秒鐘的效果

傳回值 無

範 例

```
void setup() {
  pinMode(13, OUTPUT);               // 設定數位接腳 13 為 OUTPUT 模式
}

void loop() {
  digitalWrite(13, HIGH);            // 將 HIGH 寫到（輸出）接腳 13
  delay(1000);                       // 延遲 1000ms=1s
  digitalWrite(13, LOW);             // 將 LOW 寫到（輸出）接腳 13
  delay(1000);                       // 延遲 1000ms=1s
}
```

說 明

(1) delay() 是一個很簡單的時間控制函式，但是當程式執行到 delay() 時，是進入到一個 busy waiting 的狀態，處理器不是沒事做，是忙著執行無用的指令，所以在 delay() 的時間內處理器像是卡住一樣，無法執行其它有用的函式或指令，除非你的程式如同範例一樣的簡單，否則一般都不建議使用 delay() 來達成時間控制的目的。

(2) 特別注意，在 delay() 的時間內因爲中斷 (Interrupt) 的機制仍然有作用，所以串列通訊的接收端仍可持續的接收資料，而 analogWrite() 的 PWM 訊號波也是持續正常的傳送。

4-4-2 delayMicroseconds( )

描 述 延遲程式執行一段時間，以微秒 microsecond(us) 為單位，是 delay 的微秒板。

語 法 delayMicroseconds(us)

參 數 us：延遲時間，為一 unsigned int 的變數，單位是 microsecond。

例如：delayMicroseconds(1000) 會有延遲 1 毫秒 (ms) 的效果

傳回值 無

範 例

```
int outPin = 8;                    // 指定 outPin 為 8

void setup() {
  pinMode(outPin, OUTPUT);         // 設定 outPin 為 OUTPUT 模式
}

void loop() {
  digitalWrite(outPin, HIGH);      // 將 HIGH 寫到 outPin
  delayMicroseconds(50);           // 延遲 50 微秒
  digitalWrite(outPin, LOW);       // 將 LOW 寫到 outPin
  delayMicroseconds(50);           // 延遲 50 微秒
}
```

說 明

根據官網的說法，目前 delayMicroseconds() 能產生準確的延遲時間的最小值為 3，最大值為 16383，這個值在未來的 Arduino 版本或許會有變動，但一般建議只要延遲時間超過數千個微秒，就應該使用 delay() 來代替 delayMicroseconds()。

4-4-3 millis( )

描 述 傳回開機執行程式到現在所經過的毫秒數 (ms)。

語 法 time = millis()

參 數 無

傳回值 傳回開機執行程式到現在所經過的毫秒數，爲一 unsigned long 的數值。

範 例

```
unsigned long time;

void setup(){
  Serial.begin(9600);
}
void loop(){
  Serial.print("Time: ");
  time=millis();              // 取得程式開始執行到現在所經過的毫秒數
  Serial.println(time);       // 印出時間
  delay(1000);                // 延遲 1 秒鐘避免印出的資料量太多
}

```

說 明

受限於 unsigned long 的數值範圍，若程式執行超過 50 天，則 millis() 的傳回值就會因爲溢位 (Overflow)，而重新回到 0 值從 0 開始計算。

4-4-4 micros( )

描 述 傳回目前的程式從開始執行到現在所經過的微秒數 (us)，是 millis 的微秒版。

語 法 time = micros()

參 數 無

傳回值 傳回目前的程式從開始執行到現在所經過的微秒數，爲一 unsigned long 的數值。

範 例

```
unsigned long time;

void setup(){
  Serial.begin(9600);
}
void loop(){
  Serial.print("Time: ");
  time=micros();              // 取得程式開始執行到現在所經過的微秒數
  Serial.println(time);       // 印出時間
  delay(1000);                // 延遲 1 秒鐘避免印出的資料量太多
}

```

說 明

(1) 1 second=1,000 milliseconds=1,000,000 microseconds

(2) 受限於 unsigned long 的數值範圍，若程式執行超過 70 分鐘，則 micros() 的傳回值就會因爲溢位 (Overflow) 而重新回到 0 值從 0 開始計算。

(3) 在 16MHz 的開發板 (例如：Duemilanove 和 Nano)，micros() 的傳回值是 4 的倍數；而在 8MHz 的開發板 (例如：LilyPad)，micros() 的傳回值一定是 8 的倍數。

4-5 中斷函式

4-5-1 noInterrupts( )

描述 停用所有的中斷。

語法 noInterrupts()

參數 無

傳回值 無

範例

```
void setup() { }

void loop() {

  noInterrupts();
  // 臨界區間
  // 此處的程式碼對時間有非常嚴格的要求，
  // 要一次執行完畢，不允許中斷的發生。

  interrupts();
  // 其它非關鍵的程式碼
}
```

說　明

(1) 中斷 (Interrupts) 是系統在處理 I/O 事件時一個非常重要的機制，只要 I/O 裝置提出要求或完成某些特定動作時就會發出中斷訊號通知處理器，這時候處理器就會暫停現在正在執行的程式碼，根據中斷的編號優先執行中斷服務程序 (Interrupt Service Routine, ISR)，直到 ISR 執行結束才會返回先前暫停的程式碼繼續執行。表 7-2-1 整理了 UNO 所有中斷的列表，有興趣的讀者可行參考。

(2) Arduino 系統啓動後中斷是預設開啓的，這也是定時器 (Timer)、串列通訊 (Serial Communication) 等功能可以正常動作的原因。從中斷執行過程我們可以了解，當中斷發生時，使用者的程式一定會被打斷，而且暫停執行一段時間，當程式設計者有一段非常關鍵的程式碼，希望在執行時要一次就執行完畢，不允許執行被打斷，這時候我們就可以使用 noInterrupts() 這個函式來關掉所有的中斷，如範例第 5 行，如此就可確保最關鍵的程式碼，在沒有中斷的干擾下連續執行結束。

(3) 停用中斷之後，除了要記得使用 interrupts() 函式重新啓用之外，要特別注意停用中斷的時間最好不要太久，因爲這樣會讓系統很多重要的機制無法正常的動作，甚至出現錯誤。

4-5-2 interrupts( )

描 述 啓用所有的中斷。

語 法 interrupts()

參 數 無

傳回值 無

範 例

```
void setup() { }

void loop(){

  noInterrupts();
  // 臨界區間
  // 此處的程式碼對時間有非常嚴格的要求，
  // 要一次執行完畢，不允許中斷的發生。

  interrupts();
  // 其它非關鍵的程式碼
}
```

說 明

請參考 noInterrupts( )

4-5-3 attachInterrupt( )

描 述 在特定的接腳上啓用外部中斷，並設置中斷服務程式

語 法 attachInterrupt(digitalPinToInterrupt(pin), ISR, mode)

參 數 pin：欲啓用外部中斷的接腳編號。(使用限制請詳見說明)

ISR：中斷服務程式的名稱。

mode：觸發模式，有 LOW、HIGH、RISING、FALLING、CHANGE 五種模式。

傳回值 無

範 例

```
const byte ledPin=13;
const byte interruptPin=2;
volatile byte state=LOW;   // 使用 volatile 確保中斷時資料是正確的

void setup() {
  pinMode(ledPin, OUTPUT);
  pinMode(interruptPin, INPUT_PULLUP);
  attachInterrupt(digitalPinToInterrupt(interruptPin), blink, CHANGE);
}

void loop() {
  digitalWrite(ledPin, state);
}

void blink() {
  state = !state;    // 反轉現在的狀態
}
```

說 明

(1) 在此範例中，將一個按鈕開關外接到 pin 2，則按一下開關就會反轉 LED 燈的亮暗狀態，若 LED 是亮的，按一下開關就會熄滅，若 LED 是不亮的，按一下開關就會點亮。

(2) 從先前的說明我們可以知道，中斷 (Interrupts) 是一個非常有效率的主動機制，只在有需要的時候，才通知處理器來執行特定的中斷服務程式 ISR，而 attachInterrupt( ) 函式的目的就是在特定的數位接腳上綁定一個中斷服務程式 ISR，只要接腳上的訊號變化符合設定條件，就會觸發中斷，進而執行使用者自己撰寫的 ISR，所以 attachInterrupt( ) 是一個非常實用，而且能讓程式執行效率更好的函式。

(3) 為了確保正確的中斷，使用 digitalPinToInterrupt(pin) 函式的作用是在將接腳編號轉換成系統的中斷編號，若輸入的接腳正確，此函式會根據開發板傳回正確的中斷編號，否則就會傳回 NOT_AN_INTERRUPT (-1)。以本書所使用的 UNO 開發板為例，有支援外部中斷的接腳只有 2 跟 3，所以 digitalPinToInterrupt(2) 會傳回 0，digitalPinToInterrupt(3) 則會傳回 1。

(4) 根據 Arduino 開發板的不同，能支援 attachInterrupt( ) 函式的接腳數量及編號都各不相同，表 4-5-1 列出了 Arduino 官方網站上提供的資料，其中本書所使用的 UNO 開發板只有數位接腳 2 與 3 可使用 attachInterrupt( ) 函式。

表 4-5-1　支援 attachInterrupt( ) 外部中斷的接腳

Arduino 開發板	支援 attachInterrupt( ) 的數位接腳
Uno，Nano，Mini，其它 328 的開發板	2, 3
Mega，Mega2560，MegaADK	2, 3, 18, 19, 20, 21
Micro，Leonardo，其它 32u4 的開發板	0, 1, 2, 3, 7
Zero	除了 4 之外所有的數位接腳
MKR1000 Rev.1	0, 1, 4, 5, 6, 7, 8, 9, A1, A2
Due	所有的數位接腳
101	所有的數位接腳 (其中只有 2, 5, 7, 8, 10, 11, 12, 13 可以使用 CHANGE 觸發模式)

(5) 觸發模式有 LOW、HIGH、RISING、FALLING、CHANGE 五種模式，詳細說明如下。

LOW：當接腳訊號爲低電位時會觸發中斷。

CHANGE：只要接腳訊號發生電位的轉變，不管是低變高或是高變低，都會觸發中斷。

RISING：只有在接腳訊號從低電位轉變成高電位的時候，才會觸發中斷。

FALLING：只有在接腳訊號從高電位轉變成低電位的時候，才會觸發中斷。

HIGH：當接腳訊號爲高電位時會觸發中斷。(只限 Due，Zero，MKR1000 有作用)

(6) 有別於一般函式，中斷服務程式 ISR 屬於特殊種類的函式，具有一般函式所沒有的特色及條件限制，經整理後條列如下；

(a) 一旦觸發 ISR 會暫停正在執行的程式，也會影響系統原有的中斷機制，所以 ISR 的程式碼要盡可能的愈短愈好，而且執行效能要高。

(b) 在 ISR 裡不要使用 noInterrupts() 和 interrupts() 去停用或啓用中斷。

(c) ISR 不能輸入參數，也不會有傳回值，但是我們可以透過全域變數的方式，達到 ISR 與我們主程式之間資料傳遞的需求，切記全域變數一定宣告成 volatile，這樣才能避免資料不一致的狀況發生，正確的在 ISR 與主程式之間傳遞資料。

(d) ISR 不具有重入性 (Reentrancy)，也就是 ISR 在執行完畢前不會被打斷，也不能再一次的被呼叫使用。

(e) 在一個時間點只有一個 ISR 可以被執行，若有多個中斷觸發，則系統會根據預設的優先權順序，決定優先權最高的中斷其 ISR 可以優先執行。

(f) 根據 Arduino 官方網站的資料，時間函式 millis()、micros() 和 delay() 都需要使用定時器 (Timer) 中斷才能正常動作，所以使用者在 ISR 中不能使用這些函式；相反的，因爲 delayMicroseconds() 不需要定時器中斷的機制，所以在 ISR 裡可以正常使用。(其中 micros() 剛開始可正常動作，但是在 1～2ms 後就會開始不正常。)

4-5-4 detachInterrupt( )

描 述 解除接腳上已設置的中斷

語 法 detachInterrupt(digitalPinToInterrupt(pin))

參 數 pin：已經設置中斷的接腳編號。以 UNO 開發板而言，正確的接腳只有 2，3。

傳回值 無

範 例

```
const byte ledPin=13;
const byte interruptPin=2;
volatile byte state=LOW;    // 使用 volatile 確保中斷時資料是正確的
volatile int cnt=0;

void setup() {
  pinMode(ledPin, OUTPUT);
  pinMode(interruptPin, INPUT_PULLUP);
  attachInterrupt(digitalPinToInterrupt(interruptPin), blink, CHANGE);
}

void loop() {
  digitalWrite(ledPin, state);
  if(cnt>10) detachInterrupt(digitalPinToInterrupt(interruptPin));
  // 如果計數值 >10，則解除中斷
}

void blink() {
  state = !state;    // 反轉現在的狀態
  cnt++;             // 計數值 +1
}
```

說 明

此範例與 attachInterrupt( ) 範例相同，只要按一下開關，就會反轉 LED 燈的亮暗狀態，但是反轉次數超過 10 次之後就會解除中斷，開關就不會再有作用。

4-6 字元函式

針對字元的運算處理，Arduino 特別提供了 13 個判斷函式，因爲這些字元判斷函式相較之下較爲簡單，所以整理如表 4-6-1 所示，所有函式的傳回值均爲 true 或 false。

表 4-6-1　字元判斷函式

字元函式	功能說明
isAlpha(ch)	判斷 ch 字元是否爲英文字母 (a~z 或 A~Z)
isAlphaNumeric(ch)	判斷 ch 字元是否爲英文字母或數字 (a~z 或 A~Z 或 0~9)
isAscii(ch)	判斷 ch 字元是否爲 ASCII 編碼值在 0~127 的字元
isControl(ch)	判斷 ch 字元是否爲控制字元，其 ASCII 編碼值爲 0~31，127
isDigit(ch)	判斷 ch 字元是否爲數字 (0~9)
isGraph(ch)	判斷 ch 字元是否爲可印出，而且有內容的字元，其 ASCII 編碼值爲 33~126 (不包含空白字元)
isHexadecimalDigit(ch)	判斷 ch 字元是否爲 16 進位的數字 (0~9, A~F, a~f)
isLowerCase(ch)	判斷 ch 字元是否爲小寫的英文字母
isPrintable(ch)	判斷 ch 字元是否爲可印出的字元，其 ASCII 編碼值爲 32~126 (包含空白字元)
isPunct(ch)	判斷 ch 字元是否爲標點符號字元，其 ASCII 編碼值爲 33~47，58~64，91~96，123~126
isSpace(ch)	判斷 ch 字元是否爲空白字元，其 ASCII 編碼值爲 9~13，32
isUpperCase(ch)	判斷 ch 字元是否爲大寫的英文字母
isWhitespace(ch)	判斷 ch 字元是否爲 Whitespace 字元，其 ASCII 編碼值爲 9，32

所有的 ASCII 字元，包含擴充的部分，共有 256 (0~255) 個字元，如果對表 4.6.1 所列的判斷函式有不清楚的地方，可以使用下列的程式碼，列出每一個函式對 256 個字元的判斷結果。

範 例

```
void setup()
{
int ch;
  Serial.begin(9600);         // 設定串列埠傳輸速率為 9600 bps
  for(ch=0;ch<=255;ch++) {
    Serial.print(ch); Serial.print('=');
    if(isGraph(ch)) Serial.println("Yes");     // 以 isGraph 為例
    else Serial.println("No");
  }
}

void loop() { }
```

4-7 字串函式與運算

跟文字處理相關的資料型別除了先前介紹的字元之外，還有就是字串，字串可以視爲字元的集合，尤其字串的運算在資料處理中是相當重要的一件工作，程式中有很多條件的判斷與文數字的轉換，都與字串息息相關，在 Arduino 的程式設計中，我們有下列二種方法可以完成字串的運算，分別是字元陣列與 String 物件。

(1) 字元陣列：與傳統 C 語言使用的方法一樣，將字串宣告成字元陣列，以陣列存取的方式進行字串的處理，此方法的重點一定要以 Null 字元 '\0' 做爲字串的結束字元 (也可以直接用整數 0)，可參考 C 語言的 <string.h>。字元陣列的優點是記憶體的使用極爲節省，效率極高，缺點是有些複雜的字串運算需要自己撰寫，而且字串的結束位元也需要自己維護，使用不便。例如：

```
char a[5]={'A', 'B', 'C', 'D', '\0'};
char a[5]="ABCD";   // 必須多 1 個結束字元 '\0'
char a[]="ABCD";    // 由編譯器自動計算陣列大小
```

(2) String 物件：此爲 Arduino 獨有的字串物件，內建多種函式 (或方法)，可以輕易的完成許多複雜的字串操作，比傳統 C 語言的字元陣列更容易使用，而且具有更多更強大的功能，重點是使用者不須自己費心的處理字串的結束字元，但是缺點是會消耗大量的記憶體。表 4-7-1 是所有 String 字串函式的列表，要特別注意，所有的字串處理都是有區分大小寫的，除了 equalsIgnoreCase 之外，範例中 str1 是已宣告過的 String 物件，用法如下：

```
String str1="Hello World!";  // 宣告 str1 為 String 物件，值為 "Hello World!"
```

表 4-7-1　String 字串函式

String 字串函式	功能說明

String(val)
String(val, base)
String(val, decimalPlaces)
	將變數 val 轉成字串，val 允許的資料型別有 char, byte, int, long, unsigned int, unsigned long, float, double。(1) base 爲基底 DEC, BIN, HEX，可忽略，預設爲 DEC。(2) decimalPlaces 使用在浮點數，指定小數位數。
	例：String(123); // 轉成字串 "123"
	String(65.1934, 2); // 轉成字串 "65.19"

.charAt(*n*)	傳回字串中第 *n* 個字元。
	例：str1.charAt(0) // 傳回 H
	str1.charAt(1) // 傳回 e

.compareTo(str2)	根據 ASCII 編碼的大小順序，與 str2 字串做字元的逐一比較，(1) 若完全相同傳回 0，(2) 若 <str2 則傳回一負值，(3) 若 >str2 則傳回一正值。
	例：str1.compareTo("Hello World!") // 傳回 0
	str1.compareTo("hello") // 傳回 -32
	str1.compareTo("Happy") // 傳回 4

.concat(str2)	將 str2 字串串接在後面。 例：str1.concat(" Good") // 傳回 "Hello World! Good"
.c_str()	將 Sring 字串轉成 C 語言中以 null 字元 ('\0') 結尾的字串格式。
.endsWith(str2)	檢查字串是否以指定字串 str2 結尾，傳回 true/false 例：str1.endsWith("World!") // 傳回 true
.equals(str2)	是否與指定字串 str2 完全相同 (有區分大小寫)，傳回 true/false 例：str1.equals("Hello world!") // 傳回 false
.equalsIgnoreCase(str2)	是否與指定字串 str2 完全相同 (不區分大小寫)，傳回 true/false 例：str1.equalsIgnoreCase("Hello world!") // 傳回 true
.getBytes(buf, len)	將字串中 len 個位元組複製到 buf(byte 陣列)
.indexOf(str2) .indexOf(str2, from)	從字串開頭 (或從 from 位置) 往結尾方向，搜尋字串 str2，若有符合則傳回索引位置，若沒符合則傳回 -1。 例：str1.indexOf("o") // 傳回 4
.lastIndexOf(str2) .lastIndexOf(str2, from)	從字串結尾 (或從 from 位置) 往開頭方向，搜尋字串 str2，若有符合則傳回索引位置，若沒符合則傳回 -1。 例：str1.lastIndexOf("o") // 傳回 7
.length()	傳回字串的長度 (字元數)。 例：str1.length() // 傳回 12

表 4-7-1　String 字串函式 (續)

String 字串函式	功能說明
.remove(index) .remove(index, count)	刪除字串中索引 index 到結尾之間所有的字元 (或 count 個字元)。 例：str1.remove(5)　　// 傳回 "Hello"
.replace(substr1, substr2)	將字串中的子字串 substr1 以子字串 substr2 取代。 例：str1.replace("World", "Arduino")　　// 傳回 "Hello Arduino!"
.reserve(size)	配置大小為 size 的記憶體空間供 String 操作。
.setCharAt(index, c)	將字串中索引 index 的字元設定為指定字元 c。
.startsWith(str2)	檢查字串是否以指定字串 str2 開頭，傳回 true/false 例：str1.startsWith("He")// 傳回 true
.substring(from) .substring(from, to)	傳回字串中從 from 到結尾 (或 to) 的子字串。 例：str1.substring(0, 4)　// 傳回 "Hello"
.toCharArray(buf, len)	將字串中 len 個字元複製到 buf(字元陣列)
.toDouble()	將以數字開頭直到非浮點數字元之字串轉成倍精度浮點數 double 傳回，因為有位數的限制，所以數值可能會被截斷。
.toInt()	將以數字開頭直到非數字字元之字串轉成長整數 long 傳回。
.toFloat()	將以數字開頭直到非浮點數字元之字串轉成浮點數 float 傳回，因為受限十進位 6-7 位的精確度，所以數值可能會被截斷。
.toLowerCase()	將字串中所有的字元都轉成小寫後傳回
.toUpperCase()	將字串中所有的字元都轉成大寫後傳回
.trim()	刪除字串中開頭與結尾的空白字元後傳回

String 物件除了提供以上的函式 (方法) 可供使用外，也提供了以下的字串運算，讓使用者在操作字串時更加的方便，表 4-7-2 是 String 字串運算的列表，說明如下：

表 4-7-2　String 字串運算

運算	功能說明
[ ]	單獨字元的存取。 例：char firstChar = str1[0];
+	串接二個字串成一個新的字串。 例：str3 = str1+str2;
+=	將字串串接在後面。 例：str1 += str2; // 將 str2 串接在 str1 之後
==	比較二個字串是否完全相等 (有區分大小寫)，傳回 true/false。 例：if (str1 == str2)
>	根據 ASCII 編碼的大小順序，以字元逐一比較的方式，比較左邊字串是否大於右邊字串，傳回 true/false。 例："b" > "a"，"a" > "ABC"，但是 "2" > "1000"
>=	根據 ASCII 編碼的大小順序，以字元逐一比較的方式，比較左邊字串是否大於等於右邊字串，傳回 true/false。
<	根據 ASCII 編碼的大小順序，以字元逐一比較的方式，比較左邊字串是否小於右邊字串，傳回 true/false。
<=	根據 ASCII 編碼的大小順序，以字元逐一比較的方式，比較左邊字串是否小於等於右邊字串，傳回 true/false。
!=	根據 ASCII 編碼的大小順序，以字元逐一比較的方式，比較左邊字串是否不等於右邊字串，傳回 true/false。 例：if (str1 != str2)

4-8 數學函式

4-8-1　constrain( )

描　述　將數值限制在一定的範圍內

語　法　constrain(x, Min, Max)

參　數　x：輸入的常數值或變數

Min：範圍的下限

Max：範圍的上限

傳回值　資料型別與輸入參數一致

x：如果符合 Min ≦ x ≦ Max

Min：如果 x<Min

Max：如果 x>Max

範　例

```
void setup()
{
int x, a, b, m;
float y, c, d, n;

  Serial.begin(9600);
  m=constrain(3, 1, 5); Serial.println(m);      // 印出 3
  x=3;
  m=constrain(x+10, 1, 5); Serial.println(m);  // 印出 5
  x=20; a=-8; b=10;
  m=constrain(x, a, b+5); Serial.println(m);    // 印出 15
  y=-10.6;
  n=constrain(y, -2.3, b); Serial.println(n);  // 印出 -2.30
  m=constrain(analogRead(3), 0, 512); // 將類比接腳 3 讀到的值限制在 0~512
}

void loop() {}
```

說 明

(1) 輸入的三個參數，包括範圍的上下限，都可以是常數、變數，也可以是運算式，而且不限定資料型別。

(2) 此函式的上下限並不存在絕對的大小關係，上限可以小於下限，編譯沒有錯誤也可以執行，只是這樣範圍限制所得到的結果，可能不是使用者所想要的，不可不慎。例如 constrain(7,5,1) 會傳回 1，而 constrain(7,10,1) 會傳回 10，從這二個例子也可得出 x<Min 的優先權高於 x>Max。

4-8-2　map( )

描述　將數值 x 從 A 區間等比對應到 B 區間。

語法　map(x, ALow, AHigh, BLow, BHigh)

參數　所有參數的資料型別均為 long。

x：輸入的常數值或變數。

ALow：A 區間的下限。

AHigh：A 區間的上限。

BLow：B 區間的下限。

BHigh：B 區間的上限。

傳回值　傳回在 B 區間的對應值，資料型別為 long。

範例

```
void setup() {}

void loop()
{
int val;

  val=analogRead(0);
  val=map(val, 0, 1023, 0, 255); //將 val 從 0~1023 等比對應到 0~255
  analogWrite(9, val);

  val=map(analogRead(0), 0, 1023, 0, 100);
  //將類比接腳 0 讀到的值 (0~1023) 等比對應成 0~100%
}
```

說 明

(1) map() 函式時常使用在讀取類比訊號後，將讀取值轉換至程式所需要的不同區間範圍。

(2) 根據官網的說明 y=map(x,ALow,AHigh,BLow,BHigh) 的運算公式如下：

$$\frac{x-ALow}{AHigh-ALow}=\frac{y-BLow}{BHigh-BLow}$$

(3) 此函式並不會將數值限制在區間範圍內，超出區間範圍一樣可以正確的等比對應，例如 map(75,1,50,100,200) 會傳回 251。

(4) 區間的上下限並不存在絕對的大小關係，換句話說上限可能小於下限，例如 map(5,1,50,50,1) 會傳回 46 產生反等比的效果。

(5) 區間的上下限也可以是負值，例如 map(10,1,50,-200,-100) 會傳回 -182，結果一樣有效且運算正常。

4-8-3　random( )

描　述　產生亂數值。

語　法　random([min,] max)

參　數　min：設定亂數的最小值，此參數可有可無，若省略此參數，則預設的最小值爲 0。

max：設定亂數的最大值，

傳回值　傳回亂數值，資料型別爲 long，其範圍爲 min ≦亂數≦ max-1

範　例

```
void setup() {
  Serial.begin(9600);
}

void loop() {
long num;

  num=random(300);           // 產生 0~299 的亂數
  Serial.println(num);
  num=random(-150,150);      // 產生 -150~149 的亂數
  Serial.println(num);
  delay(1000);               // 延遲 1 秒鐘
}
```

說　明

(1) 注意此函式所產生的亂數範圍，最小可以是 min(若沒設定則預設為 0)，但是最大只到 max-1。

(2) 若 min ≧ max-1，雖然可以正常執行不會有錯誤訊息產生，但是結果會固定輸出 min 值，不會有亂數的效果。例如：random(100, 90) 或是 random(100, 101)。

(3) 若只給一個負數 x 當做參數，例如 random(-5)，則亂數的範圍會落在 0 ≦亂數≦ -1。

(4) random() 函式雖然會產生亂數，可是我們可觀察到每一次重新執行程式，則 random() 函式所產生的亂數值會原封不動的重複出現，連順序都一模一樣，所以此函式並非產生真正的隨機亂數，而是偽亂數，因此使用者若要產生真正的亂數效果，就必須要搭配 randomSeed() 函數一起使用。

4-8-4　randomSeed( )

描　述　指定產生隨機亂數的種子。

語　法　randomSeed(x)

參　數　x：隨機亂數的種子，為一 unsigned long 的數值。

傳回值　無

範　例

```
void setup() {
  Serial.begin(9600);
  randomSeed(analogRead(A0));
  // 如果類比接腳 0 是空接的狀態，則 analogRead(A0) 的結果會是 0~1023
  // 的一個隨機數值，以此為種子來初始亂數產生器
}

void loop()
{
long num;

  num=random(300);            // 產生 0~299 的亂數
  Serial.println(num);
  delay(1000);                // 延遲 1 秒鐘
}
```

說 明

(1) randomSeed() 會初始化一個隨機亂數產生器，讓 random() 函式在指定的點 (種子) 開始產生有順序的亂數，這個序列規律非常的長，而且隨機性高，但是亂數產生的順序卻不會改變，所以從同一個點 (種子) 開始，都可以得到一樣的亂數序列；相反的，如果給定的種子點不同，產生的亂數序列就會不同。

(2) 如果希望 random() 產生的數字具有眞正的亂數效果，在程式碼中我們可以用 randomSeed() 去引入一個眞正隨機的種子參數，例如此範例在每次執行時所讀到類比接腳 0(空接) 的訊號值，皆爲不固定的隨機數值，所以以此爲 randomSeed() 的種子初始 random() 函式所產生的亂數序列就會不相同，如此可克服上一個範例中僞亂數的缺點。

(3) 將範例的第 3 行 randomSeed(analogRead(A0)) 改成 randomSeed(0)，也就是種子參數固定爲 0(這也是系統的預設值)，則可以印證 random() 所產生的亂數又回到固定不變的序列。

4-8-5　其它數學函式與常數

除了以上特殊或需要詳細說明的函式之外，其餘的數學函式相較之下較為簡單，所以統一整理在下列表格中，表 4-8-1 是在 Arduino 官方網站上所列的數學函式。

表 4-8-1　Arduino 官方網站上所列的數學函式

數學函式	功能說明
abs(x)	傳回 x 的絕對值。 x 為任一常數值或變數，資料型別沒有限定，可為整數或浮點數。 若為浮點數，只取到小數點後二位 (經四捨五入)。 範例： x=abs(-6); Serial.println(x);　　// 印出 6 x=2; x=x-10; x=abs(x); Serial.println(x);　　// 印出 8 x=abs(-1.2367); Serial.println(x);　　// 印出 1.24
max(x, y)	傳回 x，y 二數中較大的值。 常使用在決定變數範圍的下限 (lower bound) 值。 範例： val=analogRead(A0); val=max(val,200);　　// 確保 val 的值一定大於 200
min(x, y)	傳回 x，y 二數中較小的值 常使用在決定變數範圍的上限 (upper bound) 值。 範例： val=analogRead(A0); val=min(val,600);　　// 確保 val 的值一定小於 600
pow(x,y)	傳回 x 的 y 次方值 (x^y)。 範例： Serial.println(pow(2,1.1));　　// 印出 2.14 Serial.println(pow(-2,-3));　　// 印出 -0.12 Serial.println(pow(10,10));　　//overflow
sq(x)	傳回 x 的平方值 (x^2)。 範例： Serial.println(sq(-2));　　// 印出 4 Serial.println(sq(-3.05));　　// 印出 9.30
sqrt(x)	傳回 x 的平方根 ($\sqrt{x}$)。 範例： Serial.println(sqrt(9));　　// 印出 3.00 Serial.println(sqrt(-4));　　// 印出 nan(Not a Number)

表 4-8-1 Arduino 官方網站上所列的數學函式 (續)

數學函式	功能說明
sin(x)	傳回 x 的正弦值，結果介於 -1 與 1 之間。 x 為弧度 (弳度)，一個完整的圓的弧度是 2π，所以 2π rad = 360° 範例： Serial.println(sin(PI/2)); // 印出 1.00

cos(x)	傳回 x 的餘弦值，結果介於 -1 與 1 之間。
	x 為弧度 (弳度)，一個完整的圓的弧度是 2π，所以 2π rad = 360°
	範例：
	Serial.println(cos(0)); // 印出 1.00
	Serial.println(cos(PI)); // 印出 -1.00

tan(x)	傳回 x 的正切值，結果介於 - ∞與 + ∞之間。 x 為弧度 (弳度)，一個完整的圓的弧度是 2π，所以 2π rad = 360° 範例： Serial.println(tan(PI/4)); // 印出 1.00

在官網所列的數學函數之外，如果覺得不敷使用，也可以直接使用表 4.8.2 中的數學函數

表 4-8-2　其它可適用 Arduino 的數學函式

數學函式	功能說明
floor(x)	傳回小於等於 x 的最大整數 範例： Serial.println(floor(5.356));　// 印出 5.00 Serial.println(floor(-5.61));　// 印出 -6.00
ceil(x)	傳回大於等於 x 的最小整數 範例： Serial.println(ceil(0.123));　// 印出 1.00 Serial.println(ceil(-3.21));　// 印出 -3.00
exp(x)	傳回 e 的 x 次方值 (e^x)
log(x)	傳回 x 以 e 爲底的對數值 ($\log_e x=\ln x$)
log10(x)	傳回 x 以 10 爲底的對數值 ($\log_{10} x$)
ldexp(x,n)	傳回 x 與 2 的 n 次方乘積 ($x2^n$)
asin(x)	傳回 x 的反正弦值 ($\sin^{-1}$)
acos(x)	傳回 x 的反餘弦值 ($\cos^{-1}$)
atan(x)	傳回 x 的反正切值 ($\tan^{-1}$)
sinh(x)	傳回 x 的雙曲正弦值 ($(e^x-e^{-x})/2$)
cosh(x)	傳回 x 的雙曲餘弦值 ($(e^x+e^{-x})/2$)
tanh(x)	傳回 x 的雙曲正切值 (sinh(x)/cosh(x))

另外，有鑒於某些數學常數會時常出現在運算式中，爲方便程式設計者使用這些常數，Arduino 將常用的數學常數定義如下：

定義檔案為 Arduino 安裝路徑下的 `\hardware\tools\avr\avr\include\math.h`

表 4-8-3　Arduino 中定義的數學常數

常數	值
M_E	e=2.7182818284590452354 (自然常數)
M_LOG2E	$\log_2 e$=1.4426950408889634074
M_LOG10E	$\log_{10} e$=0.43429448190325182765
M_LN2	ln2= $\log_e 2$=0.69314718055994530942
M_LN10	ln10= $\log_e 10$=2.30258509299404568402
M_PI	π=3.14159265358979323846 (圓周率)
M_PI_2	π/2=1.57079632679489661923
M_PI_4	π/4=0.78539816339744830962
M_1_PI	1/π=0.31830988618379067154
M_2_PI	2/π=0.63661977236758134308
M_2_SQRTPI	2/sqrt(π)=1.12837916709551257390
M_SQRT2	$\sqrt{2}$ =1.41421356237309504880
M_SQRT1_2	1/$\sqrt{2}$ =0.70710678118654752440
DEG_TO_RAD	角度轉弧度的轉換常數 =0.017453292519943295 8 弧度 = 角度 ×0.017453292519943295 8
RAD_TO_DEG	弧度轉角度的轉換常數 = 57.2957795130823208768 角度 = 弧度 ×57.2957795130823208768
NAN	nan=not a number 非數字，表示未定義或不可表示的值，常在浮點數運算中使用。
INFINITY	無窮大

4-9　位元函式

Arduino 也提供了位元函式，讓使用者可以針對變數或數值中的個別位元，進行簡單的操作運算，整理如表 4-9-1 所示，實際上這些位元函式的存在可有可無，因為這些函式的功能都可以使用位元運算 (Bitwise) 的方式達成。

表 4-9-1　位元函式

位元函式	功能說明
bit(n)	在二進位表示法中，計算第 n 個位元為 1 所代表的十進位數值。例如： bit(0) 表示 2^0=1，bit(5) 表示 2^5=32。 【Bitwise 運算】 1<<n;

bitClear(var, n)	將變數 var 中第 n 個位元清空成 0，例如：
	int var=10;
	Serial.println(bitClear(var,1));　　//印出 8
	【Bitwise 運算】
	var=var & 0b11111101;
	var=var & 0xfd;

bitSet(var, n)	將變數 var 中第 n 個位元設定成 1，例如：
	int var=10;
	Serial.println(bitSet(var,2));　　//印出 14
	【Bitwise 運算】
	var=var | 0b00000100;
	var=var | 0x04;

bitRead(x, n)	將變數或數值 x 中第 n 個位元讀取出來，例如：
	int x=10;
	Serial.println(bitRead(x,2));　　//印出 0
	【Bitwise 運算】
	if(x & 0b00000100) return 1; else return 0;

bitWrite(var, n, b)	將變數 var 中第 n 個位元寫成 b (0 或 1) ，例如： int var=10; Serial.println(bitWrite(var,2,1));　//印出 14 寫 0 的結果等同於 bitClear(var, n) 寫 1 的結果等同於 bitSet(var, n)

表 4-9-1 位元函式 (續)

位元函式	功能說明

lowByte(x)	取出變數或數值 x 中最低的位元組，bit 7~bit 0，例如：
	Serial.println(lowByte(259)); // 印出 3
	【Bitwise 運算】
	x=x & 0b00000000 00000000 00000000 11111111
	x=x & 0x000000ff;

highByte(x)	取出變數或數值 x 中較高的位元組，bit 15~bit 8，例如：
	Serial.println(highByte(65536+256)); // 印出 1
	【Bitwise 運算】
	x=(x & 0b00000000 00000000 11111111 00000000) >> 8;
	x=(x & 0x0000ff00) >> 8;

_BV(n)	n 位元 =1 的遮罩 (mask) 【Bitwise 運算】 1<<n;
sbi(var, n)	#include <wiring_private.h> set bit，將變數 var 中第 n 個位元設定成 1， 功能與 bitSet(var, n) 一模一樣。 【Bitwise 運算】 var |= _BV(n);
cbi(var, n)	#include <wiring_private.h> clear bit，將變數 var 中第 n 個位元清空成 0， 功能與 bitClear(var, n) 一模一樣。 【Bitwise 運算】 var &= ~_BV(n);

4-10 習題

[4-1] 由Arduino隨機產生1位數的謎底，使用者可透過PC端串列埠視窗進行猜測。

[4-2] 請完成一個大樂透號碼產生器，只有在按下 Enter 鍵時才會隨機產生 6 個 1-49 之間的號碼，請注意號碼不能重複。

[4-3] 請寫出一個 0~99 隨機號碼產生器，使用者可在 PC 端輸入 1~9 決定隨機碼的數量，號碼不能重複。

[4-4] 使用 UNO 內建的 LED，寫出一亮一暗的閃爍動作，其間隔時間由使用者在 PC 端輸入數字 0~9 控制，1 代表 200ms，2 代表 400ms，3 代表 600ms，以此類推，其中要特別注意 0 就是停止，而數字以外的輸入皆不反應。

[4-5] 試寫出一個閃爍的 LED 燈，能固定的亮 1 秒鐘，暗 1 秒鐘，並且同時將數值 0~999，每隔 200ms 循環不停的輸出到 PC 的串列埠印出。(提示：使用 millis 函式)

[4-6] 試寫出一個閃爍的 LED 燈，能固定的亮 2 秒鐘，暗 1 秒鐘，並且同時將數值 0~999，每隔 300ms 循環不停的輸出到 PC 的串列埠印出。（提示：使用 millis 函式）

[4-7] 請寫出 16 進位的數值 (最大 6 位數) 轉換成 10 進位的程式，不能使用現有的函式。

[4-8] 請寫出 10 進位的數值 (最大 10 位數) 轉換成 16 進位的程式，不能使用現有的函式。

[4-9] 將使用者在串列埠視窗輸入的字串，計算出長度 (也就是字元的個數)，並且列印出來，注意，原始字串也要印出才能驗證答案。

[4-10] 將使用者在串列埠視窗輸入的字串，反轉順序從右到左依序印出，注意，原始字串也要印出才能驗證答案。

[4-11] 以下爲 2 位數的夾擊猜數字遊戲：由 Arduino 隨機產生 0~99 之間 2 位數的謎底，然後玩家可透過串列埠視窗進行猜測。例如謎底爲 39，(a) 若玩家一開始猜 75，則回應 0~75，(b) 接著玩家猜 20，則回應 20~75，(c) 玩家再猜 50，則回應 20~50，(d)... 以此類推，直到猜對 39 爲止。

[4-12] 以下爲 3 位數的 AB 猜數字遊戲：首先由 Arduino 隨機產生 3 位數的謎底 (數字不重覆)，然後玩家可透過串列埠視窗進行猜測，數字對位置也對，回應 A，數字對位置不對，回應 B，例如謎底爲 562，若玩家猜 130，則回應 0A0B；若玩家猜 142，則回應 1A0B；若玩家猜 526，則回應 1A2B，以此類推，直到全部猜對 3A0B 爲止。

Chapter 5
常見的 I/O 裝置 (I)

5-1 USB 通訊埠

名稱　USB 通訊埠 (USB Communication Port)

分類　輸入 / 輸出

用途　(1) 連接 PC 用來上傳程式，除錯與顯示執行結果。
　　　(2) 或是連接其它裝置進行 UART 資料傳輸。

UART 也就是通用非同步收發器 (Universal Asynchronous Receiver/ Transmitter)，是 Arduino 中最基本的串列通訊，只需使用接收 (Rx) 與傳送 (Tx) 兩條訊號線，就可達到同時雙向的互傳資料，也就是全雙工的串列通訊。

UNO 開發板上只有內建一組 UART，固定使用 D0、D1 接腳作為接收訊號線 Rx 與傳送訊號線 Tx，特別的是這唯一的一組 UART 也會經過 ATmega16u2 USB-TTL 晶片，轉換成 USB 的傳輸介面，用來與 PC 連接通訊，從 PC 上傳程式到 Arduino 或是輸入 / 輸出資料到 PC，所以 USB 連接埠，其實就是 UART 接腳 Rx(D0)，Tx(D1) 經過 ATmega16u2 晶片轉換的結果，兩者是共用相通的，這表示當我們在使用 USB 串列通訊埠來進行除錯或顯示時，D0(Rx) 和 D1(Tx) 這二隻接腳是無法作為其它用途的，因此一般的數位 I/O 裝置，我們都會避開 D0 與 D1 而從 D2 接腳開始使用，就是這個原因。

這裡要特別強調，雖然 RS-232 也是屬於 UART 的串列傳輸，但是千萬不能將 D0，D1 接腳直接與 RS-232 的傳輸接腳相接，因為 Arduino 的 I/O 接腳是 3.3V 或是 5V 的 TTL 電壓準位，而 RS-232 是使用 ±12V 的電壓準位，二者若直接相接會導致 Arduino 開發板的損壞，不可不慎。

針對 UART 的串列傳輸，Arduino 內建的標準函式庫特別提供了 Serial 類別的函式，使用者可以省去底層的繁瑣細節，讓 UART 的使用更加方便簡單，詳細的功能與相關參數的說明請參考 4-3 節。

範 例 5.1.1

在 PC 端串列埠監控視窗的傳送框輸入任意的文數字，按下傳送鍵後，Arduino 會接收到字串進行處理，將字串中所有的英文字母一律轉成大寫，其餘字元保持不變，最後再將處理後的字串輸出到串列埠視窗顯示出來。

程式碼 5.1.1

```
/*** 範例 5.1.1(USB 通訊埠 ) ***/
char ch;                                    // 宣告字元變數

void setup() {
  Serial.begin(9600);                       // 設定串列埠傳輸速率為 9600 bps
}

void loop() {
  if(Serial.available()>0) {
    ch=Serial.read();
    if(ch>=97 && ch<=122) ch=ch-32; // 如果 ch 是小寫的英文字母就改成大寫
    Serial.write(ch);
  }
}
```

5-2　LED 燈

名　稱　發光二極體 (LED)

分　類　輸出

用　途　是最簡單的輸出裝置，有亮跟不亮二種狀態，主要用於狀態的顯示。

LED 正式的全名爲發光二極體 (Light-Emitting Diode)，是一種能發光的半導體電子元件，根據維基百科的內容說明，此種電子元件早在 1962 年出現，早期只能夠發出低光度的紅光，主要當成指示燈使用，時至今日，能夠發出的光已經遍及可見光、紅外線及紫外線，光度也提高到相當高的程度，近年更隨著白光 LED 的出現，用途從早期的指示燈及顯示板等，已逐漸發展成爲主流的照明設備。

5-2-1　內建 LED

實際上 UNO 開發版上就有一顆內建高亮度的 LED，如圖 5-2-1 所示，不需要外接額外的硬體元件就能立刻使用，相當的方便，要特別注意的是這顆內建的 LED 固定使用 D13 接腳。

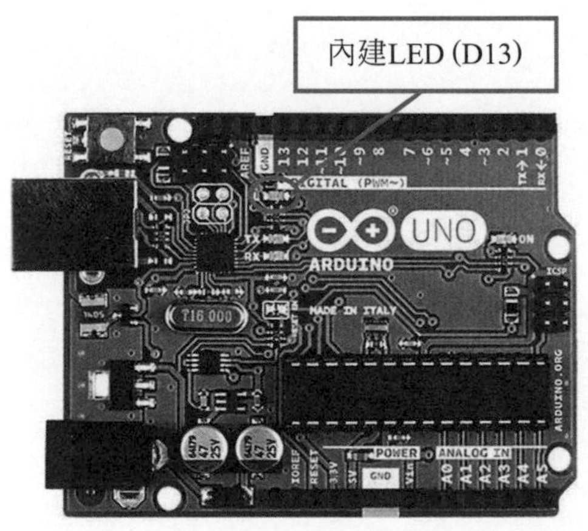

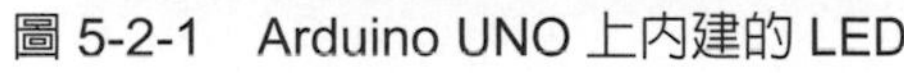
圖 5-2-1　Arduino UNO 上內建的 LED

範 例 **5.2.1**

使用 UNO 內建的 LED，以亮 1 秒，暗 1 秒的方式交替呈現。

程式碼 **5.2.1**

```
/*** 範例 5.2.1( 內建 LED) ***/
#define Led 13              //UNO 開發板上內建 LED 的接腳固定為 D13

void setup() {
  pinMode(Led,OUTPUT);       // 設定 LED 接腳為輸出模式
}

void loop() {
  digitalWrite(Led,HIGH); delay(1000);  // 點亮 LED，並持續 1 秒
  digitalWrite(Led,LOW);  delay(1000);  // 關閉 LED，並持續 1 秒
}
```

5-2-2　外接 LED

因為內建的 LED 數量只有一顆，無法擴充，當系統至少需要二顆 LED 來顯示資訊時，就必須要外接 LED 才足夠使用，圖 5-2-2 是常見的 5mm 插入式封裝的 LED，依使用者的喜好，有各種不同的顏色可以選擇。此外，在使用 LED 的時候，正負極的判斷極為重要，如果接錯了將會導致元件的燒毀，從外觀上有下列三種方法可判斷正負極的位置，為安全起見，最好能同時符合二種以上的判斷較為保險：

(1) 從接腳長短判斷，長腳為正極，短腳為負極。

(2) 從封裝內金屬片的大小判斷，小片的為正極，大片的為負極。

(3) 從封裝外殼邊緣的形狀判斷，圓形的為正極，切平的為負極。

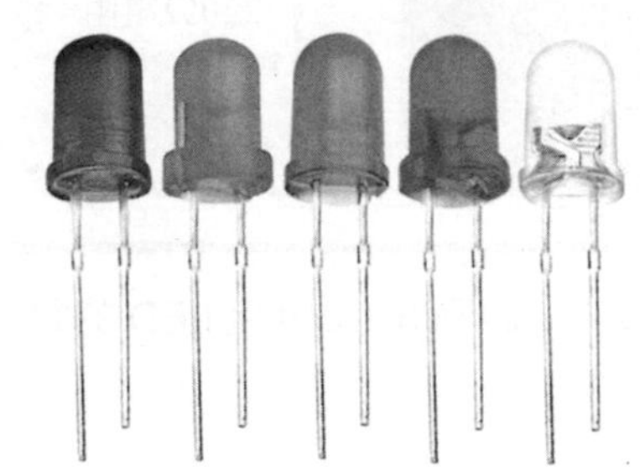

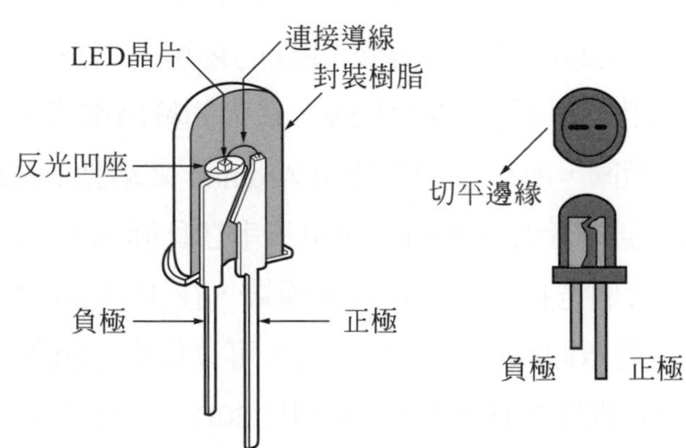

圖 5-2-2　插入式封裝 LED 的外觀及其內部構造

範例 5.2.2

使用 UNO 的 D5 接腳外接一顆 LED，然後與內建的 LED 以 1 秒鐘的時間交互閃爍。也就是內建的 LED 先亮 1 秒鐘，熄滅後外接的 LED 再亮 1 秒鐘，熄滅後回到內建的 LED 再亮 1 秒，如此循環的顯示。接線電路圖請參考圖 5-2-3。

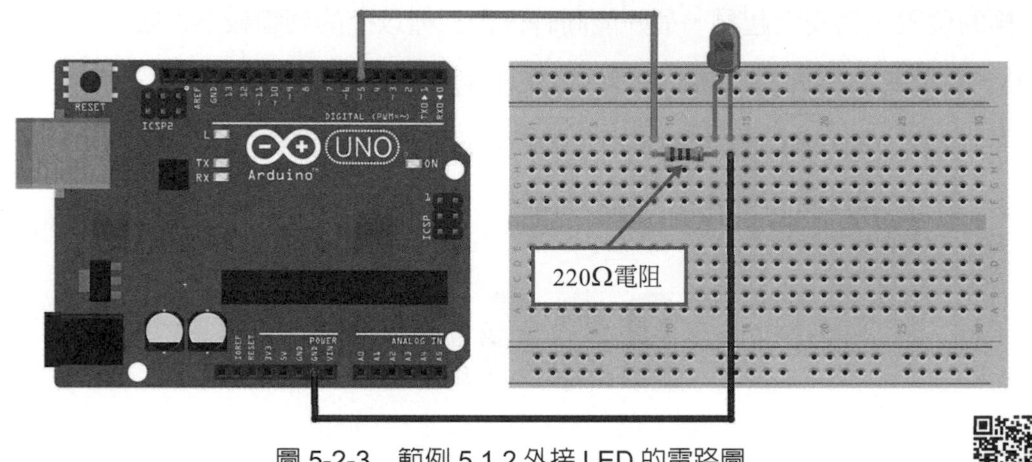

圖 5-2-3　範例 5.1.2 外接 LED 的電路圖

以市面上常見的 LED 規格來說，要點亮一顆 LED 大約需要 2V 電壓及 20mA 電流，太高的電壓或是太大的電流都會導致 LED 的燒燬。因爲 Arduino 的接腳在輸出模式下，若爲高電位輸出，其輸出電壓爲 5V，最大的輸出電流爲 40mA，很明顯的已經超過 LED 可承受的範圍，所以我們在使用 Arduino 來驅動 LED 時，都會串接一個適當的電阻，其位置可以串接在正極端，也可以串在負極端，二種方式沒有差別，如圖 5-2-3，在此範例中我們是將電阻串接在正極端，在 3V 的壓降 (從 5V 降到 2V) 和 20mA 的條件下，運用簡單的歐姆定理 V = IR，可以算出電阻 R=150Ω，因爲沒有剛好是 150Ω 的電阻，所以保守的找大一點的電阻 220Ω，這樣會安全一點。

程式碼　**5.2.2**

```
/*** 範例 5.2.2( 外接 LED) ***/
#define LedA 13                              //Uno 開發板上內建 LED 的接腳固定為 D13
#define LedB 5                               // 指定外接 LED 的接腳為 D5

void setup() {
  pinMode(LedA,OUTPUT);                      // 設定 LED 接腳為輸出模式
  pinMode(LedB,OUTPUT);
  digitalWrite(LedA,LOW);                    // 初始 LED 為熄滅的狀態
  digitalWrite(LedB,LOW);
}

void loop() {
  // 內建 LED 持續亮 1 秒後熄滅
  digitalWrite(LedA,HIGH); delay(1000); digitalWrite(LedA,LOW);
  // 外接 LED 持續亮 1 秒後熄滅
  digitalWrite(LedB,HIGH); delay(1000); digitalWrite(LedB,LOW);
}
```

5-3 按鈕開關 (Button)

名稱 按鈕開關 (Button)

分類 輸入

用途 常做爲觸發系統的裝置

按鈕開關 (Button) 是最簡單的一種輸入裝置，如圖 5-3-1 所示，使用者可按壓開關，放開後會自動彈回，所以有二種狀態的表現，通常都拿它來當做觸發系統的裝置。一般的按鈕開關都有 4 個接腳，要特別注意它們的連通關係，如圖 5-3-1(c) 所示，接腳 1, 2 實際上是連通的，而接腳 3,4 也是連通在一起，所以它大可只做 2 個接腳就可以，4 個接腳的目的是爲了增加連接導線的佈局彈性。(1) 在放開狀態下，接腳 1(2) 與接腳 3(4) 是呈現不導通的狀態，如圖 5-3-1(c) 所示。(2) 在按壓狀態下，接腳 1(2) 與接腳 3(4) 是連接導通的，相當於 4 個接腳都有相同的電位，如圖 5-3-1(d) 所示。

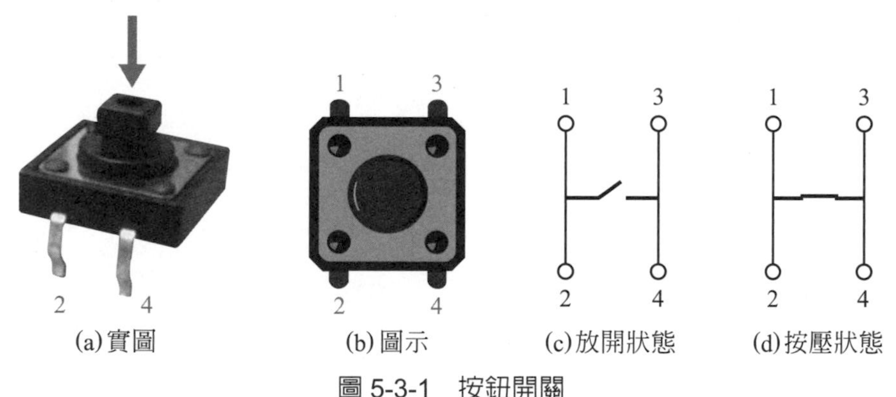

(a) 實圖　(b) 圖示　(c) 放開狀態　(d) 按壓狀態

圖 5-3-1　按鈕開關

範例 **5.3.1**

將按鈕開關連接到 UNO 的 pin 2 接腳，當使用者按壓開關時，開發板內建的 LED 燈就會亮起，放開就會熄滅。接線電路圖請參考圖 5-3-2。

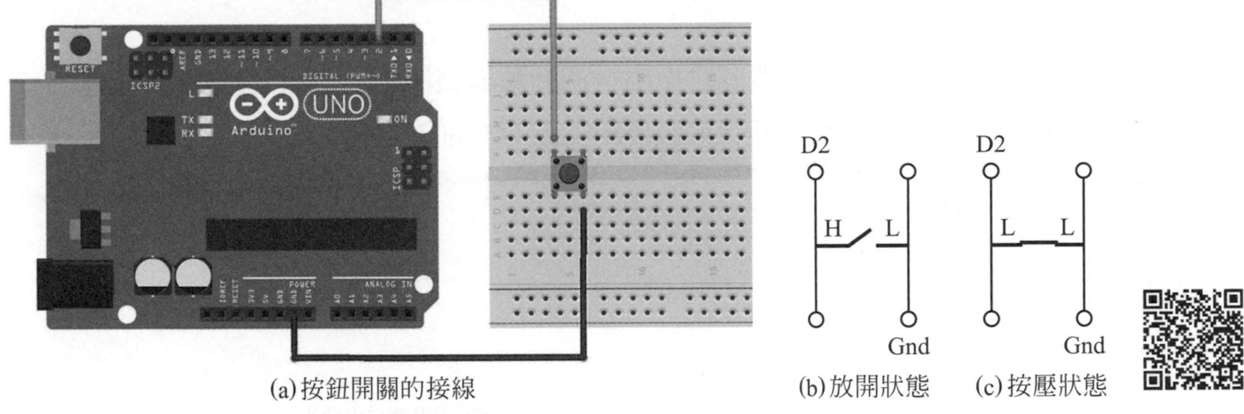

(a) 按鈕開關的接線　(b) 放開狀態　(c) 按壓狀態

圖 5-3-2　範例 5.3.1 的電路圖

程式碼　**5.3.1**

```
1  /*** 範例 5.3.1(按鈕開關 1) ***/
2  #define LedPin    13             //UNO 開發板上內建 LED 的接腳固定為 D13
3  #define ButtonPin 2              // 指定按鈕開關的接腳為 pin 2
4
5  void setup() {
6    pinMode(LedPin,OUTPUT);        // 設定 LED 接腳為輸出模式
7    pinMode(ButtonPin,INPUT_PULLUP); // 設定 Button 接腳，並啓用內建的上拉電阻
8    digitalWrite(LedPin,LOW);      // 初始 LED 為熄滅的狀態
9  }
10
11 void loop() {
12   if(digitalRead(ButtonPin)==LOW) // 讀取 Button 接腳的電位是否為 LOW
13     digitalWrite(LedPin,HIGH);   // 若是，就代表按下開關，開啓 LED
14   else digitalWrite(LedPin,LOW); // 否則，關閉 LED
15 }
```

說　明

因爲第 7 行 INPUT_PULLUP 的設定會啓用 Arduino 開發板內建的上拉電阻，使得 pin 2 接腳在按鈕開關放開的狀態下，訊號固定拉升爲 HIGH，如圖 5-3-2(b) 所示，直到按下開關，才會將 pin 2 接腳的訊號拉降爲 LOW，如圖 5-3-2(c)。

範 例 **5.3.2**

參考電路圖 5-3-2，以按鈕開關實做出一個計數器裝置，當使用者按壓開關一次計數值就會加 1，同時也會將更新後的數值顯示在 PC 端的串列埠視窗。

電路圖 請參考圖 5-3-2

程式碼 **5.3.2**

```
/*** 範例 5.3.2( 按鈕開關 2) ***/
#define ButtonPin 2                          // 指定按鈕開關的接腳為 pin 2
int cnt;                                     // 宣告計數值變數
int flag;                                    // 宣告旗標變數，

void setup() {
  Serial.begin(9600);                        // 設定串列埠傳輸速率為 9600 bps
  pinMode(ButtonPin,INPUT_PULLUP);           // 設定 Button 接腳，並啓用內建的上拉電阻
  cnt=0; flag=0;
  Serial.print(" 計數值 =");  Serial.println(cnt);
}

void loop() {
  if(digitalRead(ButtonPin)==HIGH) flag=0;
  if(digitalRead(ButtonPin)==LOW && flag==0)  {
    //Button 接腳的電位從 HIGH 變成 LOW，只有第一次會符合條件
    cnt++;                                   // 計數值 +1
    Serial.print(" 計數值 =");  Serial.println(cnt);
    flag=1;                                  // 避免連續 +1
  }
}
```

說　明

(1) 因為 Arduino IDE 在開啓串列埠監控視窗時，預設的傳輸速率固定為 9600 bps，為了避免每次開啓監控視窗都要更改傳輸速率 , 我們建議 Serial.begin 設定在 9600 即可。

(2) 在這段程式碼中有一點要特別注意，我們預期壓按開關一次只會造成一次的計數值加 1，但是不要忘記了，CPU 執行程式的速度可是遠遠快於人類的動作，所以按下按鈕再放開的這一瞬間，loop 主函式早已重複執行了許多次，因此會造成連續幾十次，甚至上百次 pin 2 的電壓判斷為 LOW，使得計數值發生連續加 1 的現象，為了解決這個問題，我們加入了一個判斷旗標 flag，在 pin 2 的訊號從 HIGH 轉變到 LOW 的時候，只會有一次滿足第 15 行的條件，可有效防止 pin 2 訊號持續為 LOW，所造成計數值連續加 1 的不正常結果。

5-4 滾珠開關

名稱 滾珠 / 傾斜開關

分類 輸入

用途 常做爲觸發系統的裝置。

與按鈕開關的作用類似，滾珠開關是另一類不靠人手按壓，就可觸發系統的簡單裝置，如圖 5-4-1 所示，滾珠開關有二隻外露的接腳，沒有正負極之分，其名稱的由來，顧名思義就是裝置內有 1-2 顆的金屬圓球，藉由金屬球滾動的特性，其停止的狀態或位置可決定二隻接腳是否導通，可用於傾倒/傾斜偵測，角度偵測，震/跳動計數，舉凡物體角度變化、移動、或旋轉的場合皆可應用，如數位相框或螢幕的翻轉。

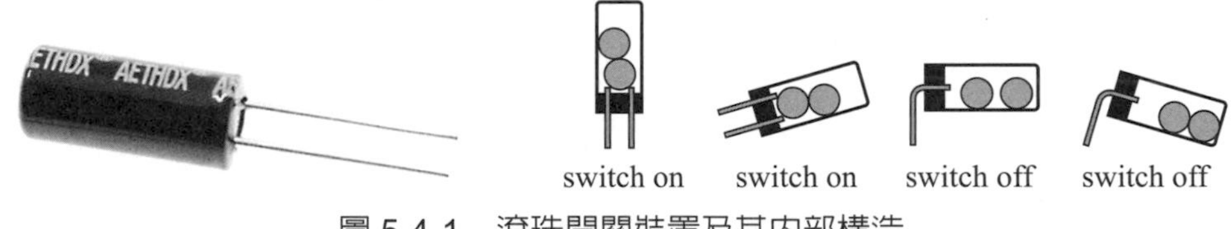

圖 5-4-1 滾珠開關裝置及其內部構造

範例 **5.4.1**

參考電路圖 5-4-2，將滾珠開關連接到 pin 2 接腳，注意接腳不分正負極，當使用者搖晃滾珠開關時，若偵測到二隻接腳呈現導通的狀態，除了開發板內建的 LED 燈會亮起之外，也會將計數值加 1，並顯示在 PC 端的串列埠視窗。

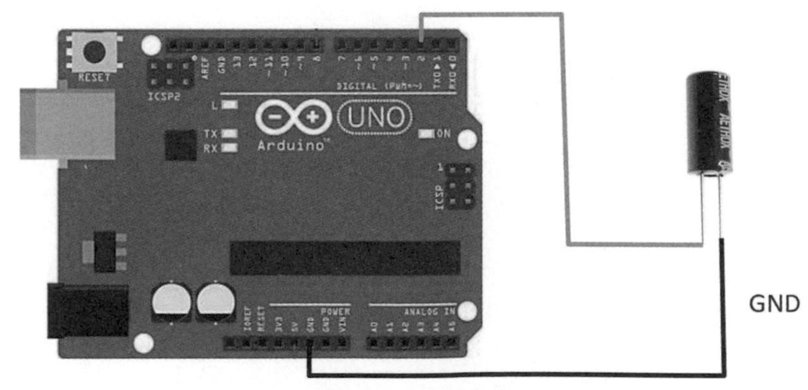

圖 5-4-2 範例 5.4.1 滾珠開關的電路圖

程式碼　**5.4.1**

```
1  /*** 範例 5.4.1(滾珠開關) ***/
2  #define LedPin  13  //UNO 開發板上內建 LED 的接腳固定為 D13
3  #define BallPin 2   //指定按鈕開關的接腳為 pin 2
4  int cnt=0;          //宣告計數值變數
5
6  void setup() {
7    Serial.begin(9600);            //設定串列埠傳輸速率為 9600 bps
8    pinMode(LedPin,OUTPUT);        //設定 LED 接腳為輸出模式
9    pinMode(BallPin,INPUT_PULLUP); //設定滾珠開關接腳，並啓用內建的上拉電阻
10   digitalWrite(LedPin,LOW);      //初始 LED 為熄滅的狀態
11 }
12
13 void loop() {
14   if(digitalRead(BallPin)==LOW) { //讀取滾珠開關接腳的電位是否為 LOW
15     //若是，就代表導通，則開啓 LED，計數值 +1 並顯示
16     digitalWrite(LedPin,HIGH);
17     Serial.print("cnt="); Serial.println(cnt++);
18     delay(300);                   //適當的延遲，避免連續 +1
19   }
20   else digitalWrite(LedPin,LOW); //否則，關閉 LED
21 }
```

說　明

(1) 因爲第 9 行 INPUT_PULLUP 的設定會啓用 Arduino 開發板內建的上拉電阻，在滾珠開關的二隻接腳未接觸導通的狀態下，使得 pin 2 接腳訊號固定拉升爲 HIGH。

(2) 18 行的延遲時間，太長會使得開關不靈敏，太短會導致計數值的連續累計，使用者可自行調整到一個最適當的值，可兼顧開關的靈敏與計數值的正確。

5-5 七段顯示器

名 稱 七段顯示器 (7-segment display)

分 類 輸出

用 途 用來顯示數字

七段顯示器是非常普遍，而且應用廣泛的電子元件，在很多地方都可以看到它的應用，例如時間的顯示、溫度的顯示、狀態的顯示和各種儀表的數字顯示。七段顯示器的外型如圖 5-5-1 所示，仔細算算從 a 到 h 段，實際上它不只有七段，加上右下角的那一點，應該是八段顯示器才對，但此名稱由來已久，我們就不用太計較七段或八段了。七段顯示器的構成很簡單，就是利用 8 顆長型 LED 組成顯示器，這 8 顆 LED 的編號，以順時針的方向排列，從 abcdef 到 g，再加上小數點的 h 段，只要控制好每一顆 (段)LED 的亮暗狀態，就可以顯示出 0~9 的數字，例如：點亮 bc 二段就可秀出數字“1”，點亮 bcfg 就可秀出數字 “4”。除了數字外，甚至 A~F 的英文字母也可以顯示，如圖 5-5-1 的框線區域。

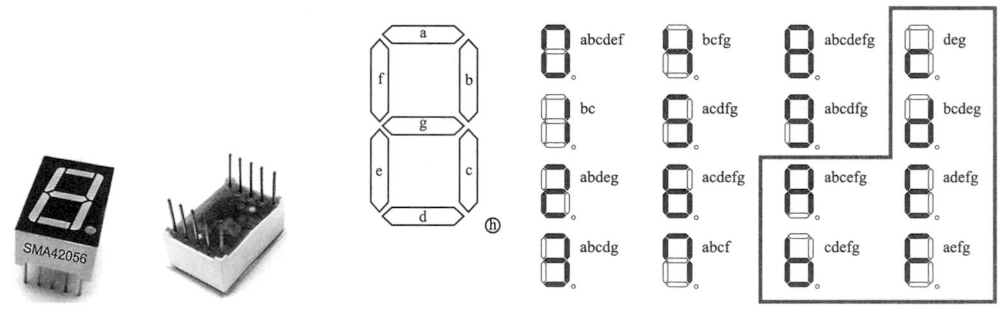

圖 5-5-1 七段顯示器及其顯示的數字

5-5-1 七段顯示器的種類

七段顯示器的背面一共有 10 支針腳，參考圖 5-5-2，這 10 支針腳除了 8 支 (a~h) 用來輸入 8 段 LED 的訊號之外，還有二支針腳是共接到 com，這裡的 com 指的是共同的 (Common) 端點，因爲每一段 LED 都有正極與負極二個端點，所以七段顯示器會因爲共同端點的接法不同，而分成二種不同的類型。

(1) 第一種電路接法，是把 8 段 LED 的負極全部接在一起，然後接地，如圖 5-5-2(a) 所示，採用此種接法的七段顯示器稱為「共陰極七段顯示器」，使用者只要在 8 段 LED 獨立的正極輸入高電位 (HIGH)，就能點亮對應的 LED，例如：將 b、c 段輸入 HIGH，其餘為 LOW，就可秀出數字“1”。一般而言，共陰極七段顯示器是比較常用，而且符合我們一般的認知，因為 HIGH 就是點亮，LOW 就是不亮，再加上配合 Arduino 接腳 OUTPUT 模式的預設電壓準位為 LOW，所以本書中所使用的七段顯示器一律為共陰極七段顯示器。

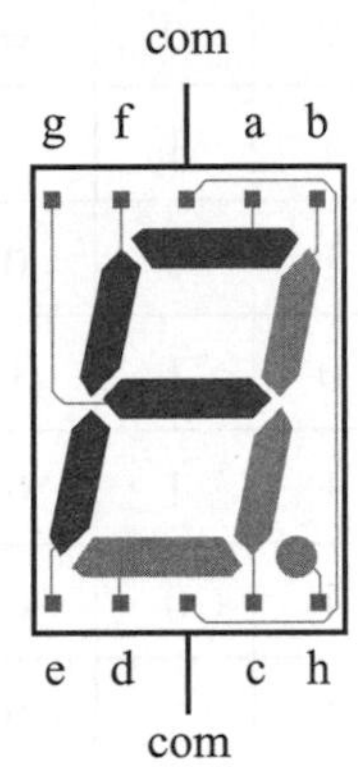

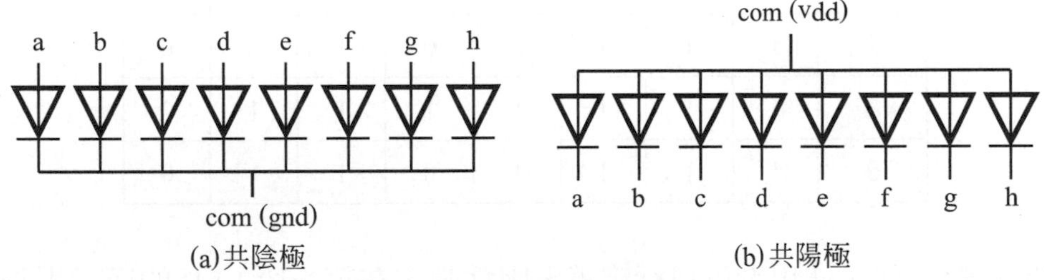

圖 5-5-2　七段顯示器的種類

(2) 第二種電路接法，是把 8 段 LED 的正極全部接在一起，然後接到 3.3V 或 5V 的電壓源，如圖 5-5-2(b) 所示，此類七段顯示器稱為「共陽極七段顯示器」，使用者只要在 8 段 LED 獨立的負極輸入低電位 (LOW)，就能點亮對應的 LED，例如：將 b，c 段輸入 LOW，其餘為 HIGH，就可秀出數字“1”。與共陰極七段顯示器比較，共陽極七段顯示器的使用 LOW 是點亮，HIGH 是不亮，剛好是正向邏輯的反向，一般需搭配適當的晶片使用。

5-5-2 一位數七段顯示器

爲方便使用，表 5-5-1 整理了共陰極七段顯示器在顯示數字 0~9 時，8 段 LED 的亮暗狀態，以一個 bit 表示一段，剛好 8 位元 (一個 byte) 可表示 8 段，所以每個數字的顯示只需一個 byte 定義。例如：數字 0 的顯示就可以使用下列的方式定義

```
const byte d0=B11111100;  // 數字 0 的定義，B 表示二進位的格式
```

表 5-5-1 共陰極七段顯示器數字 0~9 的編碼

	a	b	c	d	e	f	g	h
0	1	1	1	1	1	1	0	0
1	0	1	1	0	0	0	0	0
2	1	1	0	1	1	0	1	0
3	1	1	1	1	0	0	1	0
4	0	1	1	0	0	1	1	0
5	1	0	1	1	0	1	1	0
6	1	0	1	1	1	1	1	0
7	1	1	1	0	0	1	0	0
8	1	1	1	1	1	1	1	0
9	1	1	1	1	0	1	1	0

d0 是常數名稱，使用者可自行定義，因爲數字在每一段 LED 的顯示規劃都是固定不變的，所以通常會使用 byte 常數的方式宣告，從 MSB 開始，依序是 a，b，c，d，e，f，g，h 這 8 段 LED 正極的邏輯值，只要將這 8 個位元的值，分別透過 Arduino 八隻不同的接腳輸出到七段顯示器就可秀出數字 0，如下列的程式碼片段，其中 Arduino 接腳 2，3，4，5，6，7，8，9 已分別接到 a，b，c，d，e，f，g，h 這 8 段：

```
if(d0&B10000000) digitalWrite(2, HIGH); else digitalWrite(2, LOW);  // 輸出 a 段的值 1
if(d0&B01000000) digitalWrite(3, HIGH); else digitalWrite(3, LOW);  // 輸出 b 段的值 1
if(d0&B00100000) digitalWrite(4, HIGH); else digitalWrite(4, LOW);  // 輸出 c 段的值 1
if(d0&B00010000) digitalWrite(5, HIGH); else digitalWrite(5, LOW);  // 輸出 d 段的值 1
if(d0&B00001000) digitalWrite(6, HIGH); else digitalWrite(6, LOW);  // 輸出 e 段的值 1
if(d0&B00000100) digitalWrite(7, HIGH); else digitalWrite(7, LOW);  // 輸出 f 段的值 1
if(d0&B00000010) digitalWrite(8, HIGH); else digitalWrite(8, LOW);  // 輸出 g 段的值 0
if(d0&B00000001) digitalWrite(9, HIGH); else digitalWrite(9, LOW);  // 輸出 h 段的值 0
```

因為以上的程式碼具有高度的規律性，我們可以使用迴圈的方式改寫如下，可大幅的減少程式碼的數量

```
for(i=0; i<8; i++)  {
  mask=B10000000>>i;  // 將 1 右移到正確的位置
  if(d0&mask) digitalWrite(2+i, HIGH); else digitalWrite(2+i, LOW);  // 從 a 段到 h 段
}
```

七段顯示器雖然簡單，但是需要很多接腳的定義，使用起來頗為繁瑣，所以一般我們都會將七段顯示器相關的定義與常用的程式碼，寫成一個專屬的標頭檔，如下列的程式碼 seg7.h 所示，在有需要的時候，將它 include 進來便可使用。其中 x1 的命名是代表一位數的七段顯示器，因為緊接著會有四位數七段顯示器的擴充，會使用 x4 的命名規則以示區別。

```
/*** seg7.h ***/
const byte seg7_digit[10]={ B11111100,  // 數字 0
                            B01100000,  // 數字 1
                            B11011010,  // 數字 2
                            B11110010,  // 數字 3
                            B01100110,  // 數字 4
                            B10110110,  // 數字 5
                            B10111110,  // 數字 6
                            B11100100,  // 數字 7
                            B11111110,  // 數字 8
                            B11110110}; // 數字 9
int seg7x1_FirstPin;        // 一位數七段顯示器的第一隻接腳
int seg7x4_FirstPin;        // 四位數七段顯示器的第一隻接腳

/*** 一位數七段顯示器相關函式 ***/
//--- 初始化一位數七段顯示器 8 隻連續的接腳
void seg7x1_init(int pin) {
  seg7x1_FirstPin=pin;     // 設定一位數七段顯示器的第一隻接腳
  for(int i=0; i<8; i++) pinMode(seg7x1_FirstPin+i, OUTPUT);
}

//--- 一位數七段顯示器顯示數字
void seg7x1_show(int num) {
byte mask;

  for(int i=0; i<8; i++)  {
    mask=B10000000>>i;     // 將 1 右移到正確的位置
    if(seg7_digit[num] & mask) digitalWrite(seg7x1_FirstPin+i, HIGH);
    else digitalWrite(seg7x1_FirstPin+i, LOW);
  }
}
```

範 例 5.5.1

使用一位數的七段顯示器來計數按鈕開關按下的次數，以按一下就加 1 的方式顯示，從數字 0 開始一直到數字 9，然後又從 0 開始。此範例中，按鈕開關指定接到 D10，而七段顯示器 a-h 段則對應接到 D2-D9。

程式碼 5.5.1

```
/*** 範例 5.5.1（一位數七段顯示器） ***/
#include "seg7.h"
#define Button 10                        // 指定按鈕開關的接腳為 D10
int num=0;

void setup() {
  pinMode(Button,INPUT_PULLUP); // 設定 Button 接腳，並啓用內建的上拉電阻
  seg7x1_init(2);                        // 初始化七段顯示器，第一隻接腳為 D2，到 D9
  seg7x1_show(0);                        // 顯示數字 0
}

void loop() {
  if(digitalRead(Button)==LOW) { // 讀取 Button 接腳的電位是否為 LOW
    num=++num%10;                        // 若是，就代表按下開關，num+1 後取 10 的餘數
    seg7x1_show(num);                    // 顯示數字 num
    delay(300);                          // 避免持續觸發
  }
}
```

5-5-3 四位數七段顯示器

介紹完一位數的七段顯示器之後，一定會覺得只能顯示一個數字實在是太少了，在很多狀況根本不敷使用，所以接下來我們會介紹可以顯示四個數字的七段顯示器，如圖 5-5-3(a) 是一個共陰極的四位數七段顯示器，很明顯的它是由四顆七段顯示器合併組成，現在問題來了，一顆七段顯示器需要 8 隻接腳控制顯示，四顆豈不是要 32 隻接腳，可是 Arduino UNO 所有數位接腳的總量也才 14 隻，即使全部用上了也不夠，那要如何顯示四個數字呢？

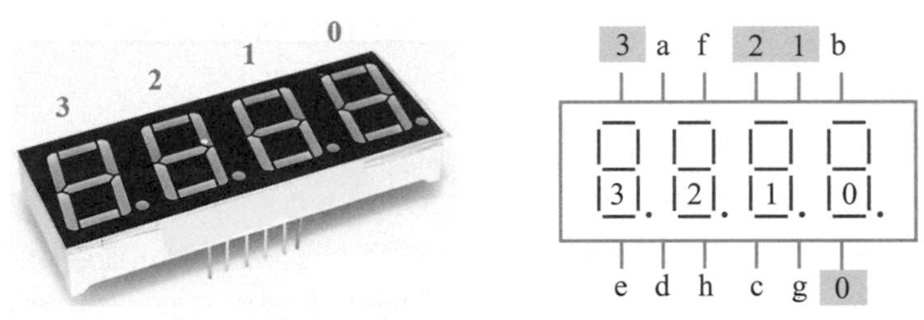

圖 5-5-3 四位數七段顯示器及其腳位

其實這個問題的解法也不難，我們還是一次只顯示一個數字，從左到右(或從右到左)輪流顯示，只要二次掃描的間隔時間夠短，通常是小於 1/16 秒，就會因為眼睛視覺暫留的效應，而達到四個數字同時顯示的視覺效果，再次強調這不是眞正的同時顯示，只是快速輪動所造成的視覺假象。經由以上的解釋，參考圖 5-5-4 四位數七段顯示器的電路圖，除了原來 8 段 LED 的控制針腳 a、b、c、d、e、f、g、h 之外，還需要 4 隻針腳來控制哪一顆七段顯示器要動作，所以總共會有 12 隻針腳，如圖 5-5-4 所示，其中 0、1、2、3 針腳分別控制四顆七段顯示器，因為是共陰極的電路，所以邏輯 0 代表致能，而邏輯 1 則為禁用。

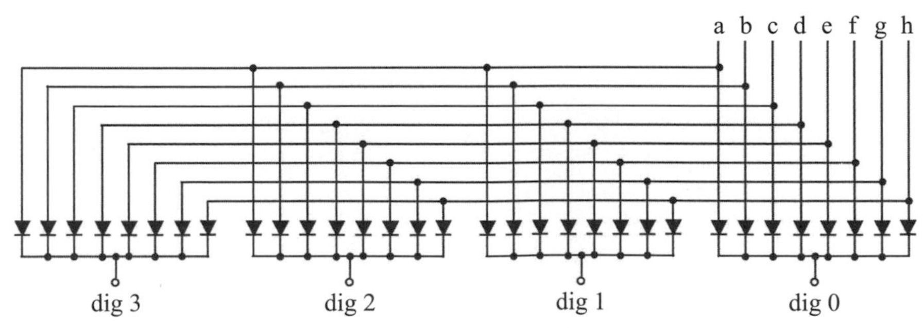

圖 5-5-4 共陰極四位數七段顯示器的電路圖

由於擴充了四位數的七段顯示器，所以我們必須把下列的程式碼加入 seg7.h 才夠使用，特別注意在四位數的顯示函式 seg7x4_show(digit, num) 中，除了要顯示的數字 num(0~9) 之外，還必須指定要在哪一個 digit(0~3) 顯示。

```
/*** 四位數七段顯示器相關函式 ***/
//--- 初始化四位數七段顯示器 12 隻連續的接腳
void seg7x4_init(int pin) {
  seg7x4_FirstPin=pin;   //設定四位數七段顯示器的第一隻接腳
  for(int i=0; i<12; i++) pinMode(seg7x4_FirstPin+i, OUTPUT);
}

//--- 四位數七段顯示器顯示數字
void seg7x4_show(int digit, int num) {
byte mask;

  //先關掉四顆七段顯示器
  for(int i=8; i<12; i++) digitalWrite(seg7x4_FirstPin+i, HIGH);
  //再致能指定的七段顯示器
  switch(digit) {
    case 0: digitalWrite(seg7x4_FirstPin+8, LOW); break; //致能第 0 顆
    case 1: digitalWrite(seg7x4_FirstPin+9, LOW); break; //致能第 1 顆
    case 2: digitalWrite(seg7x4_FirstPin+10,LOW); break; //致能第 2 顆
    case 3: digitalWrite(seg7x4_FirstPin+11,LOW); break; //致能第 3 顆
  }
  //顯示數字
  for(int i=0; i<8; i++)  {
    mask=B10000000>>i;
    if(seg7_digit[num] & mask) digitalWrite(seg7x4_FirstPin+i, HIGH);
    else digitalWrite(seg7x4_FirstPin+i, LOW);
  }
}
```

範 例 5.5.2

使用一個四位數的七段顯示器，配合按鈕開關，使用者按一次按鈕就會產生一組 0000~9999 四位數的亂數，並顯示在七段顯示器上，再按一次就顯示下一組亂數，需注意數字不能有閃爍跳動的現象。在此範例中，按鈕開關指定接到 A5，而四位數七段顯示器 a-h 段則對應接到 D2-D9，0-3 接到 D10-D13。

程式碼 5.5.2

```
/*** 範例 5.5.2(四位數七段顯示器) ***/
#include "seg7.h"
#define Button A5                          // 指定按鈕開關的 pin 腳為 A5
int num=0, d3, d2, d1, d0;

void setup() {
  Serial.begin(9600);                      // 設定串列埠傳輸速率為 9600 bps
  pinMode(Button,INPUT_PULLUP);  // 設定 Button 接腳，並啓用內建的上拉電阻
  seg7x4_init(2);                          // 初始化四位數七段顯示器，第一隻接腳為 D2
  randomSeed(analogRead(A0));              // 產生亂數種子
}

void loop() {
  if(digitalRead(Button)==LOW) { // 若按下 button，產生 0-9999 的亂數
    num=random(10000);
    Serial.println(num);                   // 印出亂數
    delay(200);                            // 避免連續觸發
  }

  d3=num/1000;                             // 取得第 3 位數字
  seg7x4_show(3,d3);                       // 秀出第 3 位數字
  delay(5);                                // 延遲 5ms

  d2=(num%1000)/100;                       // 取得第 2 位數字
  seg7x4_show(2,d2);                       // 秀出第 2 位數字
  delay(5);                                // 延遲 5ms


```

```
  d1=(num%100)/10;              //取得第 1 位數字
  seg7x4_show(1,d1);            //秀出第 1 位數字
  delay(5);                     //延遲 5ms

  d0=num%10;                    //取得第 0 位數字
  seg7x4_show(0,d0);            //秀出第 0 位數字
  delay(5);                     //延遲 5ms
}
```

說　明

(1) 此範例的延遲時間為 5ms，試著改變成 1ms 或 20ms，然後觀察有何變化。

(2) 我們可以看到這範例程式的 loop 只專心做好一件事，就是四位數依序輪流的顯示，如果使用者要加入其它更複雜的工作，如何維持固定的間隔時間，達到穩定的顯示就會是一項困難的挑戰，所以此範例顯然有其使用上的限制，不適用在複雜的實作系統，日後在第 8 章的定時器會介紹更進階的觀念與技術，此問題就能迎刃而解。

5-6 可變電阻 / 電位器

名 稱 可變電阻或電位器 (Potentiometer)

分 類 類比輸入

用 途 常用來調整燈光的強弱，音量的大小，或是馬達轉速的快慢。

可變電阻又稱爲電位器 (Potentiometer，縮寫 Pot)，屬於被動元件，是一個具有三個端點的類比輸入裝置，其中有兩個固定接點與一個滑動接點，使用時可藉由改變滑動接點的位置，造成滑動端與兩個固定端間電阻值的改變，形成不同的分壓比率，輸出不同的分壓準位，因而得名，可變電阻常見的用途可用來調整燈光的強弱，音量的大小，或是馬達轉速的快慢。

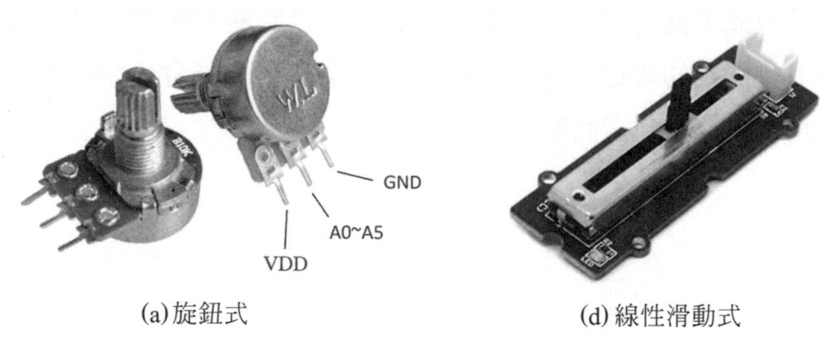

(a) 旋鈕式　　(d) 線性滑動式

圖 5-6-1　常見的可變電阻

一般來說，可變電阻有旋鈕式和線性滑動式二種，如圖 5-6-1 所示，旋鈕式的優點在於所佔的空間較小，使用方法更爲直覺方便。如圖 5-6-1(a) 所示，旋鈕式的可變電阻有 3 隻接腳，左右兩側接腳各接到 VDD 與 GND，此電源接腳可以互換，並沒有固定的 VDD 或 GND 腳位，重要的是中間的接腳必須接到 UNO 的類比輸入腳位，也就是 A0~A5 的其中之一，其輸出的分壓準位才能被正確的讀取。

範　例　**5.6.1**

使用旋鈕式的可變電阻，接到類比輸入接腳 A0，將讀取到的分壓準位轉換成 0~5V 的電壓值，並顯示在 PC 端的串列埠。

程式碼　**5.6.1**

```
/*** 範例 5.6.1(讀取可變電阻 / 電位器的輸出值) ***/
const int potPin=A0;          // 指定可變電阻的接腳為 A0
int val,pre_val=0;
float volt;

void setup() {
  Serial.begin(9600);
  pinMode(potPin,INPUT);
}

void loop() {
  val=analogRead(potPin);   // 讀取 A0，傳回 0-1023
  if(val!=pre_val) {        // 判斷值是否改變
    volt=(float)val/1023*5; // 將 val 從 0-1023 區間轉換成 0-5V 的區間
    Serial.print(val);  Serial.print(" => ");    // 印出結果
    Serial.print(volt,2);  // 小數點 2 位
    Serial.println('V');
    pre_val=val;
  }
  delay(1000);              // 延遲 1 秒
}

```

範例 5.6.2

在 PWM 接腳 pin 3 外接一顆 LED 燈，並使用旋鈕式的可變電阻連接到 A0，以讀取到可變電阻的值來控制 LED 燈光的強度。

程式碼 5.6.2

```
1  /*** 範例 5.6.2(使用可變電阻控制 LED 燈光的強度) ***/
2  const int potPin=A0, ledPin=3;
3  int val,pre_val=0,duty;
4  
5  void setup() {
6    Serial.begin(9600);
7    pinMode(potPin,INPUT);
8    pinMode(ledPin,OUTPUT);
9  }
10 
11 void loop() {
12   val=analogRead(potPin);              // 讀取 A0，傳回 0-1023
13   if(val>pre_val+2 || val<pre_val-2) {  // 判斷值是否明顯改變
14     duty=map(val,0,1023,0,255); // 將 val 從 0-1023 區間轉換成 0-255 的區間
15     analogWrite(ledPin,duty);   // 在指定的 pin 3 接腳輸出 PWM 訊號
16     Serial.print(val);          // 印出可變電阻的值
17     Serial.print("->");
18     Serial.println(duty);       // 印出轉換後的 duty cycle
19     pre_val=val;
20   }
21   delay(500);                   // 延遲 500ms，達到 1 秒讀取 2 次可變電阻的效果
22 }
```

觀察

(1) 此範例先使用 analogRead() 讀取可變電阻的值，然後再使用 analogWrite() 輸出 PWM 模擬類比電壓控制 LED 燈光強度。

(2) 由於 analogRead() 所讀到的類比訊號範圍是 0~1023，而 analogWrite() 輸出 PWM duty cycle 的範圍是 0~255，所以在程式碼第 14 行，我們必須先把從可變電阻讀到的分壓準位，從 0~1023 的值域轉換成 0~255 的值域，再執行 analogWrite() 的輸出。

5-7 RGB 全彩 LED

名　稱　RGB 全彩 LED

分　類　輸出

用　途　可顯示任何顏色的燈光，增加輸出多樣性。

RGB 色彩就是我們熟知的三原色，R 代表紅色 (Red)、G 代表綠色 (Green)、B 代表藍色 (Blue)，之所以稱爲三原色，是因爲人類的視覺所看到的任何色彩，都可以由這三種最基本的色彩混合疊加而成，因此得名。根據不同的格式長度，RGB 色彩空間有各種不同的實現方法，其中最常用的是 24 位元格式，也就是 RGB 紅綠藍 3 個通道各有 8 個位元的長度，所以一個通道 (顏色) 可分成 28 = 256 色階，混合 3 個通道的組合可以表現出高達 256 × 256 × 256，約 16 百萬種顏色，而有些高階的設備更採用 48 位元的格式，實現更高更精確的色彩密度，不過這都遠超過人類的視覺感受，其細微的差異對人眼而言已無法分辨。

圖 5-7-1 是常見的共陰極 RGB 全彩 LED 模組，如圖所示除了 GND 接地腳外，還有 3 隻顏色接腳，分別是 RGB 三個通道的電壓輸入，藉由不同的電壓組合可發出各種不同顏色的光。此模組需要使用 Arduino 三個 PWM 的輸出，因爲 PWM 的 duty cycle 範圍剛好是 0~255，等同於 8 位元的色階，因此可對應到 24 位元 RGB 的全彩空間，表 5-7-1 是常見的顏色對照表，其中黑色在燈光的表現就是不亮。

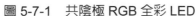

圖 5-7-1　共陰極 RGB 全彩 LED

表 5-7-1　常見的顏色對照表

顏色	R 通道	G 通道	B 通道
黑	0	0	0
紅	255	0	0
綠	0	255	0
藍	0	0	255
黃	255	255	0
洋紅	255	0	255
青	0	255	255
白	255	255	255

範　例　5.7.1

使用一顆 RGB 全彩 LED，接腳分別接到 PWM 9,10,11，在 setup 階段間隔 1 秒依序顯示紅，綠，藍，白 4 種燈光，然後在 loop 階段，每隔 1 秒隨機產生一組 RGB 亂數並顯示。

程式碼　5.7.1

```
/*** 範例 5.7.1(RGB 全彩 LED) ***/
const int Rpin=9, Gpin=10, Bpin=11; // 將接腳分別指定到 PWM 接腳 9,10,11
int i,j,k;

void setup() {
  pinMode(Rpin,OUTPUT);
  pinMode(Gpin,OUTPUT);
  pinMode(Bpin,OUTPUT);
  randomSeed(analogRead(A0));          // 初始亂數產生種子
  color(255, 0 , 0 ); delay(1000);   // 顯示紅光，並延遲 1 秒
  color( 0 ,255, 0 ); delay(1000);   // 顯示綠光，並延遲 1 秒
  color( 0 , 0 ,255); delay(1000);   // 顯示藍光，並延遲 1 秒
  color(255,255,255); delay(1000);   // 顯示白光，並延遲 1 秒
}

void loop() {
  i=random(0,256);                     // 產生 0-255 亂數
  j=random(0,256);
  k=random(0,256);
  color(i,j,k); delay(1000);           // 顯示燈光並延遲 1 秒
}

void color(int Rval, int Gval, int Bval) {
  analogWrite(Rpin, Rval);
  analogWrite(Gpin, Gval);
  analogWrite(Bpin, Bval);
}
```

5-8 習題

[5-1] 使用二個按鈕開關 A 與 B，分別接到 D2 跟 D3 接腳，實做出一個具有上數跟下數功能的計數器，當使用者按壓開關 A 一次計數值就會加 1，按壓開關 B 一次計數值就會減 1，更新後的數值會即時的顯示在 PC 端的串列埠視窗。

[5-2] 使用二個按鈕開關 A 與 B，分別控制二顆外接 LED 燈，當使用者按壓開關 A 一次，LED_A 就會持續點亮 3 秒鐘，然後熄滅，當使用者按壓開關 B 一次，LED_B 就會持續點亮 5 秒鐘，然後熄滅，特別注意二顆 LED 燈可同時點亮。

[5-3] 利用滾珠開關控制 RGB 全彩 LED，只要滾珠開關導通一次就產生一組隨機的 RGB 顏色，除了輸出到 LED，同時也要將值列印在串列埠監控視窗。

[5-4] 使用一個按鈕開關控制一顆七段顯示器，只要按一次按鈕就會隨機點亮 a-h 8 段中的 3 段 (不能重複)。

[5-5] 使用一顆七段顯示器，依序由 a 段亮到 f 段，又亮回到 a 段，形成一個外圈的跑馬燈，其間隔時間由使用者在 PC 端輸入數字 0~9 控制，1 代表 200ms，2 代表 400ms，3 代表 600ms，以此類推，其中要特別注意 0 就是停止，而數字之外的輸入皆不反應。

[5-6] 使用一顆七段顯示器，依序由 a 段亮到 f 段，又亮回到 a 段，形成一個外圈的跑馬燈，其間隔時間由一個外接可變電阻控制，對應到 50ms-1000ms 區間。

Chapter 6

常見的 I/O 裝置（II）

6-1 4x4 薄膜鍵盤 (Keypad)

名　稱　4x4 薄膜鍵盤 (Keypad)

分　類　輸入

用　途　常見的輸入裝置，只能輸入 0~9，A，B，C，D，*，#，是簡化版的鍵盤

鍵盤是所有系統最主要的輸入裝置，受限於應用的空間，我們無法使用一般 PC 的鍵盤，只能使用小型簡化版的鍵盤，如圖 6-1-1(a) 所示，爲一 4x4 薄膜矩陣鍵盤，包含數字 0~9、A、B、C、D、*、#，總共有 16 個按鍵，最直覺的規劃，若一個按鍵使用一個數位腳位，即使 UNO 中 14 個數位接腳全用上了也不夠使用，所以如何減少接腳的使用數量？就成爲鍵盤裝置最重要的課題。

圖 6-1-1　4x4 薄膜矩陣鍵盤及其腳位

為解決以上接腳過多的問題，最有效簡單的方法就是共用，從矩陣的組成結構劃分，同一列的按鍵可共用一隻接腳，而同一行的按鍵也共用一隻接腳，如此鍵盤可分成 4 列 x 4 行，總共需要 8 隻接腳，完整的連接電路如圖 6-1-2(a) 所示，就像是以行跟列所形成的一個二維座標，例如：(行 1，列 2) 可以定位按鍵 4 的位置，只要按鍵 4 被按下，金屬墊片就會導通行 1 與列 2 的訊號；同理，(行 3，列 3) 則可定位按鍵 9 的位置，只要按鍵 9 被按下，金屬墊片就會導通行 3 與列 3 的訊號。

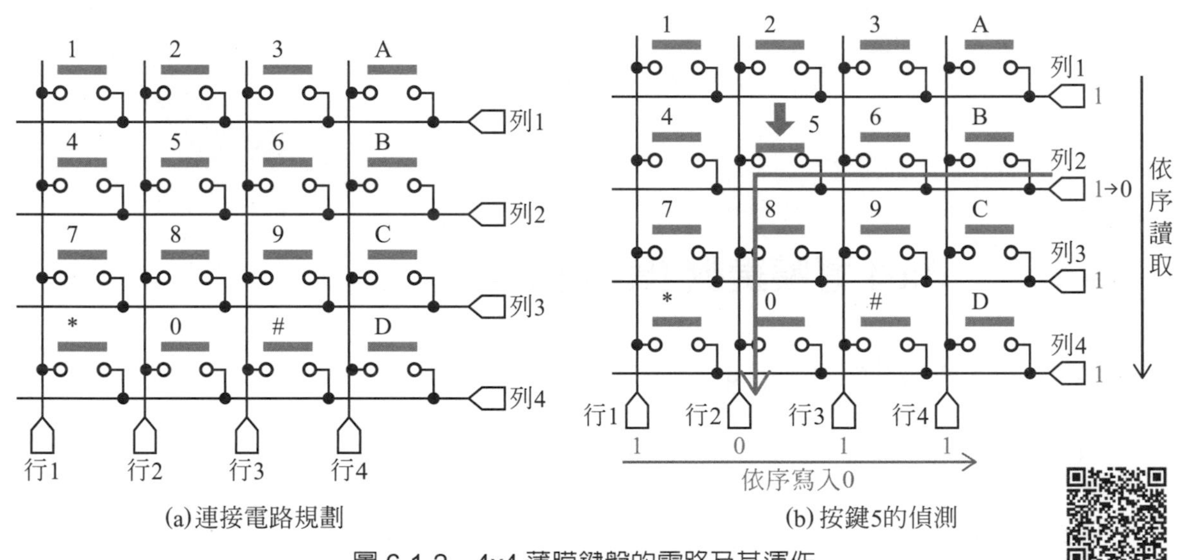

圖 6-1-2　4x4 薄膜鍵盤的電路及其運作

由於所有的按鍵沒有專屬的接腳訊號，所以要偵測哪一個按鍵被按下？我們使用的是掃描偵測方法，搭配圖 6-1-2(b) 按鍵 5 被按下的範例，詳細解說如下：(為方便說明，我們直接使用 1 跟 0 代替電位的 H 跟 L)

(1) 首先是初始化的階段，先將行 1~ 行 4 的接腳，使用 pinMode 宣告成 OUTPUT，然後寫入 1；接著將列 1~ 列 4 的接腳宣告成 INPUT_PULLUP，使其訊號固定拉升為 1。此階段，由於行列二端的電位均為 1，所以不論按鍵是否有被按下，電位的狀態都不會有所改變。

(2) 將行 1 的訊號由 1 寫成 0，接著依序讀取列 1~ 列 4 的訊號值。(a) 如果有一列的值為 0，則代表有按鍵按下，輸出對應按鍵後，偵測動作就可停止。(b) 如果列 1~ 列 4 的值全為 1，則代表行 1 無按鍵按下，將行 1 的訊號恢復寫 1 後，繼續行 2 的偵測。

(3) 將行2的訊號由1寫成0，重複列1~列4的訊號依序讀取，如圖例6-1-2(b)中，因爲按鍵5被按下，所以列2的訊號會被拉降到0，造成讀取值爲0，此時就可輸出按鍵5，然後停止偵測的動作，將行2的訊號恢復寫1後，回到初始的狀態。

(4) 若行2的按鍵都沒被按下時，進行行3的按鍵偵測。

(5) 若行3的按鍵都沒被按下時，進行行4的按鍵偵測。

(6) 若行4也沒偵測到按鍵，則回到行1，重複行1~行4的掃描偵測。

完整的4x4鍵盤掃描程式如下範例：

範例 6.1.1

使用4x4薄膜鍵盤，將使用者按下的鍵值顯示在PC端的串列埠。此範例的訊號腳位如圖6-1-1(b)所示，4個列接腳分別接到pin4～7，4個行接腳分別接到pin8～11。

程式碼 6.1.1

```
/*** 範例 6.1.1(4x4 薄膜鍵盤) ***/
int Row[4]={4,5,6,7};                    // 指定列的接腳
int Col[4]={8,9,10,11};                  // 指定行的接腳
char keymap[4][4] = {                    // 設定 4x4 鍵盤的對應值
    {'1','2','3','A'},
    {'4','5','6','B'},
    {'7','8','9','C'},
    {'*','0','#','D'}
};
int i,j;

void setup() {
  Serial.begin(9600);
  for(i=0; i<=3; i++) {
    pinMode(Row[i], INPUT_PULLUP); // 設定 Row 接腳，並啓用內建的上拉電阻
    pinMode(Col[i], OUTPUT);
    digitalWrite(Col[i], HIGH);    // 設定 Col 接腳的初始値為 HIGH
  }
}

```

```
21  void loop() {
22    for(i=0;i<4;i++) {                        //Col 依序寫入 0
23      digitalWrite(Col[i],LOW);
24      for(j=0;j<4;j++) {                      //Row 掃描讀取
25        if(digitalRead(Row[j])==LOW) {        // 判斷是否為 0
26          Serial.println(keymap[j][i]);       //=0，印出對應的鍵值
27          delay(200);                         // 適當的延遲，避免連續顯示
28          break;
29        }
30      }
31      digitalWrite(Col[i],HIGH);              // 恢復原來 Col 的高電位
32    }
33  }
34
```

說 明

(1) 第 27 行程式碼 delay(200)，是一個讓掃描程式執行順暢的關鍵，因為使用者可能按鍵按的太久，如果沒有 delay，有可能按一下會連續印出好幾次，試著改變 delay 時間，然後觀察有何變化。

(2) 跟四位數七段顯示器一樣，此範例程式的 loop 也只專心的做好鍵盤掃描的工作，如果要加入其它的工作，又要穩定的掃描，程式碼就會變得很複雜甚至做不到，所以此範例也是有使用上的限制，等學習到第 7 章中斷的觀念與技術之後，此問題也就能迎刃而解。

6-2　蜂鳴器 (Buzzer)

名稱　蜂鳴器 (Buzzer)

分類　輸出

用途　常做爲警示的發聲裝置。

蜂鳴器是嵌入式系統中常見的輸出裝置，廣泛地用在能發出聲音的人機介面，例如：玩具的聲光效果、防盜系統的警鈴聲、出入門禁的警示聲、監控系統的異常警告等。以常見的壓電式蜂鳴器而言，其發聲原理主要是由一片金屬銅片與壓電感應材料構成，如果對蜂鳴器輸入週期性的電壓方波，金屬片就會因爲壓電感應產生來回的震動，若震動的頻率落在人類聽覺可接收到的範圍，那就是我們一般聽到的聲音了。

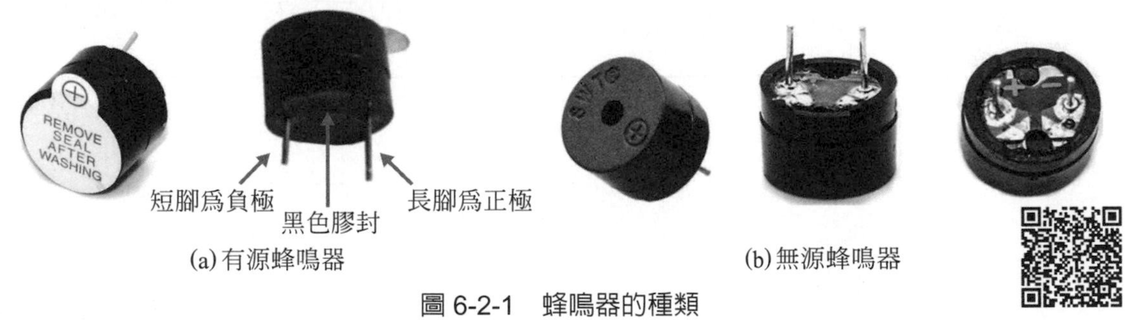

圖 6-2-1　蜂鳴器的種類

蜂鳴器的種類可以根據發聲的電路分爲無源蜂鳴器跟有源蜂鳴器二類，如圖 6-2-1 所示，這裡的「源」指的是振盪來源，若蜂鳴器有內建的振盪源則稱爲有源蜂鳴器，反之，則爲無源蜂鳴器。

(1) 有源蜂鳴器有內建的振盪源，因爲在製造的時候已經固定頻率，無法改變，所以只能發出固定的音高，稍嫌單調，不過使用上非常的方便簡單，只要輸入高電位就能發出聲音。

(2) 相較之下，無源蜂鳴器的變化比較多樣，因爲無源蜂鳴器沒有內建的振盪源，所以必須要使用者從外部提供週期性的電壓方波，才有辦法驅動蜂鳴器發出聲音，但也因爲如此，不同的週期方波可以驅動無源蜂鳴器發出不同音高的聲音，進而編成不同的音樂旋律，應用上的聲光效果較具吸引力。

表 6-2-1 整理了這二種蜂鳴器在外觀及功能特色上的差異，這裡要強調的是，此處所列出外觀上的差異並不是絕對的正確，有可能會隨著時間或是製造廠商的不同，而有所改變，所以要正確的判斷，最好還是要查清楚型號，找出產品說明文件，才不會出錯。

表 6-2-1　有源與無源蜂鳴器的差異

	有源蜂鳴器	無源蜂鳴器
尺寸	因爲內含振盪電路，所以高度較高，爲 9mm	高度略低，爲 8mm
針腳	針腳一長一短，有正負極之分，長腳爲正極，短腳爲負極	針腳長度一樣，無正負極之分
有無膠封	針腳處有黑色膠封	無膠封，可直接看到 IC 電路
價格	稍貴	較便宜
功能	簡單易用，只能發出單音	使用方法較爲複雜，能發出不同的音高，變化較多

6-2-1　有源蜂鳴器

如前所述，有源蜂鳴器因為有內建的振盪源，所以頻率固定無法改變，只能發出固定的音高，在使用上相對的簡單，比較沒有變化。

範　例　6.2.1

參考電路圖 6-2-2，使用有源蜂鳴器編輯三首不同節奏的音樂，配合按鈕開關，以按一下就換一首的方式呈現，特別注意音樂開始播放就不會被中斷，一直到結束才會停止。

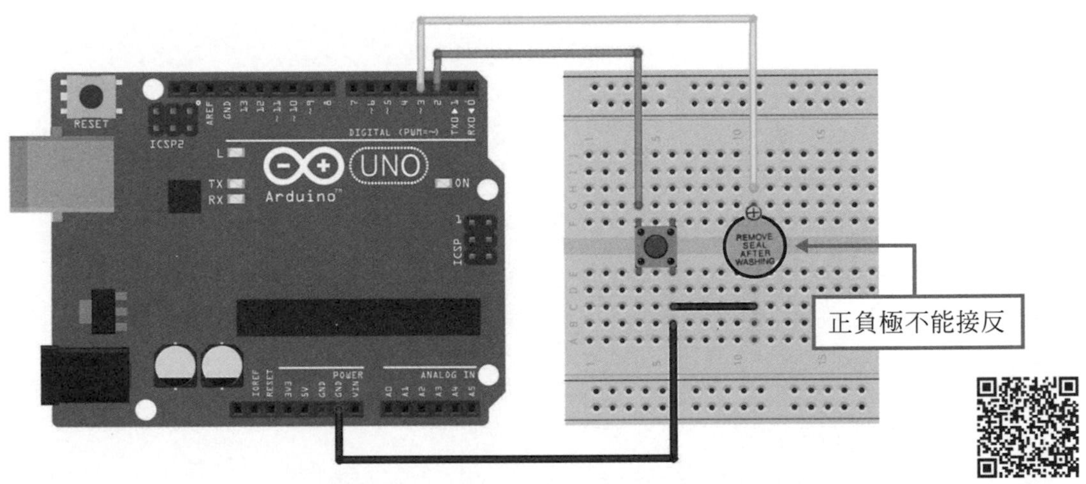

圖 6-2-2　範例 6-2-1 外接有源蜂鳴器與按鈕開關的電路圖

程式碼　6.2.1

```
/*** 範例 6.2.1（有源蜂鳴器）***/
#define Button 2                       // 指定按鈕開關的接腳為 pin 2
#define Buzzer 3                       // 指定蜂鳴器的接腳為 pin 3
int num=-1, flag=0;

void setup() {
  pinMode(Button,INPUT_PULLUP);        // 設定 Button 接腳，並啓用內建的上拉電阻
  pinMode(Buzzer,OUTPUT);              // 設定蜂鳴器接腳為輸出模式
}

```

```
void loop() {
  if(digitalRead(Button)==LOW)      // 讀取 Button 接腳的電位是否為 LOW
    { num=++num%3; flag=1; }        // 代表按下開關，num+1 後取 3 的餘數
  if(flag==1) {
    switch(num) {
      case 0: play0(); break;
      case 1: play1(); break;
      case 2: play2();
    }
    flag=0;
  }
}

void play0() {
  for(int i=0;i<10;i++) {
    digitalWrite(Buzzer,HIGH); delay(50);
    digitalWrite(Buzzer,LOW);  delay(200);
  }
}

void play1() {
  for(int i=0;i<5;i++) {
    digitalWrite(Buzzer,HIGH); delay(600);
    digitalWrite(Buzzer,LOW);  delay(100);
  }
}

void play2() {
  for(int i=0;i<5;i++) {
    digitalWrite(Buzzer,HIGH); delay(300);
    digitalWrite(Buzzer,LOW);  delay(50);
    digitalWrite(Buzzer,HIGH); delay(50);
    digitalWrite(Buzzer,LOW);  delay(50);
    digitalWrite(Buzzer,HIGH); delay(50);
    digitalWrite(Buzzer,LOW);  delay(50);
  }
}
```

6-2-2　無源蜂鳴器

與有源蜂鳴器相比，無源蜂鳴器因為沒有內建振盪源，所以在使用上我們必須輸入週期性的電壓方波，產生特定的振動頻率，才可以讓蜂鳴器發出聲音。在這裡我們要先解釋一下構成聲音的三要素：音高、音量與音色。

1. 音高 (Pitch)：指聲音的高低，在聲波的表現就是頻率，頻率越高、聲音就越高，計量單位為赫茲 (Hz)。人類的聽覺可接收的頻率範圍大約落在 20Hz 到 20KHz 之間，超過此範圍的統稱「超音波」，實際上聽覺頻率的範圍因人而異，有人遲鈍，也有人會特別靈敏，但隨著年齡的增長，可聽到的頻率範圍一定是逐漸縮小。
2. 音量 (Loudness)：即聲音的大小，在聲波的表現就是振幅，振幅愈大代表音量愈大，計量單位為分貝 (dB)。
3. 音色 (Timbre)：聲音的特色，在聲波的表現就是波形的特徵，不同的發聲體會有不同的聲波特徵。例如：鋼琴與小提琴就有截然不同的音色。

以我們所使用的無源蜂鳴器而言，除了銅片金屬振動的音色無法改變之外，其餘的二個要素，音高與音量，都可以透過脈衝寬度調變 (PWM) 的技術加以控制及改變，但是對初學者而言，比較簡單的方式還是使用 Arduino 內建的函式 tone( )，參考 4-2-1 的函式說明，tone( ) 可以很簡單的產生週期性的方波，使用者可以改變頻率跟持續輸出的時間，但唯一的限制，就是產生方波的 duty cycle 固定為 50%，這是不能改變的，因此使用 tone( ) 所產生的音量一定會保持不變，不能有大小聲的變化，但這不會影響我們要控制的音高旋律。

表 6-2-2 整理了標準 88 鍵鋼琴上所有的音高及其對應的頻率，因為 tone( ) 的頻率參數為整數型別，所以表中的頻率都是經過四捨五入的結果，儘管不是精確的數值，但是這些微的差距對人類的聽覺而言，還是無法分辨的。

表 6-2-2　標準 88 鍵鋼琴的音高頻率(已經四捨五入，單位 Hz)

	C (Do)	C#	D (Re)	D#	E (Mi)	F (Fa)	F#	G (So)	G#	A (La)	A#	B (Ti)
0										28	29	31
1	33	35	37	39	41	44	46	49	52	55	58	62
2	65	69	73	78	82	87	93	98	104	110	117	123
3	131	139	147	156	165	175	185	196	208	220	233	247
4	262	277	294	311	330	349	370	392	415	440	466	493
5	523	554	587	622	659	698	740	784	831	880	932	988
6	1046	1109	1175	1245	1319	1397	1480	1568	1661	1760	1864	1976
7	2093	2217	2349	2489	2637	2794	2960	3136	3322	3520	3729	3951
8	4186											

表 6-2-3　常見的音符節拍，休止符也具有相同的節拍長度

符號	𝅝	𝅗𝅥	♩	♪	𝅘𝅥𝅯	𝅘𝅥𝅰
意義	全音符	二分音符	四分音符	八分音符	十六分音符	三十二分音符
#define	T1	T2	T4	T8	T16	T32

除了音高之外，要構成音樂的優美旋律還需要一個重要的要素，那就是節拍(tempo)，此時我們就需要利用 tone( ) 的持續時間來達成節拍的控制，表 6-2-3 列出了常見的音符節拍，其中休止符也具有相同的節拍長度，但是關鍵是一個全音符(或四分音符)的時間到底是多少秒？這個問題會牽涉到樂曲的速度，常見的速度有

行板：60 拍 / 分鐘

中板：80 拍 / 分鐘

快板：100 拍 / 分鐘

絕大部分的樂曲都是以四分音符爲一拍，以中板速度每分鐘 80 拍爲例，我們所需要的一個全音符的時間計算如下：

一拍 = 四分音符的長度 = 60s/80 = 0.75s = 750ms

全音符的長度 = 四分音符 × 4 = 750ms × 4 = 3000ms

綜合以上的討論，我們把一首音樂最重要的三個元素，音高，節拍與速度，都定義在 music.h 檔案中，如此使用者就可以很簡單的用無源蜂鳴器編出優美的音樂旋律，使用方法可參考範例 6-2-2 所示。

範　例　6.2.2

編輯以下三首不同的兒歌片段，使用無源蜂鳴器演奏，配合按鈕開關，以按一下換一首的方式呈現，特別注意音樂開始播放就不會被中斷，一直到結束才會停止。

小蜜蜂	| 5 3 3 - | 4 2 2 - | 1 2 3 4 | 5 5 5 - |	速度 140 拍 / 分鐘
蝴蝶	| 1 12 3 3 | 21 23 1 - | 3 34 5 5 | 43 45 3 - |	速度 80 拍 / 分鐘
望春風	| 1· 1 2 4 | 5 45 6 - | 1· 6 65 4 | 5 - - - |	速度 60 拍 / 分鐘

電路圖　參考圖 6-2-3

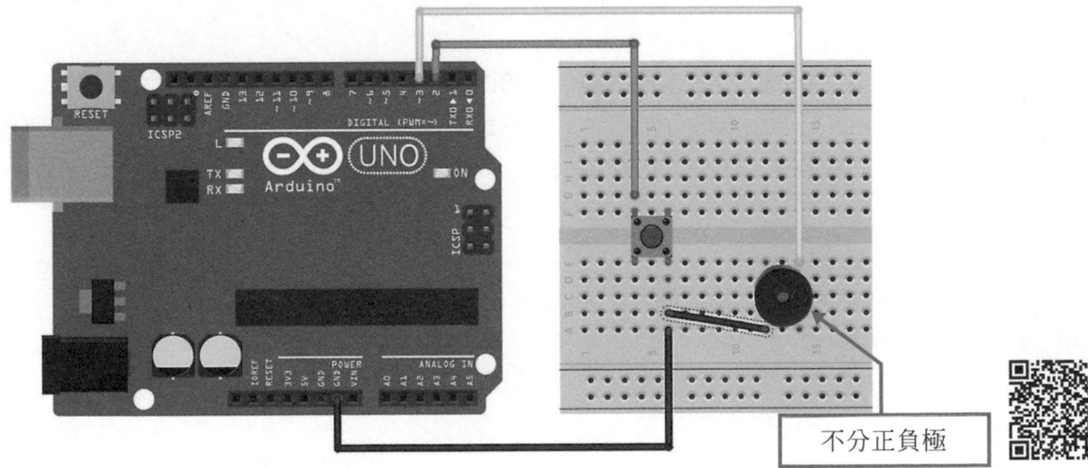

圖 6-2-3　範例 6-2-2 外接無源蜂鳴器與按鈕開關的電路圖

程式碼 6.2.2

```
/*** 範例 6.2.2 (無源蜂鳴器) ***/
#include "music.h"                  // 載入音樂定義檔
#define Button 2                    // 指定按鈕開關的接腳為 pin 2
#define Buzzer 3                    // 指定蜂鳴器的接腳為 pin 3
int num=-1, flag=0;
int speed[3]={S140, S80, S60}; // 三首歌的速度
// 定義音高,XX 表結束
int pitch[3][30]={
{G4,E4,E4,0,F4,D4,D4,0,C4,D4,E4,F4,G4,G4,G4,0,XX},                    // 小蜜蜂
{C4,C4,D4,E4,E4,D4,C4,D4,E4,C4,0,E4,E4,F4,G4,G4,F4,E4,F4,G4,E4,0,XX},// 蝴蝶
{C4,C4,D4,F4,G4,F4,G4,A4,0,C5,A4,A4,G4,F4,G4,0,0,XX}};                // 望春風
// 定義節拍
float tempo[3][30]={
{T4,T4,T4,T4,T4,T4,T4,T4,T4,T4,T4,T4,T4,T4,T4,T4 },                     // 小蜜蜂
{T4,T8,T8,T4,T4,T8,T8,T8,T8,T4,T4,T4,T8,T8,T4,T4,T8,T8,T8,T8,T4,T4},// 蝴蝶
{T4d,T8,T4,T4,T4,T8,T8,T4,T4,T4d,T8,T8,T8,T4,T2,T4,T4}};              // 望春風

void setup() {
  pinMode(Button,INPUT_PULLUP);// 設定 Button 接腳,並啓用內建的上拉電阻
  pinMode(Buzzer,OUTPUT);       // 設定蜂鳴器接腳為輸出模式
}

void loop() {
  if(digitalRead(Button)==LOW)  // 讀取 Button 接腳的電位是否為 LOW
    { num=++num%3; flag=1; }    // 若是,就代表按下開關,num+1 後取 3 的餘數
  if(flag==1) { play(num); flag=0; }
}

void play(int num) {
int i, T1time, duration;
  T1time=4*60000/speed[num];    // 計算全音符 T1 的時間 (ms)
  for(i=0;;i++) {
    if(pitch[num][i]==9999) return;         // 判斷結尾
    duration=T1time*tempo[num][i];          // 計算節拍時間 (ms)
    tone(Buzzer,pitch[num][i],duration/2); // 演奏一半,聽起來更自然
    delay(duration/2);              // 停頓一半,才不會所有的音都連在一起
  }
}
```

6-3　溫濕度感測器

名稱　DHT11 數位溫濕度感測器 (Digital Humidity & Temperature Sensor)

分類　數位輸入

用途　測量周圍空氣的溫度與濕度

規格　供電電壓：3.3~5.5V

測量範圍：濕度 20-90%，溫度 0~50℃

測量精度：濕度 ±5%，溫度 ±2℃

分辨率：濕度 1%，溫度 1℃

長期穩定性：<±1%/ 年

DHT11 是一款基本且低價的數位溫濕度感測器，非常適合當成嵌入式系統實作的練習，如圖 6-3-1 所示。DHT11 使用電容式濕度感測和熱敏電阻來測量周圍空氣的溫度與濕度，由於它所量測到的溫濕度數據是採用數位編碼的方式輸出，所以我們只需要使用 Arduino 的數位接腳，就可讀取 DHT11 的溫濕度資料，使用起來相當地簡單方便，而唯一的缺點是使用者最快只能每 2 秒獲取一次新的溫濕度數值，雖然速度不快，但仍可滿足溫濕度的應用需求。

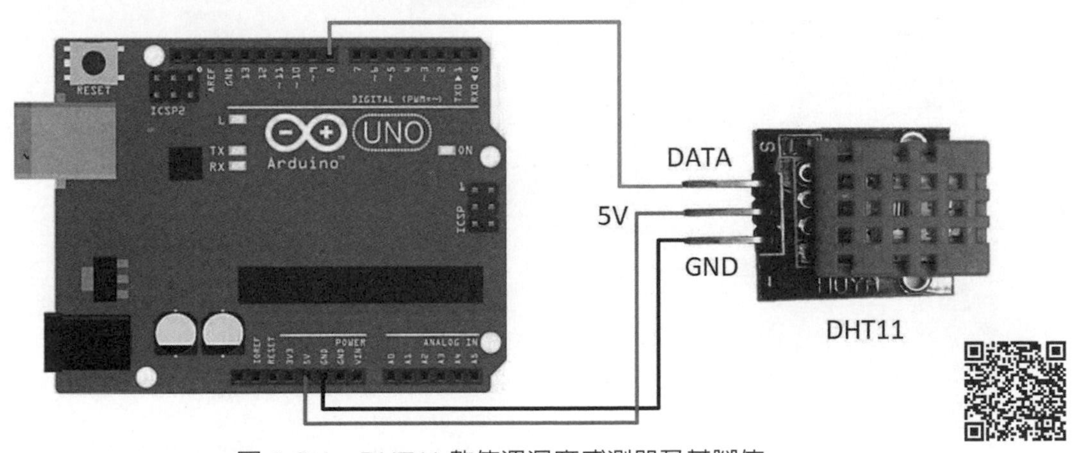

圖 6-3-1　DHT11 數位溫濕度感測器及其腳位

為方便開發者使用以及增加購買意願，通常在網路販售或市場上流通的感測器等 I/O 產品，都會有相關廠商所提供的開源程式庫，可供使用者從網路下載使用。DHT11 的資源在網路上很多，程式庫的選擇也非常多樣，只要在 google 搜尋以下的關鍵字，「DHT11 arduino library」，就可找到非常多的資源，我們直接到 Arduino 官網 https://www.arduino.cc/reference/en/libraries/dht-sensor-library/ 下載程式庫壓縮檔，建議下載早期只針對 DHT 系列的 1.2.3 版就好，檔名為 DHT_sensor_library-1.2.3.zip，這樣就不需要再下載安裝其它的程式庫，下載到 PC 之後，有二種方式可以加到 Arduino IDE 的程式庫中。

1. 第一種方式是使用 Arduino IDE 中匯入程式庫的功能，因為使用者不需要任何的安裝設定，所以這也是我們最推薦的方式。如圖 6-3-2 所示，採用匯入方式只需在 IDE 環境下，下拉選單 [草稿碼] → [匯入程式庫] → [加入 .ZIP 程式庫]，之後出現選擇檔案的視窗，選定要匯入的壓縮檔名後，按下 [開啓] 加入程式庫就完成了。
2. 第二種方式是手動加入的方式，解開壓縮檔後，將整個 DHT-sensor-library-master 資料夾搬移到 Arduino 的 library 路徑下即可。你可以在 [檔案] → [偏好設定] → [草稿碼簿的位置] 中先找到 Arduino 存放草稿碼簿的路徑，而第三方程式庫的存放路徑即在此路徑下的 libraries，例如：草稿碼簿的路徑為 D:\Documents\Arduino，則只要將解壓縮的程式庫資料夾複製到 D:\Documents\Arduino\libraries 路徑下，就可完成手動加入的程序。

(a) 加入前

(b) 加入後

圖 6-3-2　Arduino 匯入第三方程式庫 DHT_sensor_library-1.2.3.zip 的流程

範　例　6.3.1

使用第一種方式匯入 DHT11 的程式庫之後，參考圖 6-3-1 的接線配置，以每 5 秒讀取一次 DHT11 溫濕度的數值，將其顯示在 PC 端的串列埠視窗。

程式碼　6.3.1

```
/*** 範例 6.3.1(DHT11 數位溫濕度感測器) ***/
#include "DHT.h"
#define DHTPIN 8                         // 定義 DHT pin 腳
#define DHTTYPE DHT11                    // 支援類型有 DHT11, DHT22, DHT21
DHT dht(DHTPIN, DHTTYPE);                // 宣告 DHT 物件

void setup() {
  Serial.begin(9600);
  dht.begin( );                          // 初始化 DHT11
}

void loop() {
  float h = dht.readHumidity( );                    // 讀取濕度資料
  float t = dht.readTemperature( );                 // 讀取溫度資料
  Serial.print("Humi.="); Serial.print(h);          // 印出濕度數值
  Serial.print(", Temp.="); Serial.println(t);      // 印出溫度數值
  delay(5000);                                      // 延遲 5 秒
}
```

6-4 超音波距離感測器

名　稱　HC-SR04 超音波距離感測器 (Ultrasonic Sensor)

分　類　數位輸入

用　途　測量前方障礙物的距離

規　格　供電電壓：5V

測量範圍：2 ~ 450cm

測量精度：±3mm

有效角度：< 15 度

超音波距離感測器 HC-SR04 是一個常見的應用模組，因爲可用來測量前方障礙物的距離，所以特別適用在自走車或無人載具的應用，如圖 6-4-1 所示，HC-SR04 有四隻接腳，除 VCC 與 GND 外，Trig 就是發送超音波訊號的接腳，而 Echo 就是接收返回訊號的接腳。HC-SR04 的運作原理簡單描述如下：

1. 發射超音波訊號：首先測距模組會從發送端送出 8 個 40kHz 的方波 (超音波)。
2. 接收超音波訊號：如果前方有障礙物，超音波訊號就會反射回來，若角度沒有超過範圍，則測距模組的接收端就可接收到反射訊號。
3. 計算距離：利用發射與接收之間的時間差値，配合超音波在空氣中傳播速度是固定的條件，就可非常容易地算出障礙物的距離。

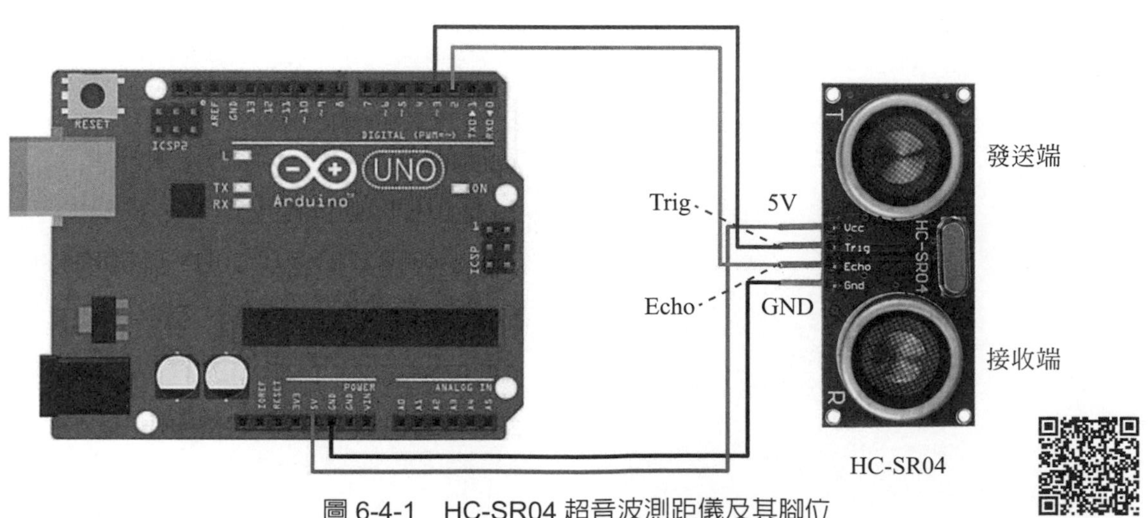

圖 6-4-1　HC-SR04 超音波測距儀及其腳位

由於 HC-SR04 是一個非常成熟與普及的模組，跟章節 5-8 溫濕度感測器一樣，我們可直接到 Arduino 官網 https://www.arduino.cc/reference/en/libraries/hcsr04-ultrasonic-sensor/ 下載程式庫壓縮檔，最新版本為 Release 2.0.2，檔名 HCSR04_ultrasonic_sensor-2.0.2.zip，下載後直接匯入到 Arduino IDE 的程式庫中即可使用。

範 例　6.4.1

參考圖 6-4-1 的接線配置，將 Trig 與 Echo 接腳分別接到 pin 3 與 pin 2，以每 2 秒讀取一次 HC-SR04 的回傳距離，將其顯示在 PC 端的串列埠視窗。

程式碼　6.4.1

```
/*** 範例 6.4.1(HC-SR04 超音波距離感測器) ***/
#include "HCSR04.h"
#define TrigPIN 3                    // 定義發送端 Trig pin 腳
#define EchoPIN 2                    // 定義接收端 Echo pin 腳
HCSR04 myHC(TrigPIN,EchoPIN);        // 宣告 HCSR04 物件

void setup() {
  Serial.begin(9600);
}

void loop() {
  int range = myHC.dist( );          // 讀取距離資料
  Serial.print("Range="); Serial.println(range);       // 印出距離數值
  delay(2000);                       // 延遲 2 秒
}
```

6-5 馬達

名稱 馬達 (Motor)

分類 輸出

用途 驅動其它機械裝置，常用於機器人或無人載具。

馬達 (Motor) 又稱電動機，是一種可以將電能轉換爲機械能，並驅動其他機械的裝置，通常都會以轉動的方式運動。馬達的種類非常多種，各有不同的適用條件，我們只介紹嵌入式系統中比較常見的步進馬達、伺服馬達與直流馬達三種，在詳細介紹每一種馬達之前，表格 6-5-1 整理了這三種馬達的特色及其應用範圍。

表 6-5-1 本書使用的馬達種類

	步進馬達 (型號 28BYJ-48)	伺服馬達 (型號 SG90)	直流馬達
照片			
分類	定位	定位	轉動
價格	低	高	低
接線	簡單	複雜	簡單
迴路	開迴路	閉迴路	N/A
回饋裝置	無	有	無
適用速度	低 / 中速	中 / 高速	低 / 中 / 高速
定位	即走即停，不需定位時間，較適合頻繁短距離的移動。	停止時需額外的定位時間，不適合頻繁短距離的移動。	N/A
響應	響應速度慢，若要達到高速，耗時較久。	響應速度快，可在短時間內達到高速。	響應速度慢
定位精度	與解析度有關，較不精確	精確	N/A
操作溫度	運轉時，溫度上升較高	溫度升高不明顯	溫升不明顯
震動噪音	低轉速時，會有震動及噪音問題	無震動噪音問題，運轉比較平順。	高轉速時會有震動及噪音問題

6-5-1　步進馬達

步進馬達 (Stepper Motor) 是一種常見的定位馬達，顧名思義，其運動方式是一步一步的往前轉動。步進馬達的內部主要是由齒輪狀的定子和轉子所構成，當步進馬達接收到一個脈波 (Pulse) 信號，就會按設定的方向轉動一個固定的角度，此位移角度稱為步進角，也就是步進馬達的解析度，其定義為 1 個脈波的轉動量，一般而言，步進馬達內的齒牙數量愈多，就表示步進角愈小，也代表解析度高可以定位的愈精準。

在應用上，使用者可以透過輸入脈波的數量來控制步進馬達轉動的角度，進而達到準確定位的目的，同時也可以透過調整脈波頻率來控制步進馬達轉動的速度。步進馬達最大的特色是採用開迴路控制，不需要運轉量感測器或編碼器，也不需要位置檢出和速度檢出的回授 (Feedback) 裝置，只要控制好脈波信號就可正確地驅動步進馬達的運轉，達成精確的定位和速度控制。

綜合上述說明，步進馬達的優點有：

(1) 構造簡單，不需要任何感測器等回授裝置，所以成本較低。

(2) 只要輸入脈波信號就可容易的控制轉動角度與速度，穩定性佳。

(3) 不會有角度累積誤差。

步進馬達適用在 (1) 頻繁的起動與停止，如硬碟機、軟碟機中的磁頭定位。(2) 皮帶驅動等低剛性的機構。(3) 負載變動的裝置。本書使用的 28BYJ-48 步進馬達，只要使用 Arduino IDE 內建的程式庫 Stepper Library 就能直接驅動使用，相當方便。當然你也可以下載其它第三方的程式庫，例如 Unistep2，從 Github 下載或是從匯入程式庫裡的程式庫管理員都能安裝使用。

範　例　6.5.1

參考圖 6-5-1 的接線配置，Arduino 在使用型號 28BYJ-48 這顆步進馬達時，需要搭配 ULN2003 驅動板，其作用是用來放大電流增加驅動能力的，否則光靠 Arduino 的 pin 腳輸出是無法驅動步進馬達的，如圖 6-5-1 所示，ULN2003 和 28BYJ-48 之間的連接線是防呆快速接頭，只要插上去就行了，不會接錯。

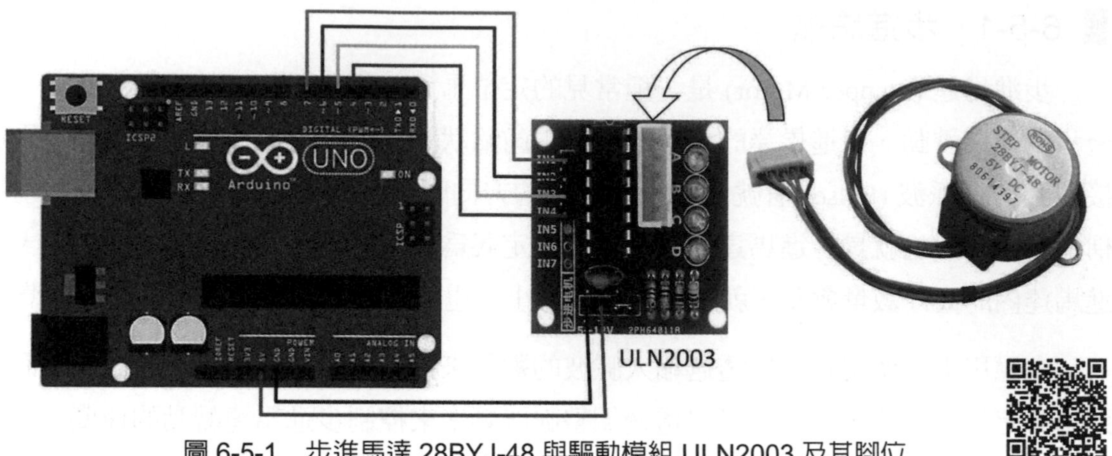

圖 6-5-1　步進馬達 28BYJ-48 與驅動模組 ULN2003 及其腳位

程式碼 6.5.1

```
/*** 範例 6.5.1(28BYJ-48 步進馬達) ***/
#include <Stepper.h>                 // 引用 Arduino 內建的 Stepper 程式庫
#define stepsPerRevolution 2048     // 設定 28BYJ-48 轉一圈的 step 數
Stepper myStepper(stepsPerRevolution, 4, 6, 5, 7);
// 宣告 Stepper 物件，需指定每圈的步數及接線的 pin 腳，
// 特別注意：因為 28BYJ-48 的接線順序與 Stepper 程式庫定義的不同，
// 所以接腳 5,6 的指定順序要對調才能正確動作

void setup() {
  myStepper.setSpeed(5);            // 設定轉動速度 =5(RPM, 每分鐘 5 圈)
}

void loop() {
  myStepper.step(2048);             // 正轉 (順時針)1 圈
  delay(2000);
  myStepper.step(-1024);            // 反轉 (逆時針)0.5 圈
  delay(2000);
}
```

說　明

(1) 要正確的驅動步進馬達需滿足三個條件，(a) 接線正確，(b) 設定正確的每圈步數，(c) 設定合理的轉動速度 RPM。此範例使用的 28BYJ-48 步進馬達，需配合 Stepper 程式庫的定義，接線順序的調整如程式碼 6-7 行的說明。

(2) 根據規格手冊 (Datasheet)，28BYJ-48 的步進角爲 5.625/64，因此轉一圈所需要的步數是 360 / (5.625 / 64) = 4096 步，特別注意，這是二相步進馬達的步數，因爲我們使用的這顆 28BYJ-48 是屬於四相步進馬達，所以還要再除以 2，也就是每圈的步數 stepsPerRevolution = 4096 / 2 = 2048。

(3) 轉動速度 RPM(每分鐘轉圈數) 的設定，1~16 RPM 皆可正常轉動，17 RPM 以上就會開始不正常，不過每個馬達或許各有差異，使用者可自行測試。

6-5-2　伺服馬達

除了步進馬達之外，另一種可精準的控制定位與速度的馬達稱爲伺服馬達(Servomotor)，伺服馬達的特性是響應快，可以即時的加減速、正逆轉，輸出功率大而且效率高，適合應用在高度精密的控制系統。同樣都是馬達，步進馬達和伺服馬達有何不同？簡單來說，最大的差異在於伺服馬達有訊號回饋的機制，而步進馬達沒有，伺服馬達使用訊號回饋的來達成精確的控制，而步進馬達只是使用簡單的脈波控制。伺服馬達回饋的機制主要由感測器及控制器所組成，感測器會感測目前馬達旋轉的位置、轉速、狀態等，並將資訊回饋至控制器中，控制器再根據設定轉換成對應的控制信號，精確的控制馬達作動。

由於伺服馬達可以準確的控制旋轉角度並保持定位，常使用在較高階的玩具，如遙控飛機、船艦模型、遙控機器人、機器手臂等，所以也有人將伺服馬達稱爲「舵機」。伺服馬達可分成標準型和連續旋轉型，標準型伺服馬達能定位的角度介於 0 到 180 度之間，不同廠牌型號會有不同的範圍，但是都無法連續旋轉；相較之下，連續旋轉型的伺服馬達則沒有旋轉角度的限制，二者特色不同，應用也不相同。

本書所使用的 SG90 即爲標準型伺服馬達，規格特性如圖 6-5-2 所示，可旋轉角度介於 0 到 180 度之間，其定位的方式是採用 PWM 的輸入訊號來達到旋轉角度的控制，由於 Arduino 預設伺服馬達的支援，所以這部份的程式碼不需使用者自行撰寫，只要使用 Arduino IDE 內建的程式庫 Servo Library，就能直接驅動使用。

重量：9g
尺寸：23×12.2×29mm
電壓：4.8 ~ 6V
角度：0 ~ 180度
轉矩：1.4kg-cm (4.8V)
轉速：0.12秒 / 60度 (4.8V)
脈波週期：20ms
脈波寬度：1ms(0°) ~ 2ms(180°)

圖 6-5-2　伺服馬達 SG90 及其規格

範 例 6.5.2

參考圖 6-5-3 的接線配置，SG90 有 3 條線，分別是訊號 (橘)、VCC(紅)、GND(棕)，順序是固定的，把訊號線接到 pin 8，VCC 接到 5V，GND 接到 GND，使用者可能會覺得奇怪，pin 8 不是 PWM 腳位，是不是接錯了？這裡要特別說明，雖然 SG90 伺服馬達是透過 PWM 來達成定位的控制，但不表示一定要使用有 PWM 的腳位，因為 Arduino 的 Servo 程式庫是使用一般腳位來模擬 PWM 的訊號，所以只要是數位接腳都可以。

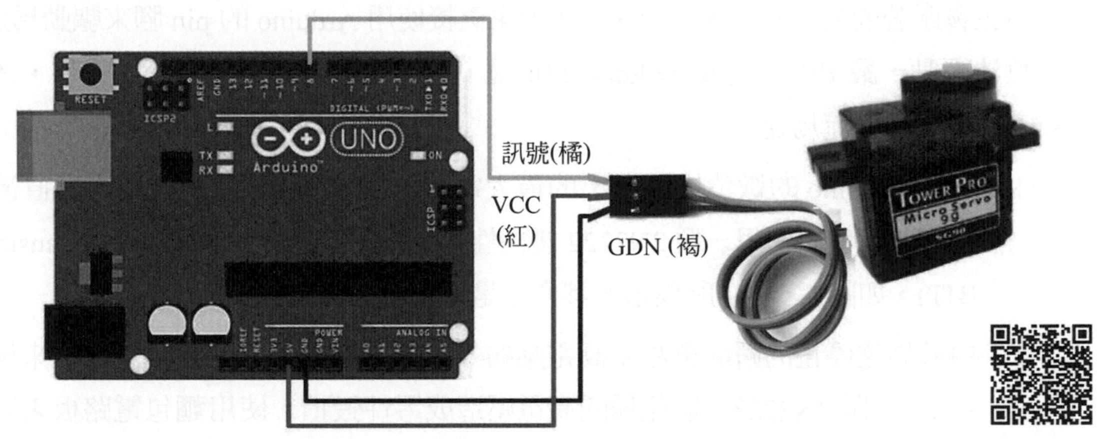

圖 6-5-3　伺服馬達 SG90 及其腳位接線

程式碼 6.5.2

```
/*** 範例 6.5.2(SG90 伺服馬達 ) ***/
#include <Servo.h>        // 引用 Arduino 內建的 Servo 程式庫
Servo myServo;            // 宣告 Servo 物件

void setup() {
  myServo.attach(8);  // 設定伺服馬達的訊號接腳為 pin8
}

void loop() {
  myServo.write(0);     // 旋轉到 0 度，歸零
  delay(1000);
  myServo.write(90);   // 旋轉到 90 度
  delay(1000);
  myServo.write(180); // 旋轉到 180 度
  delay(1000);
}
```

6-5-3 直流馬達

以上介紹的步進馬達與伺服馬達的主要應用是精確的定位控制，可是在嵌入式系統中，還有另外一類的馬達是單純的用來提供轉動的動能，例如輪型機器人的車輪馬達、四軸飛行器的馬達、冷卻系統的風扇等，這一類的馬達就不需要精確定位的功能，但需要轉動速度的控制，這就是直流馬達的主要用途。

本書使用的直流馬達如圖 6-5-4 所示，是一顆小型 6V 的直流馬達，直流馬達通常有兩個接點，直接連線到電池的正負極，馬達就會開始旋轉，如果交換極性，旋轉的方向也會跟著變成反向，要特別注意，如果直接使用 Arduino 的 pin 腳來驅動馬達，輕則無法驅動，嚴重則會造成 Arduino 的損壞，所以我們需要搭配以下的元件，才能正確安全的驅動直流馬達。

(1) 因為 Arduino 的數位接腳輸出的最大電流約為 40mA，無法直接驅動直流馬達，所以我們使用一顆 2N2222 雙極性接面電晶體 (Bipolar Junction Transistor, BJT)，如圖 6-5-4 中所標示，其作用是將小電流放大以驅動直流馬達。

(2) 由於馬達停止的瞬間會產生高電壓的效應，所以我們使用一顆二極體來保護 Arduino 跟 2N2222，以免瞬間高電壓造成零件毀損。使用麵包電路板來實做直流馬達的驅動，完整的接線圖如圖 6-5-5 所示，使用者需要小心謹慎的接線，才能正確地驅動。

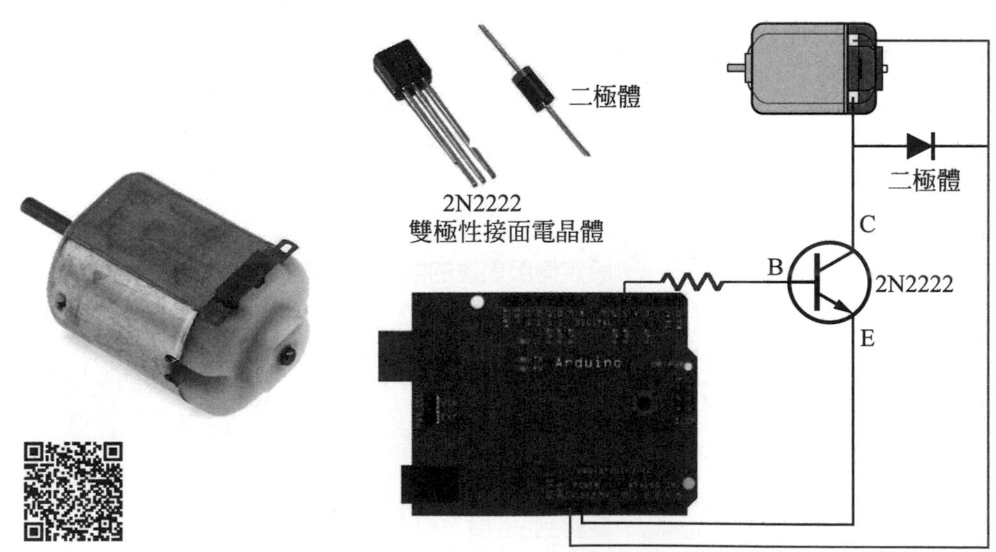

圖 6-5-4 直流馬達及其搭配元件，以及接線電路圖

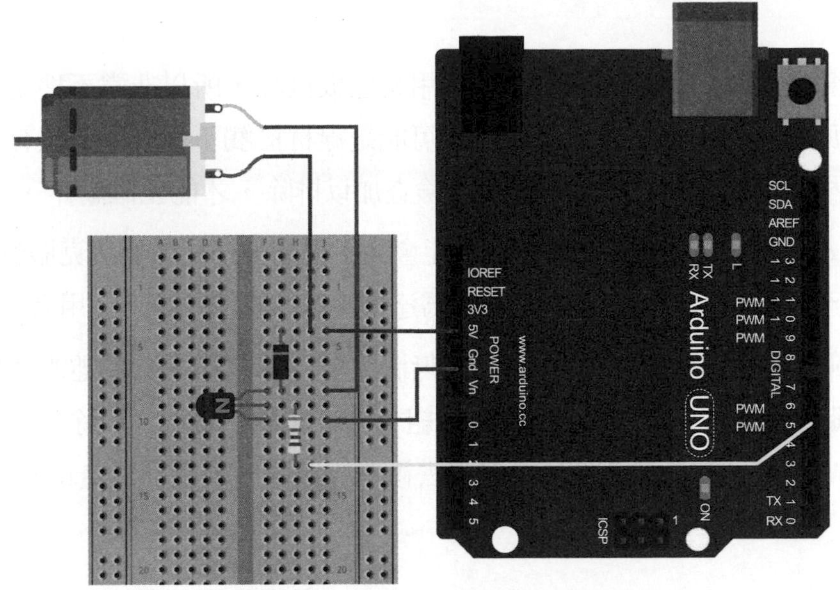

圖 6-5-5　直流馬達接線完成圖

範　例　6.5.3

使用 PWM 接腳 pin 5 來控制直流馬達的轉速，以 duty cycle 間隔爲 50 的方式逐漸加快，然後再逐漸減慢，每種速度皆持續 2 秒鐘，如此循環執行。

程式碼　6.5.3

```
/*** 範例 6.5.3(直流馬達) ***/
#define motorPin 5                       //設定直流馬達的訊號接腳為 pin5
int duty;                                //duty cycle 0-255
void setup() {
  Serial.begin(9600);
  pinMode(motorPin, OUTPUT);
}

void loop() {
  for(duty=50;duty<=150;duty+=50)  { //漸快，間隔 2 秒
    Serial.println(duty);
    analogWrite(motorPin, duty);
    delay(2000);
  }

  for(duty=200;duty>=100;duty-=50)  {//漸慢，間隔 2 秒
    Serial.println(duty);
    analogWrite(motorPin, duty);
    delay(2000);
  }
}
```

說 明

(1) 因為此範例電路複雜，再加上使用麵包板接線，所以非常不穩定，不會動作的原因，有可能是電路接錯，也可能是線材接觸不良，或是沒有確實插入麵包板，原因非常多樣，需要小心檢查加以排除，才能正確動作。

(2) 當 duty cycle 低於 50 的時候，可能會發生驅動力不足，無法克服轉動摩擦力，以至於馬達無法轉動，不過每顆馬達特性條件皆不相同，使用者可自行測試。

(3) 此範例只能往同一個方向轉動，無法改變旋轉方向，有興趣的使用者可自行加購 L298N 馬達驅動模組，此模組可同時驅動二顆馬達，除了可控制旋轉方向，也可調整轉動速度，更可省去複雜的接線，是發展自走車的好選擇。

6-6 習題

[6-1] 使用 4x4 薄膜鍵盤加上無源蜂鳴器來模擬鋼琴，參考表 6-2-2，數字 1~7 分別對應到 C4~B4，0 對應到 B3，而 8~D 則對應到 C5~A5。

[6-2] 使用溫濕度感測器搭配一顆有源蜂鳴器，在 PC 端按任一按鍵後即開始 / 重新量測，30 秒內若溫差超過攝氏 0.5 度就會響起急促的警示聲，直到按下任一鍵。

[6-3] 使用超音波測距感測器搭配一顆有源蜂鳴器完成倒車雷達的製作，動作要求如下：

(1) 測得的距離要顯示在 PC 的視窗。

(2) 距離超過 60 公分以上，不會有警示聲，60 公分內會響起一般緩慢的警示聲，而 30 公分內則響起急促的警示聲。

[6-4] 使用超音波測距感測器搭配一顆步進馬達完成自動閘門的製作，動作要求如下：

(1) 測得的距離要顯示在 PC 的視窗。

(2) 距離在 20 公分以內會自動升起閘門，超過 20 公分即會放下閘門。

[6-5] 使用超音波測距感測器搭配一顆伺服馬達完成自動閘門的製作，動作要求如下：

(1) 測得的距離要顯示在 PC 的視窗。

(2) 距離在 20 公分以內會自動升起閘門，超過 20 公分即會放下閘門。

[6-6] 使用超音波測距感測器搭配一顆直流馬達完成轉速自動調整的控制，動作要求如下：

(1) 測得的距離要顯示在 PC 的視窗。

(2) 距離在超過 20 公分以上，馬達即停止轉動，在 20 公分以內，則開始轉動。

PART 2

進階篇

Chapter 7
中斷

7-1 I/O 事件的處理

一般而言，處理器在執行程式時，如果需要與 I/O 或其他周邊設備進行溝通，通常有二種方法可以使用，分別為輪詢 (Polling) 與中斷 (Interrupt)。這二種方法各有其優缺點，依據應用程式的特性可適用在不同的狀況需求，詳細說明如下。

7-1-1 輪詢 (Polling)

如果採用輪詢的方式，這時候處理器是屬於一個主動的角色，需要不斷地去詢問 I/O 設備有沒有資料要傳送接收或是動作是否結束了，如果有的話就執行相對應的程式以完成 I/O 後續的服務或動作，反之則繼續執行現在的程式。舉例而言，如果在寒流來襲時你想泡一個舒服的熱水澡，你必須先把熱水注滿浴缸，在這段等待的時間看似可以好好的利用，打一場遊戲或寫一段程式，可是往往你會不斷的進出浴室，只為了看看水滿了沒有，這就是所謂的輪詢法，這種方式會讓你也沒辦法專心地去完成其他的事情，效率不是很好。輪詢方法的優點是簡單容易實做，缺點是處理器的時間與效能會浪費在中間過多的查詢動作。

如圖 7-1-1 的示意圖所示，輪詢方法可大致分成 4 個步驟：

(1) 處理器會不斷的詢問 (正確的說法應該是檢查) I/O 的狀態，可以是連續不斷也可以是間隔一段時間的檢查，直到 I/O 已完成工作或是滿足某特定的條件。如範例 7.1.1 中 loop 的第 9 行。

(2) 一旦 I/O 的狀態或條件符合，CPU 就會立刻暫停現在正在執行的程式或工作，優先執行預先寫好的處理程式。

(3) 執行對應的處理程式，一般而言，沒有固定的格式，可以是程式片段，也可以是副程式，以完成 I/O 事件的服務。

(4) 返回並且繼續執行原來的程式或工作。

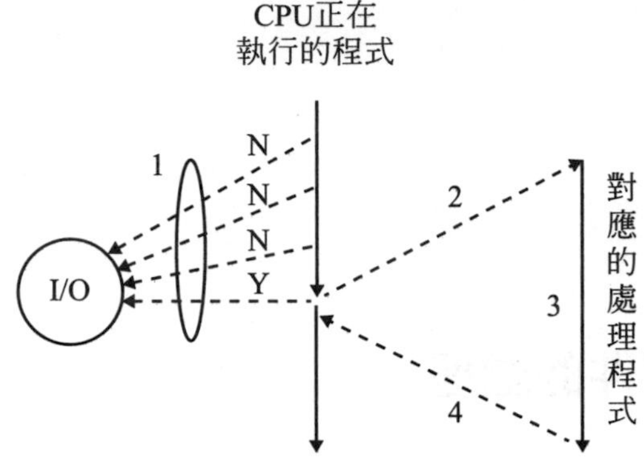

圖 7-1-1　輪詢 (polling) 機制的示意圖

範　例　7.1.1

```
/*** 範例 7.1.1( 輪詢 ) ***/
void setup() {
  pinMode(2,INPUT_PULLUP);     // 設定接腳 2 為 INPUT，並啓用內建的上拉電阻
  pinMode(13,OUTPUT);          // 設定板載 LED 為輸出模式
  digitalWrite(13,LOW);        // 初始 LED 為不亮的狀態
}

void loop() {
  if(digitalRead(2)==LOW) {    // 輪詢，讀取 Button 接腳的電位是否為 LOW
    digitalWrite(13,!digitalRead(13));  // 若是，反轉板載 LED 的狀態
    delay(200);                // 避免連續讀取
  }
}
```

7-1-2　中斷 (Interrupt)

不同於輪詢的方式，在中斷的模式下，處理器是屬於一個被動的角色，不需理會 I/O 的工作是否完成或狀態是否改變，只需要專心的執行現在的程式，等到 I/O 完成工作或是滿足某特定的條件，透過中斷的機制，就會通知處理器，這時候處理器就會暫停現在正在執行的程式，然後根據中斷的來源執行相對應的中斷服務程式 (Interrupt Service Routine, ISR)，以完成 I/O 後續的服務或工作，直到中斷服務程式執行結束，才會返回暫停的程式繼續執行。

例如：一個優閒的午後你好不容易可以輕鬆的玩一場遊戲，打得正火熱的時候電話突然響起，你只能暫停遊戲先去接個電話，等到講完電話再回來繼續未完的遊戲，過了一會兒又是郵差按鈴送掛號信，雖然很不高興，但還是要暫停遊戲先拿印章，等收完了信才能再繼續打怪。與輪詢的機制比較起來，電話的響起跟郵差的按鈴就像是中斷的發生，你不必時時刻刻去檢查有沒有來電或按鈴，而是有來電或按鈴的時候你就會被迫中斷手邊的工作，等回完電話或是收完了信 (相當於執行完中斷服務程式)，再回來繼續未完的工作。中斷方法的優點是效率較高，處理器的時間與效能可以用在程式的有效執行，而不會浪費在無意義的查詢動作，但缺點是較難實做，而且需要硬體的支援。

如圖 7-1-2 的示意圖所示，中斷方法也是分成 4 個步驟：

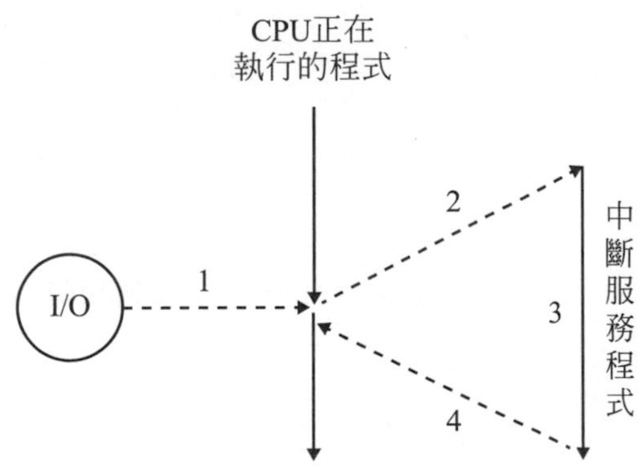

圖 7-1-2　中斷 (interrupt) 機制的流程

(1) I/O 已完成工作或是滿足某特定的條件就會引發中斷，通知處理器有中斷事件的發生，這時候處理器是處於被動告知的角色。如範例 7.1.2 中第 6 行的宣告，只要 pin 2 接腳出現下拉 FALLING 的訊號，就會引發中斷，執行使用者定義的函式 my_ISR。

(2) 處理器在收到中斷訊號後，會先暫停現在正在執行的程式或工作，根據中斷的來源查詢中斷向量表，執行預設的中斷服務程式。

(3) 執行對應的中斷服務程式，以完成 I/O 事件的服務。如範例 7.1.2 中的 my_ISR。

(4) 返回並且繼續執行原來的程式或工作。

範 例 7.1.2

```
1  /*** 範例 7.1.2 ( 中斷 ) ***/
2  void setup() {
3    pinMode(2,INPUT_PULLUP);      // 設定接腳 2 為 INPUT，並啟用內建的上拉電阻
4    pinMode(13,OUTPUT);           // 設定板載 LED 為輸出模式
5    digitalWrite(13,LOW);         // 初始 LED 為不亮的狀態
6    attachInterrupt(digitalPinToInterrupt(2),my_ISR,FALLING);   // 中斷設置
7  }
8
9  void loop() {
10   //You can do anything.
11 }
12
13 void my_ISR() {
14   digitalWrite(13,!digitalRead(13));   // 反轉板載 Led 的狀態
15 }
```

7-2 Arduino UNO 的中斷

Arduino UNO 開發板 (ATmega328P) 中，總共有 26 個中斷，範圍涵蓋下列功能：

(1) I/O 接腳訊號變化的偵測

(2) 看門狗定時器 (watchdog timer)

(3) 一般定時器的中斷

(4) SPI (Serial Peripheral Interface) 串列週邊介面資料傳輸

(5) I2C(Inter IC) IC 間資料傳輸

(6) USART(Universal Synchronous Asynchronous Receiver Transmitter) 通用同步 / 非同步收發傳輸器資料傳輸

(7) ADC (Analog-to-Digital Converter) 類比數位訊號轉換

(8) EEPROM 記憶體存取

(9) Flash 記憶體存取

表 7-2-1 列出了所有中斷的名稱及其細部的功能描述，其中要特別注意第三個欄位中的中斷服務程序名稱，我們特別使用灰底標示，此名稱是系統內定用來呼叫該中斷專用的，使用者可以將自己所寫的中斷服務程式碼，放入 ISR (中斷服務程序名稱) 的函式中，例如：

```
ISR(INT0_vect)
{
    // 使用者自己寫的中斷處理程式
}
```

如此一來，只要系統在運作的過程中發生了 INT0 的中斷，就會自動呼叫並執行使用者自己寫的中斷服務程序，使用起來非常簡單方便，但是切記中斷服務程序名稱不可拼錯或寫錯，甚至是大小寫也要一樣，因為編譯的過程並不會檢查這種拼寫的錯誤，只有一字不差的完全相同，系統才會正確的執行使用者自行定義的中斷服務程序。

表 7-2-1　Arduino UNO (ATmega328P) 的中斷

中斷向量編號	程式位址	中斷 中斷服務程序名稱	功能描述
1	0x0000	RESET	Power-on Reset and Watchdog System Reset 電源重置與看門狗系統重置
2	0x0002	INT0 ISR(INT0_vect)	External Interrupt Request 0 (pin D2) 使用在 D2 接腳的外部中斷要求 0
3	0x0004	INT1 ISR(INT1_vect)	External Interrupt Request 1 (pin D3) 使用在 D3 接腳的外部中斷要求 1
4	0x0006	PCINT0 ISR(PCINT0_vect)	Pin Change Interrupt Request 0 (pins D8 to D13) 接腳 D8 到 D13 的電壓準位改變中斷要求 0
5	0x0008	PCINT1 ISR(PCINT1_vect)	Pin Change Interrupt Request 1 (pins A0 to A5) 接腳 A0 到 A5 的電壓準位改變中斷要求 1
6	0x000A	PCINT2 ISR(PCINT2_vect)	Pin Change Interrupt Request 2 (pins D0 to D7) 接腳 D0 到 D7 的電壓準位改變中斷要求 2
7	0x000C	WDT ISR(WDT_vect)	Watchdog Time-out Interrupt 看門狗 timeout 中斷
8	0x000E	TIMER2 COMPA ISR(TIMER2_COMPA_vect)	Timer/Counter2 Compare Match A Timer2 定時器的比較相符中斷 A
9	0x0010	TIMER2 COMPB ISR(TIMER2_COMPB_vect)	Timer/Counter2 Compare Match B Timer2 定時器的比較相符中斷 B
10	0x0012	TIMER2 OVF ISR(TIMER2_OVF_vect)	Timer/Counter2 Overflow Timer2 定時器的溢位中斷
11	0x0014	TIMER1 CAPT ISR(TIMER1_CAPT_vect)	Timer/Counter1 Capture Event Timer1 定時器的輸入比較相符中斷
12	0x0016	TIMER1 COMPA ISR(TIMER1_COMPA_vect)	Timer/Counter1 Compare Match A Timer1 定時器的比較相符中斷 A
13	0x0018	TIMER1 COMPB ISR(TIMER1_COMPB_vect)	Timer/Counter1 Compare Match B Timer1 定時器的比較相符中斷 B
14	0x001A	TIMER1 OVF ISR(TIMER1_OVF_vect)	Timer/Counter1 Overflow Timer1 定時器的溢位中斷

表 7-2-1　Arduino UNO (ATmega328P) 的中斷 (續)

中斷向量編號	程式位址	中斷 中斷服務程序名稱	功能描述
15	0x001C	TIMER0 COMPA ISR(TIMER0_COMPA_vect)	Timer/Counter0 Compare Match A Timer0 定時器的比較相符中斷 A
16	0x001E	TIMER0 COMPB ISR(TIMER0_COMPB_vect)	Timer/Counter0 Compare Match B Timer0 定時器的比較相符中斷 B
17	0x0020	TIMER0 OVF ISR(TIMER0_OVF_vect)	Timer/Counter0 Overflow Timer0 定時器的溢位中斷
18	0x0022	SPI STC ISR(SPI_STC_vect)	SPI Serial Transfer Complete SPI 資料傳輸完成中斷
19	0x0024	USART RX ISR(USART_RX_vect)	USART Rx Complete USART 接收資料完成中斷
20	0x0026	USART UDRE ISR(USART_UDRE_vect)	USART Data Register Empty USART 資料暫存器清空中斷
21	0x0028	USART TX ISR(USART_TX_vect)	USART Tx Complete USART 傳送資料完成中斷
22	0x002A	ADC ISR(ADC_vect)	ADC Conversion Complete 類比數位訊號轉換完成中斷
23	0x002C	EE READY ISR(EE_READY_vect)	EEPROM Ready EEPROM 記憶體準備就緒中斷
24	0x002E	ANALOG COMP ISR(ANALOG_COMP_vect)	Analog Comparator 類比比較器中斷
25	0x0030	TWI ISR(TWI_vect)	2-wire Serial Interface (I2C) I2C 串列傳輸介面中斷
26	0x0032	SPM READY ISR(SPM_READY_vect)	Store Program Memory Ready 儲存程式記憶體準備就緒中斷

註：(1) 中斷向量編號同時也代表著優先權 (priority)，編號越小優先權越高。
(2) 中斷服務程序名稱是系統內定用來呼叫該中斷專用的，包含大小寫都要完全一模一樣。

7-2-1 中斷的致能與禁用

當機器開機執行時，系統的預設是所有的中斷都是處於致能 (Enable) 的狀態，也就是每一個中斷都允許發生，而且會依中斷處理程序進行處理，但是中斷機制是否可以被關閉或是禁用呢？答案是肯定的，使用者可以在有需要的情況下，選擇性的禁用 (Disable) 中斷，以 Arduino UNO(ATmega328P) 的 26 個中斷爲例，除了 RESET 以外，其他的中斷都是可以被暫時禁用的。

問題回到最初始的動機，如果中斷是維持系統正常運作的重要機制，爲什麼要禁止中斷的發生呢？舉例而言，如果有一個錢多事少離家近的工作機會，當你跟人事主管在應徵面談的時候，你是不是會做好萬全的準備，第一件事情就是把萬惡的手機關掉，深怕手機在關鍵時刻突然響起而壞了大事。相同的道理，當使用者在撰寫某一段非常關鍵的程式碼時，因爲嚴格的限制必須在固定的時間內完成，所以不希望被其他的中斷干擾，例如定時器的中斷，這時候使用者就可以暫時的禁用所有的中斷，等到關鍵的程式碼執行結束後，再致能中斷的機制。

中斷的禁用有下列二種方式，效果都一樣，切記禁用的時間不能太久，否則系統的部份功能會不正常，尤其是跟定時器 Timer 中斷有關的功能，例如 delay( )、millis( )、micros( ) 這些函式的時間控制就會變得不準確。

```
// 禁用所有的中斷有二種方式
noInterrupts();   // 叫用中斷禁用函式，或
cli();            // 清除中斷旗標 clear interrupts flag
```

使用者在禁用中斷之後，不要忘記了，如果關鍵的程式碼執行結束，就要恢復原來的中斷機制，與禁用的方式互爲對應，致能中斷的方法也有下列二種。

```
// 致能所有的中斷有二種方式
interrupts();   // 叫用中斷致能函式，或
sei();          // 設定中斷旗標 set interrupts flag
```

這裡必須要再強調一次，以上的致能與禁用方法是針對所有的中斷 (除了 RESET)，其真正的作用是對狀態暫存器 (Status Register, SREG) 中的第 7 位元，也就是全域中斷致能位元 (Global Interrupt Enable) 的內容值進行修改，如圖 7-2-1 所示。I = 0 表示所有的中斷都禁止發生，相反的 I = 1 則會致能 / 啓用所有的中斷。實際上，中斷的遮罩機制 (Mask) 有二層，分別是全域遮罩與個別遮罩，狀態暫存器 SREG 中的 I 位元是屬於全域遮罩，(1) 如果全域遮罩位元 I = 0，則不管個別遮罩位元的值爲何，所有的中斷都會禁止發生；(2) 如果全域遮罩位元 I = 1，則只有在個別遮罩位元也爲 1 的情況下，該中斷才能被眞正的致能，要做到個別中斷的致能與禁用，就必須要針對該中斷控制暫存器中遮罩位元的內容值進行修改，因爲每個中斷的控制暫存器皆不相同，所以相關的設定會在往後介紹不同中斷的章節中詳細描述。

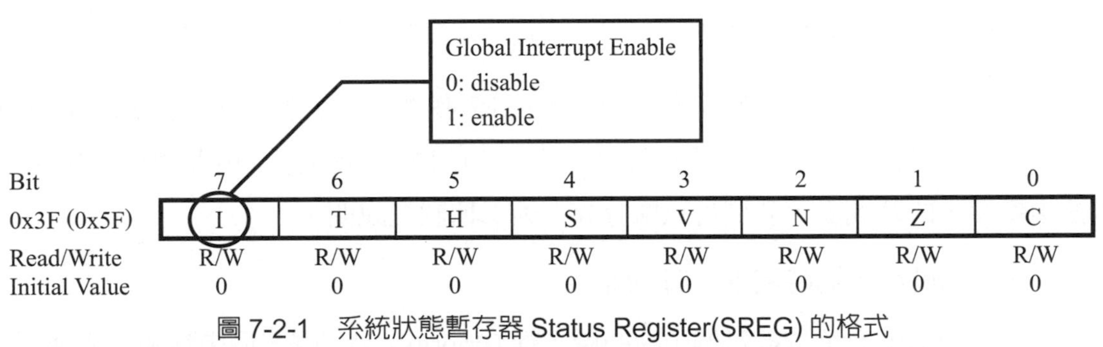

圖 7-2-1　系統狀態暫存器 Status Register(SREG) 的格式

最後我們以 Arduino 內建的時間函式 millis( ) 爲範例 7.2.1 做爲總結，呼叫 millis( ) 會傳回從開機到現在經過的毫秒數，其中第 7 行是最關鍵的敘述，timer0_millis 爲系統在設定 Timer0 定時器的全域變數，儲存從開機到現在經過的毫秒數，在讀取 timer0_millis 然後寫到 m 的過程中，我們爲了避免其他中斷的干擾，或是再一次 Timer0 中斷所造成的資料不一致，所以在第 6 行預先使用了 cli( ) 禁止所有中斷的發生，有趣的是在第 8 行，這裡並不是使用 sei( ) 致能所有的中斷，而是巧妙的還原先前狀態暫存器 SREG 的值，原因是在進入 millis( ) 之前，有可能已經是禁止中斷的狀態，使用 sei( ) 致能反而會造成中斷狀態的混亂，所以還原先前狀態暫存器的值才是比較好的做法。

範 例 7.2.1

```
/*** 範例 7.2.1 ( 中斷的致能與禁用 ) ***/
unsigned long millis()
{
    unsigned long m;
    uint8_t oldSREG=SREG; // 將狀態暫存器的內容值存到 oldSREG
    cli();                // 禁止所有的中斷
    m=timer0_millis;      // 讀取記憶體的全域變數 timer0_millis 並寫到變數 m
    SREG=oldSREG;         // 還原先前的狀態暫存器 ( 不一定會恢復中斷 )
    return m;             // 傳回開機執行程式到現在所經過的毫秒數
}
```

7-2-2 中斷的優先權

如前所述，既然中斷有無法預測何時發生的特性，所以 Arduino UNO (ATmega328P) 的 26 個中斷除了 RESET 以外，有可能會發生多個中斷衝突的機會，根據中斷發生的時間點，我們可以區分成下列二種狀況說明：

1. 在相同的時間點同時發生多個中斷

此時處理器就必須依據每個中斷的優先權 (Priority) 決定哪一個中斷要優先執行，簡單來說，優先權就相當於重要性，優先權越高就表示越重要，所以要優先處理。表 7-2-1 中，第一個欄位中斷向量編號就代表著優先權，編號愈小就表示優先權愈高，例如：INT0 與 INT1 同時發生時，處理器會先執行 INT0 的中斷，然後再執行 INT1 的中斷。

2. 已經在執行中斷，還沒結束又發生另一個中斷

基本上 Arduino 在發生中斷之後，會自動的將狀態暫存器 SREG 中的 I 位元 (圖 7-2-1) 清空爲 0，禁止所有中斷的發生，直到執行 RETI 指令從中斷返回才會自動的將 I 位元重設爲 1，致能所有的中斷，所以 Arduino 在處理中斷時所採取的策略，預設是不可搶奪的 (Non-preemptive)，也就是一旦進入中斷處理程序，就不會允許其他中斷的發生，直到整個中斷執行結束。

正因爲 Arduino 在進入中斷處理程序後，就會自動禁止所有中斷的發生 (使用者從程式碼是看不到的禁用指令的)，所以我們在中斷處理程序中 (包含它的子程序) 都不要使用與中斷有關的函式，例如時間函式 millis( )、micros( )、delay( ) 與串列埠函式 Serial.print( )、Serial.read( )、Serial.write( ) 等，因爲這些函式必須依賴定時器中斷與 USART 中斷才能正常動作，所以在中斷處理程序中，叫用這些函式非但毫無作用，反而會發生異常甚至導致當機。

雖然 Arduino 預設中斷是不可搶奪的，這裡要特別強調「預設」這個原則是可以打破的，如果使用者有需求，還是可以在中斷服務程序內使用 sei( ) 將中斷開啓，如此一來就會形成所謂的巢式 (Nested) 中斷或是中斷的重進入 (Reentrance)，也就是中斷還沒執行結束又進入了另一個中斷。在中斷重進入的狀況下，會不會有中斷衝突的問題，而導致系統的不穩定甚至發生當機？答案當然是有可能的，只是這個責任不在系統，而是需要程式設計者在撰寫程式碼的過程中，充分的驗證與仔細的調校，如此才能確保系統在中斷重進入的狀況下穩定運行。

7-3 中斷服務程序 (ISR)

在 Arduino 的程式中，要撰寫中斷服務程序 (Interrupt Service Routine, ISR) 是一件非常簡單的事。你不需要自己設定中斷向量表，只要使用 ISR(中斷服務程序名稱) 這個巨集指令，就可以將中斷與其中斷服務程序之間的連結自動建立好，例如：

```
ISR(USART_TX_vect)
{
    // 使用者自己寫的中斷處理程式
}
```

這時候只要 USART 傳送資料完成，就會引發 USART_TX 中斷，Arduino 就會執行這段使用者自行撰寫的程式碼。

註：在早期 AVR 的程式碼是使用 SIGNAL( ) 巨集指令來定義中斷服務程序，基本上 SIGNAL( ) 和 ISR( ) 的用法完全相同，但還是建議使用者儘可能的使用 ISR( ) 巨集指令，因為 ISR 就是中斷服務程序的縮寫，使用起來會比較自然，更貼近原意。

7-3-1 ISR 的額外負擔 (Overhead)

分析 ISR 中斷處理程序，除了執行主要的中斷程式碼之外，其實還有三個系統隱藏的步驟，這是使用者看不到，但是確實存在的額外負擔 / 支出 (Overhead)，分別說明如下：

(1) 從產生中斷到進入 ISR 需要 7 個時脈週期 (Clock) 的時間。

(2) 在進入 ISR( ) 之後會立即執行暫存器的備份動作，這會花費 16 個 clocks 左右的時間。

(3) 最後離開 ISR( ) 之前會回存 (Restore) 暫存器的內容值，並執行 RETI 返回的指令，此步驟大約需要 19 個 clocks。

以上三個步驟的時間總共需要花費 42 個 clock，對 16MHz 的 UNO 而言，大約等於 $42 \times 0.0625\mu s = 2.625\mu s$，這表示即使中斷處理程序內不做任何事情，是一個空白的 ISR，也要花費 2.625 微秒執行這三個隱藏的額外步驟，當然這些時間對使用者而言是純粹的時間花費，CPU 是無法執行其它有用的指令，這裡再次強調，以上三個步驟的時間並不是絕對精確的，只是大約的估算。

7-3-2　ISR 的撰寫

有別於一般副程式的撰寫，因為中斷的處理是屬於例外的狀況，會暫停一般程式碼的執行，優先執行中斷服務程序，所以 ISR 中斷程序可說是系統中非常關鍵且重要的程式碼，在撰寫時要掌握下列幾個重點：

(1) ISR 程式碼要越短越好，以免中斷時間過長產生非預期的錯誤。

(2) 在 ISR 中不要嘗試去啟用 / 關閉中斷，除非你很有把握不會造成錯誤。

(3) 切記 ISR 無法使用參數傳遞也不會有傳回值。

(4) 因為 ISR 無法使用參數傳遞，所以與一般函式之間，必須共用相同的全域變數才能達成資料的傳遞，如果 ISR 執行期間會改變共用全域變數的值，那這些共用的全域變數一定要使用 volatile 修飾子宣告，以避免資料一致性 (Data Consistency) 的問題，也就是編譯器最佳化所造成資料不一致的狀況。

(5) 是否可以使用 millis( )、micros( )、delay( )？
答案是不可使用，其實比較精確的說法應該是可以使用，但是無法正確的執行，因為在進入 ISR 之後，所有的中斷都會被禁止 (預設)，這對必須依賴定時器 timer 中斷才能正常動作的 millis( ) 與 micros( ) 而言，自然無法使用，即使 micros( ) 最初可正常動作，但在 1~2 ms 之後也會開始出現異常，所以改用 micros( ) 撰寫而成的新版 delay( ) 函式，也會跟著無法使用，總結這三個時間函式，都無法在 ISR 中斷程式中正常使用，請參考範例 7.3.1。

(6) 是否可以使用 delayMicroseconds( )？
答案是可以，因為 delayMicroseconds( ) 是單純的使用迴圈來計時，與 timer 中斷完全無關，所以確定可以使用，只不過延遲時間要控制在 3μs 到 16383μs 之間。

(7) 是否可以使用串列埠函式 Serial.print( ) 或 Serial.println( )？
答案是可以有限制的使用，因為 ISR 中所有的中斷都會被禁止，所以 Serial.print( ) 會延遲到 ISR 結束後才會眞正的執行串列埠輸出，由於 Serial.print( ) 是一個複雜且耗時較久的函式，只要中斷請求的間隔時間夠長，例如 1 秒才發生一次中斷，則使用 Serial.print( ) 並不會有問題，但是如果中斷間隔時間太短，例如 1ms 一次，則 Serial.print( ) 的使用就會導致程式執行異常，甚至當機，請參考範例 7.3.1。

範　例　7.3.1

```
1  /*** 範例 7.3.1(ISR 的撰寫 ) ***/
2  void setup() {
3    Serial.begin(9600);          // 設定串列埠傳輸速率為 9600 bps
4    pinMode(2,INPUT_PULLUP);     // 設定按鈕開關接腳 2 為 INPUT_PULLUP
5    attachInterrupt(digitalPinToInterrupt(2),my_ISR,FALLING);  // 中斷設置
6  }
7
8  void loop() {
9    //You can do anything.
10 }
11
12 void my_ISR() {
13   Serial.println(millis());    // 印出 53321
14   Serial.println(micros());    // 印出 53322544
15   delay(200);                  // 不會有延遲 200ms 的效果
16   Serial.println(millis());    // 印出 53321，不變
17   Serial.println(micros());    // 印出 53323388，只差距 844us
18   Serial.println("-------------");
19 }
```

討　論

(1) 觀察程式碼第 13 行與第 16 行，在經過 delay(200) 之後，millis( ) 函式的傳回值仍然維持不變，皆為 53321，可印證 (a) millis( ) 在 ISR 中，其傳回值是不會改變的。(b) delay( ) 在中斷 ISR 中完全沒有延遲的效果。

(2) 再觀察程式碼第 14 行與第 17 行，在經過 delay(200) 之後，micros( ) 函式的傳回值會有改變，從 53322544 增加到 53323388，這點至少比 millis( ) 來得好，可是這差距僅有 844μs = 0.8ms 左右，也沒達到 delay(200) 的延遲效果，所以仍不算正確的執行成功。

7-4　INT 外部中斷

參考表 7-2-1，除了 RESET 中斷之外，優先權最高的當屬外部中斷 (External interrupt)，也就是 INT0 與 INT1，這代表著外部中斷擁有比其他中斷更重要必須要更快處理的特性，一般而言，微控器都有特定的接腳可觸發特定的外部中斷，由於不同的開發板所使用的微控器都不盡相同，所以每一塊 Arduino 開發板所提供的外部中斷的數量及對應的接腳都各有差異，整理如表 7-4-1 所示，特別注意在高階的開發板幾乎是所有的數位接腳，都可觸發外部中斷。

表 7-4-1　Arduino 開發板的外部中斷及其對應的接腳

微控器	微控器	INT0	INT1	INT2	INT3	INT4	INT5
Uno/Nano/Mini	ATmega328P	D2	D3				
Leonardo/Micro	ATmega32U4	D3	D2	D0	D1	D7	
Mega/Mega2560/ MegaADK	ATmega2560	D2	D3	D21	D20	D19	D18
Zero	ATSAMD21G18	所有的數位接腳，D4 除外					
Due	AT91SAM3X8E	所有的數位接腳					

接著我們會以下列的範例來說明外部中斷的應用：

範　例

試利用 UNO 開發板上內建的 LED 燈，再加上一個外接的按鈕開關，如圖 5-3-2 接在 D2 的接腳上，只要按鈕一被按下，就會反轉 LED 燈現在的狀態，同時會將計數值 +1，並且顯示在 PC 端的串列埠視窗，如果 LED 現在是點亮的狀態，按下按鈕後，則會關掉 LED；反之，如果 LED 現在是關閉狀態，則按下按鈕後 LED 就會點亮。

7-4-1 Polling 版本

在還沒學習到中斷的概念之前，實現此範例最簡單的方法就是輪詢法，如範例 7.4.1 的程式碼，我們利用 loop 主迴圈不斷地去檢查 D2 接腳的電壓準位，由於我們是使用 INPUT_PULLUP 的模式宣告，所以按鈕沒有被按下的時候，D2 接腳的電壓狀態會維持在 HIGH，一旦按下按鈕，D2 接腳的電壓就會被拉降到 LOW。

範 例 **7.4.1**

```
1  /*** 範例 7.4.1(Polling 版本 ) ***/
2  #define LedPin    13                  //Uno 開發板上內建 LED 的接腳固定為 D13
3  #define ButtonPin 2                   // 指定按鈕開關的接腳為 D2
4  int cnt=0;                            // 宣告計數值變數
5
6  void setup() {
7    Serial.begin(9600);                 // 設定串列埠傳輸速率為 9600 bps
8    pinMode(LedPin,OUTPUT);             // 設定 LED 接腳為 OUTPUT
9    pinMode(ButtonPin,INPUT_PULLUP); // 設定按鈕開關接腳為 INPUT_PULLUP
10   digitalWrite(LedPin,LOW);           // 初始 LED 為熄滅的狀態
11 }
12
13 void loop() {
14   if(digitalRead(ButtonPin)==LOW) { //D2 的電壓為 LOW，代表按鈕被按下
15     digitalWrite(LedPin,!digitalRead(LedPin)); // 反轉 LED 燈現在的狀態
16     cnt++; Serial.println(cnt);       // 計數值 +1，並印出
17     delay(200);                       // 避免連續觸發
18   }
19 }
```

在範例 7.4.1 程式碼中，有一點要特別注意，我們預期快速地按下按鈕再放開，只會造成 LED 燈的狀態反轉一次，但是不要忘記了，CPU 執行程式的速度可是遠遠快於人類的動作，所以按下按鈕再放開的這一瞬間，loop 主函式早已重複執行了許多次，因此會造成連續幾十次甚至上百次 D2 的電壓判斷爲 LOW，發生 LED 狀態快速連續的反轉，爲克服此一缺點，我們在第 17 行加入了一個 200ms 的延遲，也就是 delay(200)，可有效防止 D2 訊號爲 LOW 的時間太長，所造成連續觸發的不正常結果，使用者可自行調整延遲時間，再進行觀察決定一個最適合的值。

7-4-2　使用 attachInterrupt 版本

以上輪詢的版本我們已探討過它的優點是簡單，但是最大的缺點就是 busy waiting 的問題，在等待按鈕事件發生的同時，MCU 並不是沒事做，而是不斷地詢問 (檢查) 有沒有按下按鈕，所以對多工複雜的應用程式而言，輪詢並不是一個有效率的好方法，取而代之的是，被動等待事件通知的中斷機制，才是徹底的解決之道。

爲了讓使用者可以簡單方便的使用中斷，Arduino 的標準函式庫特別提供了 attachInterrupt( ) 函式，其目的就是在特定的數位接腳上，綁定一個使用者自行定義的外部中斷服務程序 (ISR)，只要接腳上的訊號變化符合設定條件就會觸發中斷，進而執行使用者自己撰寫的 ISR，其語法與參數說明如下：(詳細內容可參閱 4-5-3)

語　法　attachInterrupt(digitalPinToInterrupt(pin), ISR, mode) (推薦用法)
attachInterrupt(interrupt number, ISR, mode) (不推薦)

參　數

(1) interrupt number：中斷編號，以 UNO 而言，D2 對應的外部中斷 INT0 其編號爲 0。

(2) pin：欲設置外部中斷的數位接腳編號。(參考表 7-4-1)

(3) ISR：中斷服務程式的名稱。

(4) mode：觸發模式，有 LOW、RISING、FALLING、CHANGE 四種模式。

建議使用 digitalPinToInterrupt(pin) 函式以獲得正確的中斷編號，因爲從表 7-4-1 中，我們可以知道不同型號的開發版其外部中斷與接腳的對應關係皆不相同，所以直接使用中斷編號，除了有可能發生錯誤之外，也會讓程式碼失去可攜性。若輸入的接腳正確，digitalPinToInterrupt (pin) 會根據開發板傳回正確的中斷編號，否則就會傳回 NOT_AN_INTERRUPT (-1)。以本書所使用的 UNO 開發板爲例，正確的接腳編號只有 2，3，所以

```
digitalPinToInterrupt(2);   // 傳回 0
digitalPinToInterrupt(3);   // 傳回 1
```

範例 7.4.2

```
1  /*** 範例 7.4.2(attachInterrupt 版本) ***/
2  #define LedPin    13  //Uno 開發板上內建 LED 的接腳固定為 D13
3  #define ButtonPin 2  // 指定按鈕開關的接腳為 D2
4  volatile int cnt=0;                   // 使用在 ISR 的計數值變數
5  volatile unsigned long now, pre=0;    // 使用在 ISR 的時間變數
6  
7  void setup() {
8    Serial.begin(9600);                 // 設定串列埠傳輸速率為 9600 bps
9    pinMode(LedPin,OUTPUT);             // 設定 LED 接腳為 OUTPUT
10   pinMode(ButtonPin,INPUT_PULLUP);    // 設定按鈕開關接腳為 INPUT_PULLUP
11   digitalWrite(LedPin,LOW);           // 初始 LED 為熄滅的狀態
12   attachInterrupt(digitalPinToInterrupt(ButtonPin),my_ISR,FALLING);
13 }
14 
15 void loop() {
16   //You can do anything.
17 }
18 
19 void my_ISR() {
20   now=millis();                                  // 取得現在的時間
21   if((now-pre)<200) { pre=now; return; }         // 去彈跳的關鍵
22   digitalWrite(LedPin,!digitalRead(LedPin));     // 反轉 LED 燈現在的狀態
23   cnt++; Serial.println(cnt);                    // 計數值 +1，並印出
24   pre=now;
25 }
```

討論

(1) 注意第 4，5 行的變數宣告，因爲要在 ISR 中使用，所以建議宣告成 volatile。

(2) 第 12 行的中斷綁定，因爲設定的觸發模式爲 FALLING，預期只有在按下開關的瞬間才會觸發中斷，放開的時候則不會引發中斷。

(3) 第 21 行的判斷是讓開關正常動作的關鍵，若這次中斷的時間 now 跟上次中斷的時間 pre，差距不超過 200ms，我們就判定是手按開關的彈跳動作 (Bounce)，所以要忽略這次的中斷，這樣就可完全達到去彈跳 (Debounce) 的效果。

(4) 所謂的 Bounce 是指我們在手動按下機械開關時，產生彈跳或抖動的現象，訊號不會直接穩定的從 L → H 或從 H → L，而是在 L 跟 H 之間震盪好幾次。

7-4-3 使用 ISR 版本

除了使用上一節所介紹的 attachInterrupt( ) 函式外，我們也可以使用傳統 ISR 巨集指令的方式，來撰寫外部中斷服務程式，相較之下，attachInterrupt( ) 函式只能使用在 INT0 與 INT1 二個外部中斷，而 ISR 巨集指令可以使用在全部的中斷，用途更為廣泛。

範 例 7.4.3

```
/*** 範例 7.4.3(ISR 版本) ***/
#define LedPin     13   //Uno 開發板上內建 LED 的接腳固定為 D13
#define ButtonPin 2    // 指定按鈕開關的接腳為 D2
volatile int cnt=0;                      // 使用在 ISR 的計數值變數
volatile unsigned long now, pre=0; // 使用在 ISR 的時間變數

void setup() {
  Serial.begin(9600);                    // 設定串列埠傳輸速率為 9600 bps
  pinMode(LedPin,OUTPUT);                // 設定 LED 接腳為 OUTPUT
  pinMode(ButtonPin,INPUT_PULLUP); // 設定按鈕開關接腳為 INPUT_PULLUP
  digitalWrite(LedPin,LOW);         // 初始 LED 為熄滅的狀態
  EIMSK |= _BV(INT0);       // 致能 INT0
  EICRA |= _BV(ISC01);      // 將觸發模式設為 FALLING(ISC01=1,ISC00=0)
  EICRA &= ~_BV(ISC00);
}
```

```
16
17  void loop() {
18    //You can do anything.
19  }
20
21  // INT0 固定呼叫的中斷處理函式
22  ISR(INT0_vect) {
23    now=millis();                                  // 取得現在的時間
24    if((now-pre)<200) { pre=now; return; }         // 去彈跳的關鍵
25    digitalWrite(LedPin,!digitalRead(LedPin));  // 反轉 LED 燈現在的狀態
26    cnt++; Serial.println(cnt);                    // 計數值 +1，並印出
27    pre=now;
28  }
```

討　論

使用 ISR 巨集指令來撰寫中斷程式時，需特別注意使用者要自己處理好中斷狀態位元的設定，才能讓中斷正確的動作：

(1) 先致能對應的外部中斷，參考外部中斷遮罩暫存器 EIMSK，如圖 7-4-1 所示，因為我們要使用 pin 2 的外部中斷 INT0，所以要將 EIMSK 遮罩暫存器中的 INT0 位元設為 1，才能致能 INT0 中斷，此為範例 7.4.3 程式碼中的第 12 行。

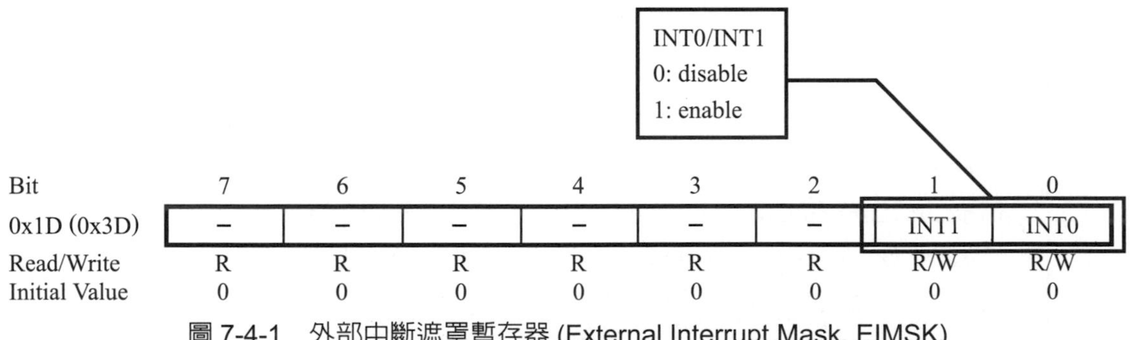

圖 7-4-1　外部中斷遮罩暫存器 (External Interrupt Mask, EIMSK)

(2) 再設定中斷觸發模式，圖 7-4-2 爲外部中斷控制暫存器 (EICRA)，其中位元 0-1 爲 INT0 觸發模式的設定，而位元 2-3 則爲 INT1 的觸發模式，因爲模式位元均爲 2 個位元，所以會有 4 種觸發模式，如圖 7-4-2 中的表格所示，分別對應到 LOW、CHANGE、FALLING、RISING。在範例 7.4.3 中，第 13、14 行將 EICRA 暫存器中的 ISC01 與 ISC00 位元分別設 1 與 0，所以中斷 INT0 的觸發條件爲 FALLING 模式，這是使用 ISR 巨集指令比較麻煩的地方，使用者必須對微控器的中斷有深入的了解與認識，才有辦法將中斷的功能發揮到極致而不出錯，相反的，attachInterrupt( ) 的方式就沒有這種困擾。

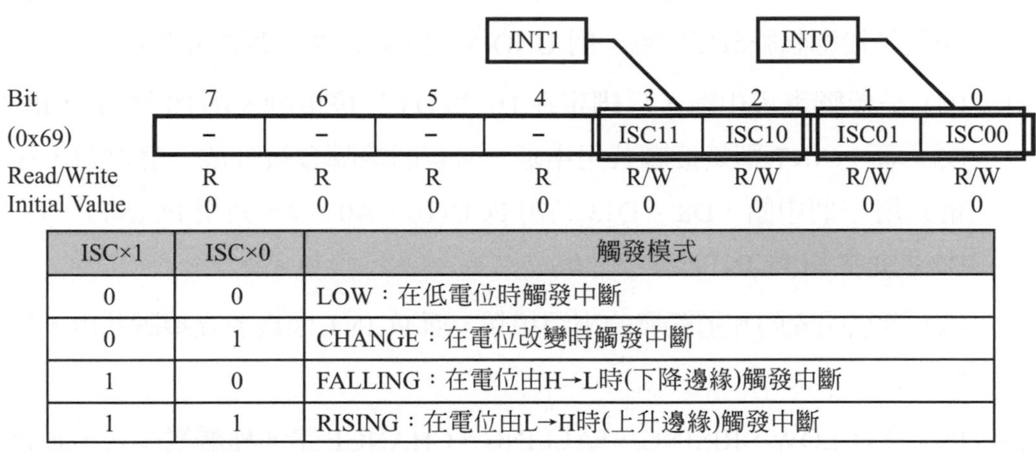

ISC×1	ISC×0	觸發模式
0	0	LOW：在低電位時觸發中斷
0	1	CHANGE：在電位改變時觸發中斷
1	0	FALLING：在電位由H→L時(下降邊緣)觸發中斷
1	1	RISING：在電位由L→H時(上升邊緣)觸發中斷

圖 7-4-2　外部中斷控制暫存器 (External Interrupt Control Register A, EICRA)

_BV(bit) 是在操作 I/O 暫存器時，使用率最高的巨集，專門用來產生位元運算時的遮罩，它在 sfr_defs.h 中定義如下

```
#define  _BV(bit)  (1<<(bit))
```

7-5 PCINT 接腳訊號改變中斷

對 Arduino UNO 而言，除了 D2 與 D3 接腳可綁定 INT0 與 INT1 二個外部中斷外，其它接腳是否具有相同的功能與機制可以使用中斷？答案是肯定的，我們可以使用 PCINT 來達成任一接腳的外部中斷，只是使用上沒 INT 來的直接方便，中斷機制會更複雜一點。

7-5-1 PCINT 與 INT 的差異

從表 7-2-1 的 Arduino 中斷列表中，我們會注意到 INT 和 PCINT 這二類的中斷都跟接腳訊號的改變有關，INT 是接腳外部中斷，而 PCINT 多出來的 PC 是 Pin Change 的意思，也就是接腳訊號改變中斷，對 UNO 來說，這二類中斷的差異如下：

(1) INT 是接腳專用中斷，只綁定在 D2 和 D3 二隻接腳，INT0 是 D2，INT1 是 D3。而 PCINT 則是接腳共用中斷，所有的接腳會被分成三個群組，每一群組共用一個中斷，D8 ~ D13 共用 PCINT0，A0 ~ A5 共用 PCINT1，而 D0 ~ D7 則是共用 PCINT2。

(2) INT 可以明確的知道觸發的來源接腳，而 PCINT 因為多支接腳共用，無法分辨。

(3) INT 具有 LOW、RISING、FALLING、CHANGE 這 4 種觸發模式，而 PCINT 只有 CHANGE 觸發模式。

(4) D2 與 D3 綁定的 INT0 與 INT1 有專用的中斷程序入口，而 PCINT 則是群組內所有的接腳都會跳轉到同一個中斷程序入口。

7-5-2 PCINT 的使用

PCINT 的使用可分成下列三個步驟：

1. 致能 PCINT 群組中斷。
2. 選擇可觸發中斷的接腳。
3. 撰寫對應的中斷服務程式。

1. 致能 PCINT 群組中斷

我們可以藉由 PCICR 暫存器的設定來達到 PCINT 群組中斷的致能或禁用，PCICR 的全名爲 Pin Change Interrupt Control Register 接腳訊號改變中斷控制暫存器，如圖 7-5-1 所示。PCICR 爲一 8 位元暫存器，低位元的三個位元 PCIE2 ~ 0 分別控制三個群組 PCINT2~0 的中斷致能，1 爲致能、0 爲禁用。例如要致能 PCINT2，可用下列程式碼達成：

```
    PCICR |= _BV(PCIE2);
或  sbi(PCICR,PCIE2);      // 必須先 #include <wiring_private.h>
```

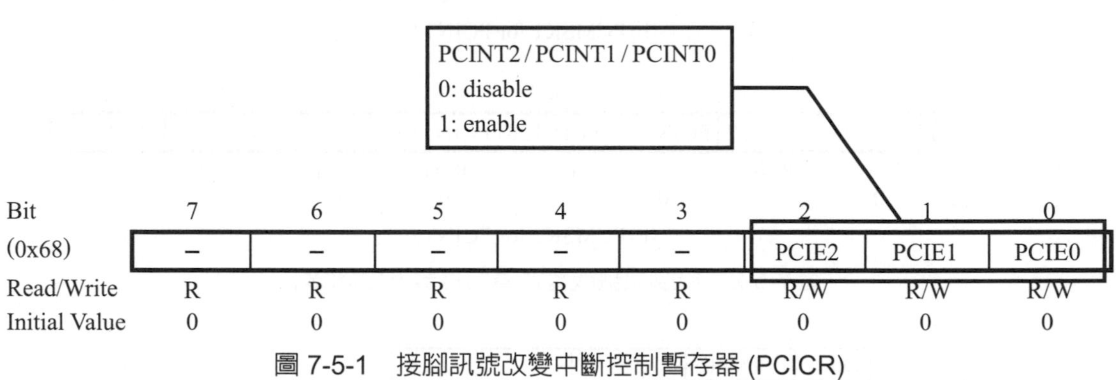

圖 7-5-1　接腳訊號改變中斷控制暫存器 (PCICR)

2. 選擇可觸發中斷的接腳

以上第一個步驟只是致能對應的群組中斷 PCINT，但是在群組中，我們還要進一步的選擇可產生中斷的 pin 腳，這需要借助遮罩暫存器 PCMSK 的設定，三個群組 PCINT0 ~ PCINT2 分別需要三個遮罩暫存器 PCMSK0 ~ PCMSK2 的設定，如圖 7-5-2 所示，其中每個位元都代表一個特定接腳所對應的中斷編號，這必須要參考圖 7-5-3 的 PCINT 接腳對照表，才能正確的設定，例如 A0 接腳對應的中斷編號爲 PCINT8，則我們必須將遮罩暫存器 PCMSK1 中的 PCINT8 位元設定爲 1，才可致能 A0 接腳的外部中斷。

又例如要同時致能 D4、D5、D6、D7 這 4 隻接腳可以產生 PCINT 中斷，首先根據圖 7-5-3 的列表，我們可以知道 D4、D5、D6、D7 這 4 隻接腳屬於 PCINT2 群組，而且產生的中斷編號分別爲 PCINT20、PCINT21、PCINT22、PCINT23，所以要設定的遮罩暫存器爲 PCMSK2，而且對應到的位元分別是第 4 ~ 7 位元，如圖 7-5-2 (c) 所示，程式碼如下：

```
    PCMSK2 |= _BV(PCINT23)|_BV(PCINT22)|_BV(PCINT21)|_BV(PCINT20);
或  PCMSK2 |= B11110000;
```

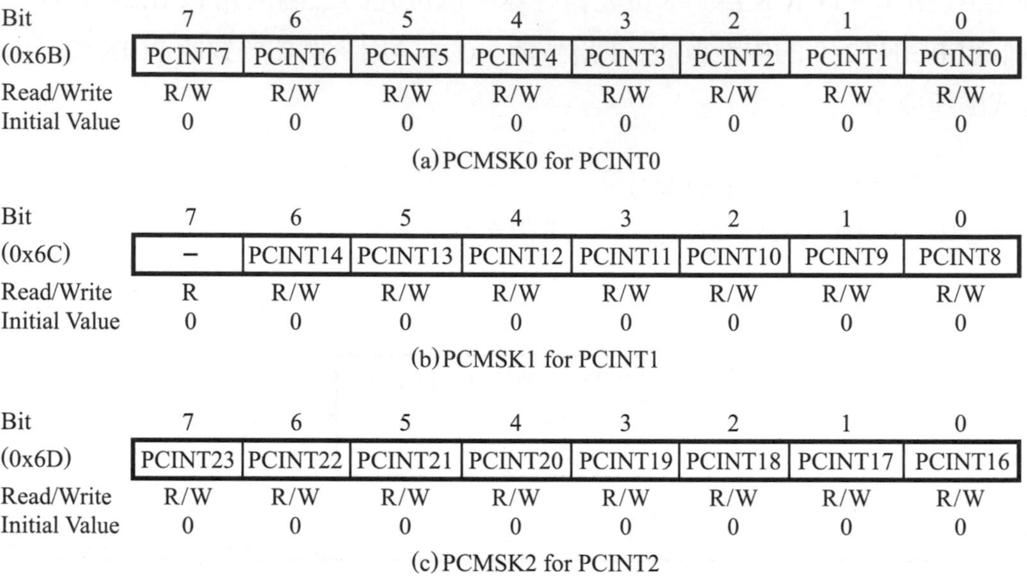

Bit	7	6	5	4	3	2	1	0
(0x6B)	PCINT7	PCINT6	PCINT5	PCINT4	PCINT3	PCINT2	PCINT1	PCINT0
Read/Write	R/W	R/W	R/W	R/W	R/W	R/W	R/W	R/W
Initial Value	0	0	0	0	0	0	0	0

(a) PCMSK0 for PCINT0

Bit	7	6	5	4	3	2	1	0
(0x6C)	–	PCINT14	PCINT13	PCINT12	PCINT11	PCINT10	PCINT9	PCINT8
Read/Write	R	R/W	R/W	R/W	R/W	R/W	R/W	R/W
Initial Value	0	0	0	0	0	0	0	0

(b) PCMSK1 for PCINT1

Bit	7	6	5	4	3	2	1	0
(0x6D)	PCINT23	PCINT22	PCINT21	PCINT20	PCINT19	PCINT18	PCINT17	PCINT16
Read/Write	R/W	R/W	R/W	R/W	R/W	R/W	R/W	R/W
Initial Value	0	0	0	0	0	0	0	0

(c) PCMSK2 for PCINT2

圖 7-5-2 接腳訊號改變遮罩暫存器 (PCMSK)

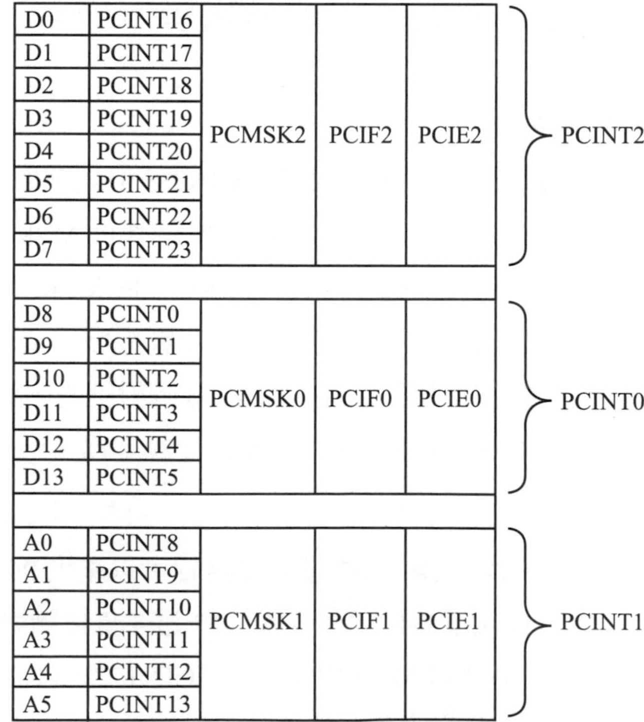

腳位	PCINT	遮罩	旗標	致能	群組
D0	PCINT16	PCMSK2	PCIF2	PCIE2	PCINT2
D1	PCINT17				
D2	PCINT18				
D3	PCINT19				
D4	PCINT20				
D5	PCINT21				
D6	PCINT22				
D7	PCINT23				
D8	PCINT0	PCMSK0	PCIF0	PCIE0	PCINT0
D9	PCINT1				
D10	PCINT2				
D11	PCINT3				
D12	PCINT4				
D13	PCINT5				
A0	PCINT8	PCMSK1	PCIF1	PCIE1	PCINT1
A1	PCINT9				
A2	PCINT10				
A3	PCINT11				
A4	PCINT12				
A5	PCINT13				

圖 7-5-3 PCINT 群組中斷的接腳列表

3. 撰寫對應的中斷服務程式

PCINT 最大的特色是群組內所有接腳的外部中斷都會跳轉到同一個中斷程序入口，三個群組分別對應到三個 ISR

```
ISR(PCINT0_vect)
ISR(PCINT1_vect)
ISR(PCINT2_vect)
```

在撰寫 PCINT 中斷服務程式的時候，若群組內只有單一個接腳被致能，要判斷中斷來源是一件很簡單的事，但是若群組內有多個接腳同時被致能，則無法直接判斷是哪一個接腳所引起的中斷？這需要使用者進一步的測試，也是 PCINT 機制的缺點。

7-5-3　PCINT 的範例

範 例　**7.5.3**

使用 4x4 薄膜鍵盤，如圖 7-5-4 所示，將 4 個列接腳分別接到 pin 4 ~ 7，4 個行接腳分別接到 pin 8 ~ 11，此範例的重點是使用 PCINT 的中斷取代輪詢的機制，將使用者按下的鍵值顯示在 PC 端的串列埠。(polling 的版本請參考第 6 章的範例 6.1.1)。

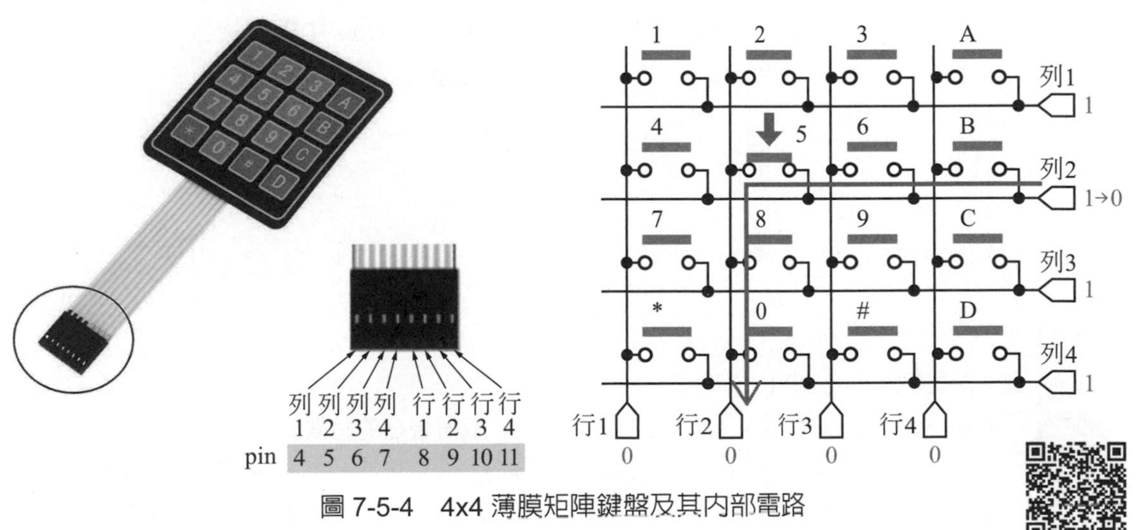

圖 7-5-4　4x4 薄膜矩陣鍵盤及其內部電路

程式碼 **7.5.3**

```
/*** 範例 7.5.3(4x4 薄膜鍵盤使用 PCINT) ***/
int Row[4]={4,5,6,7};                    // 依序指定列接腳
int Col[4]={8,9,10,11};                  // 依序指定行接腳
char keymap[4][4] = {                    // 宣告 4x4 鍵盤的對應值
    {'1','2','3','A'},
    {'4','5','6','B'},
    {'7','8','9','C'},
    {'*','0','#','D'}
};
volatile unsigned long now, pre=0; // 使用在 ISR 的時間變數
int i,j,row,col;

void setup() {
  Serial.begin(9600);
  for(i=0; i<=3; i++) {
    pinMode(Row[i],INPUT_PULLUP);   // 設定 Row 接腳為 INPUT_PULLUP
    pinMode(Col[i],OUTPUT);         // 設定 Col 接腳為 OUTPUT
    digitalWrite(Col[i],LOW);       // 設定 Col 接腳的輸出值為 LOW
  }
  PCICR |= 0b00000100;              // 致能 PCINT2 中斷
  PCMSK2|= 0b11110000;              // 致能 D4,D5,D6,D7 接腳
}

void loop() {
  //You can do anything.
}

ISR(PCINT2_vect) {
  now=millis();                      // 取得現在的時間
  if((now-pre)<200) { pre=now; return; }        // 去彈跳的關鍵
  for(i=0;i<=3;i++) {                // 掃描 row，決定哪個 row 被按下
    if(digitalRead(Row[i])==LOW) { row=i; break; } // 記錄列編號後就終止
  }
```

```
34    for(j=0;j<=3;j++) digitalWrite(Col[j],HIGH); // 掃描前，將所有的 col 寫成 H
35    for(j=0;j<=3;j++) {                          // 掃描 col，找出按下的 col
36      digitalWrite(Col[j],LOW);                  // 將 col 寫成 L
37      if(digitalRead(Row[row])==LOW) {
38        col=j;                                   // 記錄 col 編號
39        Serial.println(keymap[row][col]);        // 印出鍵值
40        break;                                   // 終止迴圈
41      }
42      else digitalWrite(Col[j],HIGH);            // 將 col 恢復成 H
43    }
44    for(j=0;j<=3;j++) digitalWrite(Col[j],LOW);  // 掃描後，將所有的 col 寫成 L
45    pre=now;                                     // 儲存中斷時間
46  }
```

討　論

(1) 程式碼的核心是將 PCINT 的中斷機制應用在 4 個列接腳之上，以取代傳統較無效率的輪詢機制。參考圖 7-5-4，只要有任一個按鍵被按，列 1 ~ 列 4 一定會有一列的訊號轉變從 H → L，藉此引發中斷。

(2) 因爲列 1 ~ 列 4 對應到接腳 D4 ~ D7，參考圖 7-5-3 可知，是屬於 PCINT2 群組，所以 (a) 要先致能 PCINT2 的群組中斷，如程式碼第 20 行所示。(b) 再致能 PCINT2 群組中的 D4 ~ D7 接腳，如第 21 行程式碼所示。

(3) 中斷服務程序 ISR 從第 28 行開始，

a. 首先要找出哪一列被按下？因爲被按下的列訊號一定爲 0，所以第 31 ~ 33 行的小迴圈即可解決。

b. 接著要找出哪一行被按下？先把所有的 col 寫成 H，再逐一的掃描每一條 col，因爲這時候按鍵還是導通的狀態，所以只要把 col 寫成 L，(a) 所決定的 row 就會讀取到 L，如此就可確定被按下的 col，此步驟的程式碼如第 35 ~ 43 行的迴圈所示，要特別注意決定 col 編號之後，必須將所有的 col 恢復成 L(程式碼第 44 行)，整個中斷機制才可正常運行。

(4) 此範例也包含去彈跳的機制，在第 30 行程式碼所示。

7-6 習題

[7-1] 使用二個按鈕開關 A 與 B 連結外部中斷，分別控制二顆外接 LED 燈，當使用者按壓開關 A 一次，LED_A 就會持續點亮 3 秒鐘，然後熄滅，當使用者按壓開關 B 一次，LED_B 就會持續點亮 5 秒鐘，然後熄滅，特別注意二顆 LED 燈可同時點亮。(提示：使用 millis 函式)

[7-2] 將滾珠開關接在 D9，然後使用中斷的機制，完成導通一次就反轉有源蜂鳴器的狀態。

[7-3] 使用溫濕度感測器，並且將按鈕開關接在 D6，然後使用中斷的機制，完成按一下開關就量測一次溫濕度，並顯示在 PC 端的監控視窗。

[7-4] 請使用中斷機制 (不限定 INT 或 PCINT) 完成有 3 個按鈕開關的搶答器，能正確的將速度最快的編號顯示在 PC 端的監控視窗。

[7-5] 限定使用 PCINT1 的中斷機制完成有 3 個按鈕開關的搶答器，能正確的將速度最快的編號顯示在 PC 端的監控視窗。

[7-6] 把二個按鈕開關 A 與 B，分別接在 D5 與 A5，然後使用 PCINT 中斷，完成一個具有上數跟下數功能的計數器，當使用者按壓開關 A 一次計數值就會加 1，按壓開關 B 一次計數值就會減 1，更新後的數值會即時的顯示在 PC 端的串列埠視窗。

Chapter 8

定時器 (Timer)

定時器 (Timer) 中斷是一個非常實用的中斷機制，舉凡跟時間有關的控制動作幾乎都會使用到定時器，例如我們要寫出一個閃爍的 LED 燈，能固定的亮 1 秒鐘，暗 1 秒鐘，這個程式相信對初學者而言一點都不困難，如範例 8.1.1 中的程式碼，三兩下就可輕鬆的解決，可是當我們要再加入其他的動作，例如在 LED 燈閃燈的同時要將數值 1 ~ 100 循環不停的輸出到 PC 的串列埠印出，如此一來範例 8.1.1 中的程式碼還適用嗎？

範 例 8.1.1

```
void setup()
{
  pinMode(13, OUTPUT);                 // 設定數位接腳 13 為 OUTPUT 模式
}

void loop()
{
  digitalWrite(13, HIGH);              // 將 HIGH 寫到（輸出）接腳 13
  delay(1000);                         // 延遲 1000ms=1s
  digitalWrite(13, LOW);               // 將 LOW 寫到（輸出）接腳 13
  delay(1000);                         // 延遲 1000ms=1s
}
```

以單核單執行緒的 Arduino 而言，不管上面的範例怎麼修改，只要使用 delay( ) 函式，一定寫不出邊閃爍邊印數值的動作，即使寫的出類似的動作，也無法符合精確的時間要求，所以使用 delay( ) 函式來達到時間控制的目的，似乎不是一個聰明的解決辦法，那要如何精確的控制時間呢？所幸定時器中斷提供了有效的解決方法。

8-1 什麼是定時器？

一般日常生活中，我們都會使用鬧鐘來量測某特定時間，提醒我們什麼時間該處理什麼事情，同樣的，在微控器中的定時器 (Timer)，也具有相同的概念跟用法，你可以把定時器想像成是 MCU/MPU 的鬧鐘，只要設定好一個時間點，等到時間一到就會開始響鈴提醒，當然不是真正的響起鬧鈴聲，對機器而言這會觸發一個中斷，只要我們把特定的動作或服務寫在中斷服務程式裡，如此一來便可達到在某特定時間，執行某特定工作的目的。

定時器的迷人之處，在於它的運作是一種非同步的執行方式，與主程式之間是完全獨立互不相關的，當你的主程式在執行工作的時候，同一時間定時器可以在背景執行完成它既定的工作，完全不會干擾到前景主程式的執行，讓使用者感覺不到它的存在，比起使用迴圈或是時間函式來達到時間的控制，這種使用定時器的方式顯然是高明多了。

8-2 定時器的運作原理

網路上有很多現成的定時器函式庫 (Timer Library) 可用，可是如果要延伸更進階的應用，我們就必須要具備自己撰寫的能力，才能寫出全客製化 (Full Customized)，而且真正符合需求的程式碼，這也是本書最終的目標，因此我們會從定時器最基礎的觀念開始建立。

參考圖 8-1-1 定時器的運作示意圖，簡單來說，定時器的核心單元包含一個計數暫存器 (Counter)，而這個計數暫存器的內容值，在每一次的時脈週期都會自動的加 1，一直加到計數暫存器所能儲存的最大值，接著再加 1 就會發生溢位 (Overflow) 的狀況，這時候除了計數暫存器的內容值會重置爲 0 之外，定時器通常會設定旗標位元來表示溢位已經發生，因此你可以手動的檢查旗標位元來確定溢位是否發生，或者讓定時器在設定溢位旗標時同時觸發一個中斷來通知你溢位已經發生；當然除了溢位之外，定時器也可以設定其他觸發中斷的條件，例如：計數器的值達到我們指定的目標值的時候就觸發中斷。

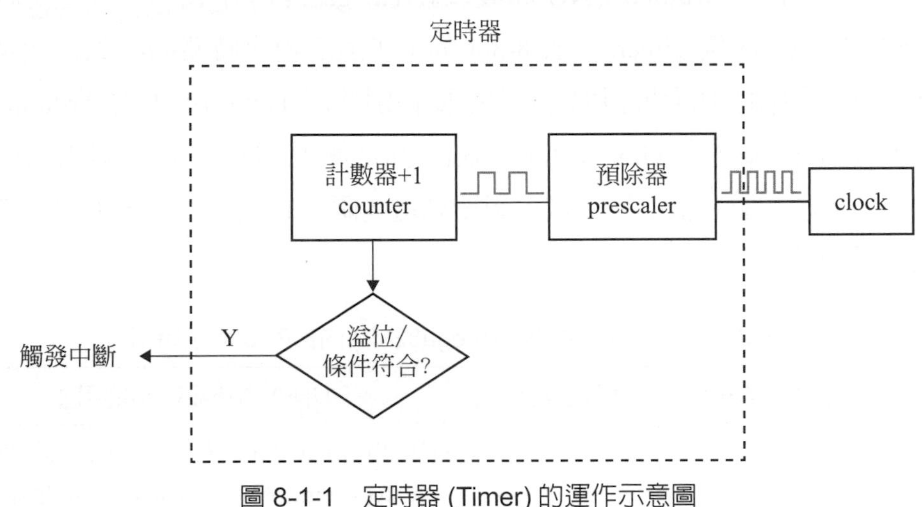

圖 8-1-1　定時器 (Timer) 的運作示意圖

在定時器的運作中有一個非常關鍵的時間參數，那就是計數器要隔多久時間會執行加 1 的動作？為了讓計數器在固定的時間間隔加 1，定時器必須參考一個時脈來源 (Clock source)，以提供重複不斷而且穩定精確的脈波 (Pulse) 訊號，一個脈波訊號就會觸發一次加 1 的動作，通常這個時脈來源都是 MCU 上的系統時脈，參考表 2-3-2 的資料列表，UNO 開發板的時脈頻率為 16MHz，也就是一秒鐘會產生 16M(16×10^6) 個脈波，根據頻率週期的公式：

$$週期\ (T) = \frac{1}{頻率\ (f)}$$

換算一下可以得到一個脈波的時間 (週期) 等於 $\frac{1}{16M} = \frac{1}{16\times10^6} = 6.25\times10^{-8}$ 秒。若計數器有 16 個位元，則從 0 計數到溢位 65536 所經過的時間為 $6.25\times10^{-8}\times65536 = 4.096\times10^{-3}$ 秒，連 0.005 秒都不到，即使頻率只有 8MHz 的時脈，也是不到 0.01 秒，所以 MCU 晶片上 16MHz 的時脈頻率對定時器而言實在是太高了，為了解決這個問題，通常我們都需要把 MCU 上所提供的時脈頻率調降下來，才能符合定時器的使用情境，這就是預先除頻電路 (Prescaler) 的作用，簡稱「預除器」，說的白話一點，預除器的作用就是把定時器中，計數加 1 的速度調慢下來。

8-3 Arduino UNO 的定時器

幾乎所有的微控器都有內建定時器的硬體單元，專門用來處理與時間相關的事件與控制，不例外的，Arduino UNO 開發板 (ATmega328P) 中也內含 3 組定時器，分別爲 Timer0、Timer1、與 Timer2，表 8-3-1 列出了這三組定時器的計數位元長度，與其在 UNO 開發板中預設的功能用途，當中要特別注意 Timer0，因爲 Arduino 內建的時間函式，包括 delay( )、millis( ) 和 micros( ) 都是使用 Timer0 定時器爲基礎，一旦 Timer0 的中斷機制或服務被改變，就會影響到這些函式的正常執行，所以通常不建議修改 Timer0 定時器。

表 8-3-1　Arduino UNO(ATmega328P) 內含的 3 組定時器

定時器	計數器長度	計數值範圍	在 UNO 中預設的功能用途
Timer0	8-bit	0~255	(1)使用在 Arduino 標準的時間函式 delay( )、millis( )、micros( )，但是並不包括 delayMicroseconds( ) 函式，因爲它的時間計數與 Timer0 完全無關。爲了避免干擾這些標準函式的正常功能，通常不建議修改 Timer0。 (2)使用在接腳 pin 5、6 的 analogWrite( )，實現 PWM 的輸出。
Timer1	16-bit	0~65535	(1)使用在 Arduino 的伺服馬達函式庫 Servo Library。 (2)使用在接腳 pin 9、10 的 analogWrite( )，實現 PWM 的輸出。
Timer2	8-bit	0~255	(1)使用在 Arduino 的聲波函式 tone( )。 (2)使用在接腳 pin 3、11 的 analogWrite( )，實現 PWM 的輸出。

8-3-1　相關暫存器的描述

在使用定時器之前，我們必須先規劃好定時器的運作模式及其相關的重要參數，所有的參數會分別儲存在不同的暫存器中，影響整個定時器的執行與運作，圖 8-3-1 爲 Arduino UNO(ATmega328P) 中 8 位元定時器的電路圖，其中藍色框線所標示的區塊即爲部分的暫存器，這些與 Timer 相關的暫存器各有其作用與功能，我們使用表 8-3-2 條列說明如下，其中要特別注意，Time0/Timer2 的暫存器均爲 8 位元，而 Time1 的暫存器則爲 16 位元。

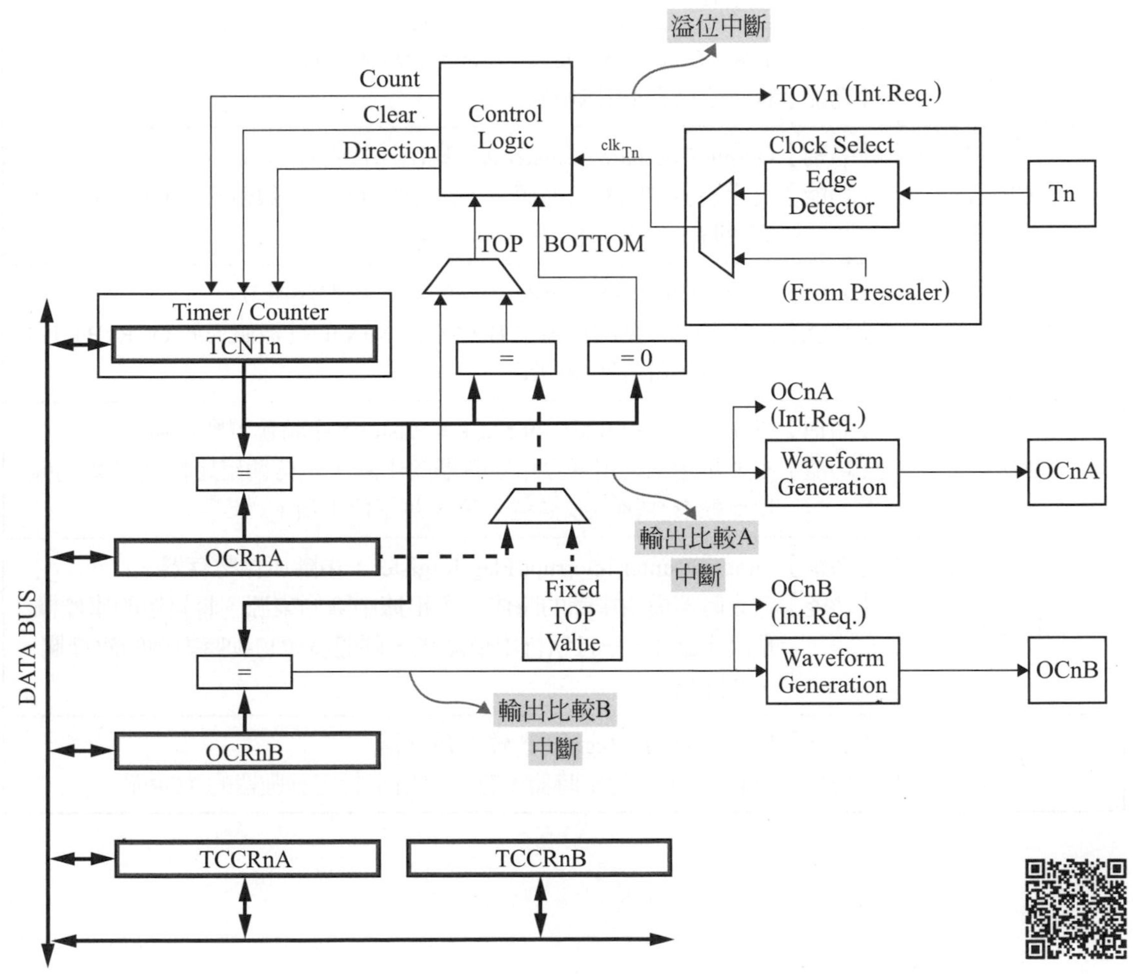

圖 8-3-1　Arduino UNO 中 8 位元定時器 (Timer0 / Timer2) 的電路圖

表 8-3-2　與 Timer 相關的暫存器，因為 UNO 有三組定時器，所以 x=0, 1, 2

暫存器	說明
TCCRxA	【名稱】Timer/Counter Control Register A，控制暫存器 A。 【功能】設定定時器的運作模式，一般來說，如果只是單純的使用 Timer/Counter 功能，而不需要用到 PWM 輸出的話，只需把 TCCRxA 暫存器的內容值設定成 0x00 即可。
TCCRxB	【名稱】Timer/Counter Control Register B，控制暫存器 B。 【功能】主要是用來設定定時器的時脈來源，以及預先除頻(預除器) prescaler 的倍數，配合時間的規畫 prescaler 共有 1/8、1/64、1/256 及 1/1024 四種有效的除頻倍數。
TCNTx	【名稱】Timer/Counter Value Register，計數值暫存器。 【功能】儲存定時器的計數值。
OCRxA	【名稱】Output Compare Register A，輸出比較暫存器 A 【功能】設定觸發中斷的目標值 A，當 TCNTx 的計數值等於 OCRxA 的內容值時，就會觸發中斷。
OCRxB	【名稱】Output Compare Register B，輸出比較暫存器 B 【功能】設定觸發中斷的目標值 B，當 TCNTx 的計數值等於 OCRxB 的內容值時，就會觸發中斷。
TIMSKx	【名稱】Timer/Counter Interrupt Mask Register，中斷遮罩暫存器 【功能】主要是用來啓用或停用定時器的中斷，包含輸出比較 A 中斷、輸出比較 B 中斷以及溢位中斷，共三種中斷。
TIFRx	【名稱】Timer/Counter Interrupt Flag Register，中斷旗標暫存器 【功能】當定時器發生中斷的時候，會根據中斷的來源，將對應的旗標欄位設定爲 1，一旦執行中斷之後，硬體就會自動將對應的旗標欄位清除爲 0。
ICR	【名稱】Input Capture Register，輸入暫存器 【功能】只有 16 位元的定時器才有，可用來設定計數器的 TOP 值。

1. TIMSKx：中斷遮罩暫存器

Timer0 的中斷遮罩暫存器格式，如圖 8-3-2 所示。位元 7 ~ 3 是未使用的保留位元，初始值一律爲 0。以位元 1(OCIE0A)，也就是輸出比較中斷 A 的致能位元爲例，在位元 1 等於 1 的情況下，表示輸出比較中斷 A 是致能 (Enable) 有作用的，只要計數器的值等於 OCR0A 內的上限值時，就會產生中斷。相反的，若位元 OCIE0A 爲 0，則代表輸出比較中斷 A 是禁用 (Disable) 的，即使計數值達到了上限值，也不會有中斷的產生。以此類推，位元 2 爲輸出比較中斷 B 的致能位元 OCIE0B，而位元 0 爲溢位 (Overflow) 中斷的致能位元 TOIE0。

Bit	7	6	5	4	3	2	1	0
(0x6E)	–	–	–	–	–	OCIE0B	OCIE0A	TOIE0
Read/Write	R	R	R	R	R	R/W	R/W	R/W
Initial Value	0	0	0	0	0	0	0	0

圖 8-3-2　Timer0 的中斷遮罩暫存器 (TIMSK0) 的格式

2. TIFRx：中斷旗標暫存器

Timer0的中斷旗標暫存器格式，如圖8-3-3所示。位元7 ~ 3是未使用的保留位元，初始值一律爲 0。以位元 1(OCF0A)，也就是輸出比較 A 的相符旗標爲例，當 Timer0 的計數值等於 OCR0A 的上限值時，此位元就會被設定爲 1，一直到相對應的中斷執行之後，OCF0A 就會自動的被硬體機制清空爲 0。以此類推，位元 2 爲輸出比較 B 的相符旗標，而位元 0 爲溢位旗標。

Bit	7	6	5	4	3	2	1	0
0x15 (0x35)	–	–	–	–	–	OCF0B	OCF0A	TOV0
Read/Write	R	R	R	R	R	R/W	R/W	R/W
Initial Value	0	0	0	0	0	0	0	0

圖 8-3-3　Timer0 的中斷旗標暫存器 (TIFR0) 的格式

8-3-2 定時器的功能模式

在 Arduino UNO(ATmega328P) 中的 Timer，除了單純的計時 / 計數功能之外，也提供了另一項重要的功能，就是脈衝寬度調變 (Pulse Width Modulation, PWM) 的訊號輸出，簡單來說，脈衝寬度調變 PWM 是一種利用數位訊號模擬出類比訊號的技術，在嵌入式系統中，被廣泛的使用在調整燈光的亮度、馬達的轉速、聲音輸出的大小聲以及頻率高低等，我們會在稍後的第 9 章有詳細的介紹。正因為定時器有不同的功能選項，所以在使用之前，我們必須先根據應用的目的設定好正確的執行模式，這樣才能讓定時器發揮正常的功能。

1. 8 位元的定時器

因為 Arduino UNO 有 Timer0、Timer1、Timer2 三組定時器，限於篇幅，本書只針對 Timer0 做詳細的介紹，至於 Timer1 與 Timer2 的內容大致上與 Timer0 相去不遠，有興趣的讀者可參考 ATmega328P 的資料手冊，獲得完整的資訊。

Timer0 控制暫存器 A 的格式，如圖 8-3-4 所示。位元 1 ~ 0 是波型產生模式位元 WGM01、WGM00 (Waveform Generation Mode, WGM)，與控制暫存器 B 中的位元 3 (WGM02) 可以組合成三個位元的功能控制參數，因此 Timer0 最多有八種功能模式可以選用，如表 8-3-3 所列，扣除編號 4 跟 6 的功能保留沒有使用外，可以分成 Normal、CTC、PWM phase correct、Fast PWM 等四種有效的功能模式，本章只介紹屬於計時功能的 Normal 模式與 CTC 模式，其它二種 PWM 的功能模式，留待第 9 章再做深入的探討。

Bit	7	6	5	4	3	2	1	0
0x24 (0x44)	COM0A1	COM0A0	COM0B1	COM0B0	–	–	WGM01	WGM00
Read/Write	R/W	R/W	R/W	R/W	R	R	R/W	R/W
Initial Value	0	0	0	0	0	0	0	0

控制暫存器 A(TCCR0A/ TCCR2A)

Bit	7	6	5	4	3	2	1	0
0x25 (0x45)	FOC0A	FOC0B	–	–	WGM02	CS02	CS01	CS00
Read/Write	W	W	R	R	R/W	R/W	R/W	R/W
Initial Value	0	0	0	0	0	0	0	0

控制暫存器 B(TCCR0B/ TCCR2B)

圖 8-3-4　8 位元定時器 (Timer0 / Timer2) 的控制暫存器

表 8-3-3　8 位元定時器 Timer0 與 Timer2 的功能模式 (x=0, 2)

模式編號	WGMx2	WGMx1	WGMx0	模式名稱	TOP 上限値	OCRx 更新點	TOV 設定點	說明
0	0	0	0	Normal	0xFF	Immediate	MAX	在計數值溢位時發出溢位中斷
1	0	0	1	Phase Correct PWM	0xFF	TOP	BOTTOM	
2	0	1	0	CTC	OCRA	Immediate	MAX	在計數值等於 OCRA 的內容值時觸發中斷
3	0	1	1	Fast PWM	0xFF	BOTTOM	MAX	
4	1	0	0	-	-	-	-	保留沒有使用
5	1	0	1	Phase Correct PWM	OCRA	TOP	BOTTOM	
6	1	1	0	-	-	-	-	保留沒有使用
7	1	1	1	Fast PWM	OCRA	BOTTOM	TOP	
MAX=0xFF BOTTOM=0x00								

(1) Normal 模式

Normal 模式是定時器中最簡單的功能模式，在此模式下，計數器的數值固定是遞增上數的方向，不會有清空歸零的動作發生，一直到最大值的出現，因爲 Timer0 是一個 8 位元的定時器，所以其最大值爲 0xFF，等下一個時脈的觸發，計數器便會重新歸零從 0x00 開始計數，在此同時，Timer0 的溢位旗標 TOV0 也會被設定成 1，進而引發溢位中斷 TIMER0_OVF(請參閱第 7 章表 7-2-1)，此中斷機制會結合硬體，自動的將溢位旗標 TOV0 清空爲 0。

(2) CTC (Clear Timer on Compare Match) 模式

如前所述，在 Normal 模式下，計數器所能計數的上限值，也就是所謂的 TOP 值，固定爲 0xFF。相較之下，CTC 模式最大的差異就是它的 TOP 上限值是可變動的，計數器不必累計到 0xFF 才被清空，使用者可以根據應用程式的時間需求，計算出一個 TOP 上限值，將其存放在 OCR0A 暫存器中，每次計數器 TCNT0 累計一次，就會與 OCR0A 的內容值進行比較，直到 TCNT0 的計數值等於 OCR0A 內的上限值，計數器便會重新歸零從 0x00 開始計數，同時將中斷旗標暫存器 TIFR0 內的 OCF0A 位元設定爲 1，產生 TIMER0_COMPA 的中斷訊號 (請參閱第 7 章表 7-2-1)，同樣的在執行中斷之後，硬體會自動的將中斷旗標位元 OCF0A 清空爲 0。

2. 16 位元的定時器

與 8 位元的 Timer0、Timer2 比較起來，16 位元的 Timer1 除了計數器從 8 位元增加到 16 位元，讓計數範圍可大幅的增加到 0~65535 之外，最大的差異是可設定的功能模式複雜許多，從圖 8-3-5 中 Timer1 控制暫存器的格式可以看得出來，其波型產生模式 (WGM) 位元從 3 個位元增加到 4 個位元，分別是 WGM10、WGM11、WGM12、WGM13，因此 Timer1 可以設定的功能模式共有 16 種，詳細的內容如表 8-3-4 所列。足足是八位元定時器的二倍，其中絕大部分是屬於 PWM 的應用，只有第 0、4、12 號三種模式是屬於定時器的應用，分別對應到 Normal 與 CTC 模式，因爲這二種模式的操作說明，基本上與 8 位元的定時器完全一致，這裡我們就不再贅述。

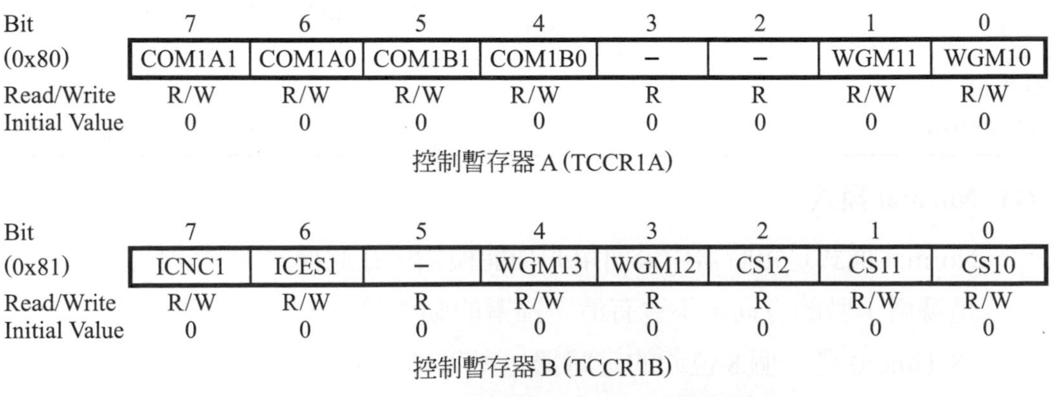

Bit	7	6	5	4	3	2	1	0
(0x80)	COM1A1	COM1A0	COM1B1	COM1B0	–	–	WGM11	WGM10
Read/Write	R/W	R/W	R/W	R/W	R	R	R/W	R/W
Initial Value	0	0	0	0	0	0	0	0

控制暫存器 A (TCCR1A)

Bit	7	6	5	4	3	2	1	0
(0x81)	ICNC1	ICES1	–	WGM13	WGM12	CS12	CS11	CS10
Read/Write	R/W	R/W	R	R/W	R	R	R/W	R/W
Initial Value	0	0	0	0	0	0	0	0

控制暫存器 B (TCCR1B)

圖 8-3-5　16 位元定時器 (Timer1) 的控制暫存器

表 8-3-4　16 位元定時器 Timer1 的功能模式

模式編號	WGM13	WGM12	WGM11	WGM10	模式名稱	TOP 上限值	OCR1x 更新點	TOV1 設定點
0	0	0	0	0	Normal	0xFFFF	Immediate	MAX
1	0	0	0	1	Phase Correct PWM, 8-bit	0x00FF	TOP	BOTTOM
2	0	0	1	0	Phase Correct PWM, 9-bit	0x01FF	TOP	BOTTOM
3	0	0	1	1	Phase Correct PWM, 10-bit	0x03FF	TOP	BOTTOM
4	0	1	0	0	CTC	OCR1A	Immediate	MAX
5	0	1	0	1	Fast PWM 8-bit	0x00FF	BOTTOM	TOP
6	0	1	1	0	Fast PWM 9-bit	0x01FF	BOTTOM	TOP
7	0	1	1	1	Fast PWM 10-bit	0x03FF	BOTTOM	TOP
8	1	0	0	0	Phase and Frequency Correct PWM,	ICR1	BOTTOM	BOTTOM
9	1	0	0	1	Phase and Frequency Correct PWM,	OCR1A	BOTTOM	BOTTOM

表 8-3-4　16 位元定時器 Timer1 的功能模式 (續)

模式編號	WGM13	WGM12	WGM11	WGM10	模式名稱	TOP 上限値	OCR1x 更新點	TOV1 設定點
10	1	0	1	0	Phase Correct PWM	ICR1	TOP	BOTTOM
11	1	0	1	1	Phase Correct PWM	OCR1A	TOP	BOTTOM
12	1	1	0	0	CTC	ICR1	Immediate	MAX
13	1	1	0	1	Reserved	-	-	-
14	1	1	1	0	Fast PWM	ICR1	BOTTOM	TOP
15	1	1	1	1	Fast PWM	OCR1A	BOTTOM	TOP
MAX=0xFFFF BOTTOM=0x0000								

8-3-3　預先除頻與時間的計算

在先前我們已經討論過，16MHz 的頻率 (也就是 1 秒有 16×10^6 個脈波) 對定時器而言實在是太高了，所以我們需要一個硬體電路，可以用來降低時脈頻率，以提供給定時器使用，此電路即爲預先除頻電路 (Prescaler)，簡稱預除器。參考資料手冊，Arduino UNO (ATmega328P) 中可使用的除頻倍數，如表 8-3-5 所示。有 8 倍、64 倍、256 倍、1024 倍等 4 種，只要透過控制暫存器 TCCRxB 中 CSx2、CSx1、CSx0 三個位元的設定，就可指定定時器的時脈來源及其除頻倍數。

表 8-3-5　Timer0，Timer1，Timer2 預先除頻 prescaler 的設定

CSx2	CSx1	CSx0	Timer0 (x=0)	Timer1 (x=1)	Timer2 (x=2)
0	0	0	stop	stop	stop
0	0	1	$clk_{I/O}/1$	$clk_{I/O}/1$	$clk_{I/O}/1$
0	1	0	$clk_{I/O}/8$	$clk_{I/O}/8$	$clk_{I/O}/8$
0	1	1	$clk_{I/O}/64$	$clk_{I/O}/64$	$clk_{I/O}/32$
1	0	0	$clk_{I/O}/256$	$clk_{I/O}/256$	$clk_{I/O}/64$

表 8-3-5　Timer0，Timer1，Timer2 預先除頻 prescaler 的設定 (續)

CSx2	CSx1	CSx0	Timer0 (x=0)	Timer1 (x=1)	Timer2 (x=2)
1	0	1	$clk_{I/O}/1024$	$clk_{I/O}/1024$	$clk_{I/O}/128$
1	1	0	External clock source on T0 pin. Clock on falling edge.	External clock source on T1 pin. Clock on falling edge.	$clk_{I/O}/256$
1	1	1	External clock source on T0 pin. Clock on rising edge.	External clock source on T1 pin. Clock on rising edge.	$clk_{I/O}/1024$

1. 上限値 TOP 的計算

接下來，「多久時間產生一次中斷？」這個問題是程式設計者在使用定時器之前必須決定的，有了這個時間條件，我們就可以計算出定時器中，計數器要累計的上限值，也就是 TOP 值。假設我們要每 T 秒產生一次中斷，由 T 與 TOP 的關係可推得下列的計算方程式：

$$T = TOP \times \text{Timer 的時脈週期}$$

$$TOP = T \times \text{Timer 的時脈頻率}$$

$$TOP = T \times \frac{16M}{\text{除頻倍數}}$$

舉例而言，如果要使用 64 倍的預先除頻倍數，讓定時器固定每 1 毫秒 (1 ms = 0.001 s) 產生 1 次中斷，則根據以上 TOP 值的計算公式可得：

$$TOP = 0.001 \times \frac{16M}{64}$$

$$TOP = 250$$

以定時器 Timer0 爲例，TOP = 250 表示在 Timer0 設定成 CTC 的模式下，只要將 250 寫入到輸出比較暫存器 OCR0A 中，就可以讓 Timer0 每 1 毫秒產生一次中斷。根據 TOP 值的計算公式，我們將 4 種有效的除頻倍數與 4 個常用的中斷時間，總共 16 種組合的 TOP 值列出在表 8-3-6 中，其中有小數的部分可以直接捨去，因爲 8 位元的

定時器 (Timer0，Timer2) 最大的計數值只到 255，所以只有標註 * 的組合可以使用；而 16 位元的定時器 (Timer1) 最大的計數值可以到 65535，因此可以使用的組合較多，如表 8-3-6 中的灰色組合皆可使用。

表 8-3-6　各種除頻倍數與中斷時間組合的 TOP 上限值

	1 秒	0.1 秒	0.01 秒	0.001 秒
1024	15625	1562.5	156.25 *	15.625 *
256	62500	6250	625	62.5 *
64	250000	25000	2500	250 *
8	2000000	200000	20000	2000

注意：1. * 的組合只適用在 8 位元的定時器 (Timer0，Timer2)
　　　2. 灰色的組合適用在 16 位元的定時器 (Timer1)

表 8-3-6 雖然列出了 4 個時間，但或許有人會問，如果中斷時間要 5 秒一次，甚至是 10 秒一次，那 TOP 值不就超過 65535 無法設定了？的確，像這種狀況確實無法一次設定到位，但是不要忘記時間是可以累計的，延續上一個 TOP = 250 的範例，有了每 1 毫秒產生 1 次中斷的定時器之後，我們就可以利用這個 1 毫秒 (0.001 秒) 的定時器，來完成任何定時執行的工作。例如：1 毫秒累積 500 次之後，就等同 500 毫秒的效果，因此下列範例 A 中第 8 行的敘述，就是每 0.5 秒執行一次 Job_A，第 9 行的敘述，就是每 1 秒執行一次 Job_B，第 10 行的敘述，就是每 8 秒執行一次 Job_C。

範　例　**A**

```
1   /*********************************************************
2    * Timer0 的 COMPA 中斷服務程式，每 0.001 秒產生一次中斷
3    * ISR 函式名稱固定為 ISR(TIMER0_COMPA_vect)，不可修改
4    *********************************************************/
5   ISR(TIMER0_COMPA_vect)
6   {
7      cnt_A++; cnt_B++; cnt_C++;
8      if(cnt_A == 500) { cnt_A=0; Job_A(); }  // 每 0.5 秒就執行一次 Job_A
9      if(cnt_B == 1000){ cnt_B=0; Job_B(); }  // 每  1 秒就執行一次 Job_B
10     if(cnt_C == 8000){ cnt_C=0; Job_C(); }  // 每  8 秒就執行一次 Job_C
11  }
```

不過範例 A 的程式碼有個潛在的缺點，若 Job_A 的函式比較複雜，執行時間太久，導致中斷服務程式會卡住很長的時間，此狀況就違背了我們撰寫中斷服務程式的基本原則，切記中斷是一個特殊的例外事件，通常在撰寫中斷服務程式時，要把握一個最基本及最重要的原則，那就是 ISR 程式碼一定要「短小精悍」，越短越好、越快越好，否則輕微會造成時序控制的錯誤，嚴重甚至會導致系統崩潰當機。所以範例 A 我們可以改寫成範例 B，在中斷服務程式中只設定旗標，如範例 B 的第 7 行敘述，而真正 Job_A 的執行，則是回到 loop 之後再進行呼叫，也就是範例 B 中第 17 行程式碼。

範例 B

```
1  /********************************************************
2   * Timer0 的 COMPA 中斷服務程式，每 0.001 秒產生一次中斷
3   ********************************************************/
4  ISR(TIMER0_COMPA_vect)
5  {
6     cnt_A++; cnt_B++; cnt_C++;
7     if(cnt_A == 500) { cnt_A=0; flag_A=1; }
8     if(cnt_B == 1000){ cnt_B=0; flag_B=1; }
9     if(cnt_C == 8000){ cnt_C=0; flag_C=1; }
10 }
11
12 /********************************************************
13  * loop
14  ********************************************************/
15 loop()
16 {
17    if(flag_A == 1) { Job_A(); flag_A=0; }  //每 0.5 秒就執行一次 Job_A
18    if(flag_B == 1) { Job_B(); flag_B=0; }  //每  1 秒就執行一次 Job_B
19    if(flag_C == 1) { Job_C(); flag_C=0; }  //每  8 秒就執行一次 Job_C
20 }
```

8-3-4 定時器的使用步驟

接下來我們將定時器的使用分解成固定的 4 個步驟，使用者只要依照下列的步驟進行設定，就可以完成定時器的規劃跟使用。

Step 1 決定使用哪一組定時器，並且進行相關暫存器的初始化

Step 2 設定正確的模式

Step 3 根據中斷時間，設定預先除頻倍數 prescaler 與正確的 TOP 上限值

Step 4 致能對應的中斷

例如：程式要固定每 1 秒產生一次中斷。

1. **Step 1：決定使用哪一組定時器，並且進行初始化。**

因為中斷時間為 1 秒算是一個很大的時間單位，以 Arduino UNO 而言，只有 Timer1 有足夠大的計數器可以直接做到，所以我們選用 Timer1，記得在使用前先將 Timer1 的控制暫存器 A、B 與計數器皆初始化為 0，程式碼如下：

```
TCCR1A=0;
TCCR1B=0;
TCNT1=0;
```

2. **Step 2：設定定時器的模式。**

如果不是特殊的應用，一般而言我們都會將定時器設定成 CTC 模式，也就是在定時器的計數值累計到我們設定的上限值時，就會觸發中斷，同時將計數暫存器 TCNT 的值歸 0 重新計數。參考表 8-3-4，Timer1 的 CTC 模式有二種，我們要選用將 TOP 上限值存放在輸出比較暫存器 OCR1A 的模式，也就是編號 4 的模式，所以要將暫存器 TCCR1B 中的 WGM12 位元設定為 1，程式碼如下：

```
   TCCR1B = TCCR1B | (1<<3);     // 設定成 CTC 模式
或 TCCR1B |= _BV(WGM12);         //WGM12=3 定義在 Arduino.h 中
```

3. **Step 3：根據中斷時間，設定預先除頻倍數 prescaler 與正確的 TOP 上限值。**

因為中斷時間為 1 秒，採用 256 倍的預先除頻倍數，根據公式可以算出 TOP 上限值：

$$TOP = T \times \frac{16M}{除頻倍數}$$

$$TOP = 1 \times \frac{16M}{256}$$

$$TOP = 62500$$

設定 prescaler 與 TOP 上限值的完整程式碼如下；

```
    TCCR1B = TCCR1B | (1<<2);    //設定 prescaler=256
或  TCCR1B |= _BV(CS12);         //CS12=2 定義在 Arduino.h 中
    OCR1A  = 62500;              //設定 TOP=62500
```

4. **Step 4：致能對應的中斷。**

最後一步要記得打開 (致能) 輸出比較相符的中斷，因為我們採用 Timer1 的 CTC 模式，是將上限值存放在 OCR1A 中，所以在計數器 TCNT1 累計等於 OCR1A 時就會滿足條件，這時候只有輸出比較 A 的中斷致能旗標 (OCIE1A) 為 1，才會觸發中斷，進一步的叫用中斷服務函式 ISR(TIMER1_COMPA_vect)；否則，在 OCIE1A 位元為 0 的情況下，雖然滿足了 TCNT1=OCR1A 的條件，但還是不會產生輸出比較相符的中斷，程式碼如下：

```
    TIMSK1 = TIMSK1 | (1<<1);    //致能輸出比較中斷 A
或  TIMSK1 |= _BV(OCIE1A);       //OCIE1A=1 定義在 Arduino.h 中
```

8-3-5 Timer 範例 -1

在介紹完定時器的機制與使用方法之後，我們可以重新思考本章開始的第一個範例：

「試寫出一個閃爍的 LED 燈，能固定的亮 1 秒鐘，暗 1 秒鐘，並且在 LED 閃燈的同時將數值 0~99，以間隔 400ms 的速度循環不停的在 PC 端印出。」

範 例 8.3.5

```
/*** 範例 8.3.5(Timer 範例 -1) ***/
#define LedPin 13              //Uno 板上內建 LED 的接腳固定為 D13
int i=0;

/************************************************
 * setup
 ************************************************/
void setup() {
  Serial.begin(9600);              // 設定串列埠傳輸速率為 9600 bps
  pinMode(LedPin,OUTPUT);          // 設定 LED 接腳為 OUTPUT
  digitalWrite(LedPin,LOW);        // 初始 LED 為熄滅的狀態
  setupTimer1();                   // 設定定時器 Timer1
}

/************************************************
 * loop
 ************************************************/
void loop() {
  Serial.println(i);  i=++i%100;  // 循環印出 0-99
  delay(400);                      // 延遲 400ms
}

/************************************************
 * Timer1 的 COMPA 中斷服務程式，每 1 秒產生一次中斷
 ************************************************/
ISR(TIMER1_COMPA_vect) {
  digitalWrite(LedPin,!digitalRead(LedPin));    // 反轉 LED 現在的狀態
}
```

```
/*************************************************
 * 設定定時器
 *************************************************/
void setupTimer1() {
  //---step1: 初始暫存器
   TCCR1A=0                              // 設訂初始值為 0
   TCCR1B=0;
   TCNT1=0;

  //---step2: 設定 CTC 模式
   TCCR1B |= _BV(WGM12);     // 將 TCCR1B 中的 WGM12 位元設定為 1

  //---step3: 設定預先除頻倍數 prescaler 與正確的 TOP 上限值
  // 在 prescaler=256，TOP=62500 的設定下，Timer1 會固定每一秒產生一次中斷
   TCCR1B |= _BV(CS12);      //prescaler=256
   OCR1A=62500;              // 設定 TOP=62500

  //---step4: 致能對應的中斷
   TIMSK1 |= _BV(OCIE1A);    // 致能輸出比較中斷 A
}
```

討　論

特別注意，在此範例中我們修改了 Timer1，來達到時間控制的目的，但是不要忘記了，Timer1 定時器在 UNO 的預設用途，是使用在內建的伺服馬達函式庫 (Servo Library)，以及接腳 pin 9、10 的類比輸出，所以在執行本範例程式時，切記，除了無法使用 Arduino 內建的伺服馬達函式庫外，也不能將周邊設備接在 pin 9、10 上進行 PWM 的輸出控制。

8-3-6 Timer 範例 -2

回顧第 5 章範例 5.5.2，「使用一個四位數的七段顯示器，配合按鈕開關，使用者按一次按鈕就會產生一組 0000 ~ 9999 四位數的亂數，並顯示在七段顯示器上，再按一次就顯示下一組亂數，需注意數字不能有閃爍跳動的現象」。

在範例 5.5.2 中，我們使用 delay( ) 搭配輪詢的機制，在 loop 中只做一件事，就是四位數字依序輪流的顯示，如此做法顯然沒有效率，而且完全沒有實用的價值，因此在學習完定時器的技術之後，請改寫範例 5.5.2，使用定時器以取代 delay( ) 的時間控制，來完成四位數七段顯示器的掃描顯示。

範 例 8.3.6

```
/*** 範例 8.3.6(Timer 範例 -2:4 位數 7 段顯示器，使用 Timer2) ***/
#include "seg7.h"
#define Button A5                     // 指定按鈕開關的 pin 腳為 A5
int digit[4]={0,0,0,0};               // 宣告 int 陣列來儲存 4 個數字，初值皆為 0
volatile int index=0;                 // 使用在 ISR 中記錄數字的 index
int num;

/***************************************************
 * setup
 ***************************************************/
void setup() {
  Serial.begin(9600);                 // 設定串列埠傳輸速率為 9600 bps
  pinMode(Button,INPUT_PULLUP); // 設定 Button 接腳，並啓用內建的上拉電阻
  seg7x4_init(2);                     // 初始化四位數七段顯示器，第一隻接腳為 D2
  randomSeed(analogRead(A0));         // 產生亂數種子
  setupTimer2();                      // 設定定時器 Timer2
}

```

```
/**************************************************
 * loop
**************************************************/
void loop() {
  if(digitalRead(Button)==LOW) {
    // 若按下 button，產生 0-9999 的亂數
    num=random(10000);            // 產生 0-9999 的亂數
    Serial.println(num);          // 印出亂數
    digit[3]=num/1000;            // 取得第 3 位數字
    digit[2]=(num%1000)/100;      // 取得第 2 位數字
    digit[1]=(num%100)/10;        // 取得第 1 位數字
    digit[0]=num%10;              // 取得第 0 位數字
    delay(200);                   // 避免連續觸發
  }
}

/**************************************************
 * Timer2 的 COMPA 中斷服務程式，每 5ms 產生一次中斷
**************************************************/
ISR(TIMER2_COMPA_vect) {
  seg7x4_show(index,digit[index]);  // 秀出第 index 位數字
  index=++index%4;                  //index=(index+1) mod 4，
}

/**************************************************
 * 設定定時器 Timer2
**************************************************/
void setupTimer2() {
  //---step1: 初始暫存器
   TCCR2A=0;                  // 設定初始值為 0
   TCCR2B=0;
   TCNT2=0;
```

```
52   //---step2: 設定 CTC 模式
53    TCCR2A |= _BV(WGM21);   // 將 TCCR2A 中的 WGM21 設定為 1
54
55   //---step3: 設定預先除頻倍數 prescaler 與正確的 TOP 上限值
56   // 在 prescaler=1024，TOP=78 的設定下，Timer2 會固定每 5ms 產生一次中斷
57    TCCR2B |= B00000111;    //prescaler=1024
58    OCR2A=78;               // 設定 TOP=78
59
60   //---step4: 致能對應的中斷
61    TIMSK2 |= _BV(OCIE2A); // 致能輸出比較中斷 A
62 }
```

討　論

(1) 設定掃描顯示的速度是 5ms，如果要顯示的四位數是 3286，從右到左掃描顯示的動作如下：先顯示 6 → 間隔 5ms → 顯示 8 → 間隔 5ms → 顯示 2 → 間隔 5ms → 顯示 3 → 間隔 5ms → 再回到 6 循環顯示。

(2) 因為掃描顯示的速度是 5ms，所以我們要使用定時器固定每 5ms 就產生一次中斷，為了不影響 delay( ) 的使用，決定選用 8 位元的 Timer2，參考表 8-3-6，若採用 prescaler = 1024，TOP=156.25=156 的組合，則每 10ms 會產生一次中斷，因為我們的目標是 5ms 中斷一次，所以 TOP = 156/2 = 78 即可，如程式碼第 58 行。

(3) 參考表 8-3-5，Timer2 的 prescaler=1024 的設定，須將 CS22，CS21，CS20 三個位元都設為 1，如程式碼第 57 行所示，原為

```
TCCR2B |= _BV(CS22)|_BV(CS21) |_BV(CS20);
```

可簡化成

```
TCCR2B |= B00000111;
```

(4) 可試著調整 TOP 值的大小，觀察其對顯示效果的影響，TOP=50 ？或是 TOP=150 ？

8-4 看門狗定時器 (Watchdog Timer, WDT)

在發展嵌入式或是物聯網系統的過程中，一定都會遇到機器當機的時候，這時候最簡單的處理方式就是按下重置鍵或是重啓電源，但不要忘記了，這種隨手重開的前提是機器就在你觸手可及的地方，可是在嵌入式系統的運用情境中，有很多機器擺放的位置是使用者根本難以接近的，例如：高塔上的路況攝影器，或是玉山峰頂的空汙監測器，甚至是野放大海中綠蠵龜的全球定位追蹤器，這些狀況下如果機器當機了，那要怎麼解決呢？

當然有人會說那就寫一個保證不會當機的程式就好了，可是事情沒那麼簡單，「不會當機的前提一定要程式正確無誤，但是程式沒有錯誤，就保證不會當機嗎？」答案當然是否定的，因爲有很多可能當機的原因，並不是程式設計者可預期及控制，例如：從軟體層面來說，開發平台的系統韌體或是週邊 I/O 的驅動韌體，這些都是由硬體廠商所提供，難保沒有潛在的錯誤風險；另一方面，從外在環境來說，電磁波的干擾、外力強烈撞擊或是溫度瞬間過高過低，都是可能造成當機的原因。

8-4-1 看門狗定時器的功能與運作

針對以上當機後自動重啓的難題，看門狗定時器 (Watchdog timer, WDT) 提供了一個有效的解決方法，如圖 8-4-1 所示，看門狗定時器 WDT，顧名思義就是定時器的一種，與先前介紹的一般定時器比較起來，目標明顯不同，簡單的說看門狗定時器就是一個「定時對 Arduino 或 MCU 按下 Reset 重置鍵，執行重新啓動的內部裝置」。可是仔細的想一想，定時重新開機的機制是否有矛盾之處？若系統維持正常的功能，執行到一半，卻毫無理由的被看門狗計時器重新啓動，只因爲定時重開的時間到了 (Timeout)，導致重要資訊的漏失或是即時控制的失能，那不是自找麻煩，干擾系統正常的功能嗎？

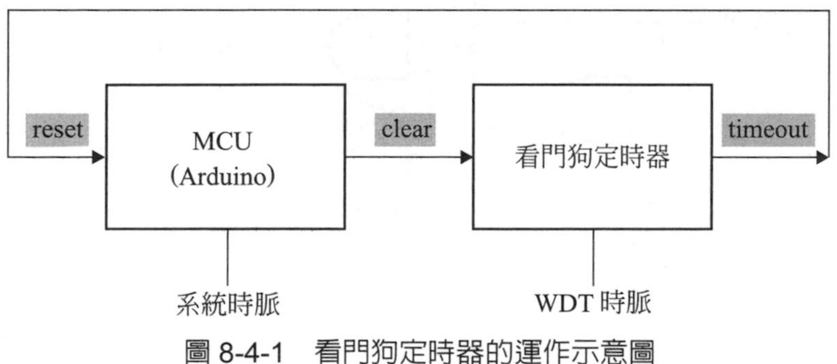

圖 8-4-1　看門狗定時器的運作示意圖

沒錯，為了避免這種無謂的重新開機，導致系統暫時的失能，在系統正常運行的前提下，我們可以在到達定時重啓的時間之前，下令清除看門狗定時器的計數值，如圖 8-4-1 中 clear 的訊號，讓看門狗定時器重新累計時間，如此就可以避免觸發系統的重啓，一直到 MCU 或是 Arduino 當機了，無法執行 clear 的動作，這時候只要看門狗定時器累計到設定的時間，就會發出 timeout 訊號，觸發系統的重新開機。

經由以上的說明，若要讓我們撰寫的系統與看門狗定時器合作無間，達到完美的運行，有一個最重要的關鍵點，那就是程式中必須要維持一個定時清除 WDT 的週期，這個 clear 週期一定要比看門狗定時器的重啓週期還短，才可以在 timeout 之前清除累計的計數值，實際上的做法，我們可以調整看門狗定時器的週期時間，或程式中 clear 的週期時間，但通常這都需要一段時間反覆的測試，才能達到整個系統穩定運行的完美目標。

8-4-2 設定 Timeout 時間

圖 8-4-2 為 Arduino UNO(ATmega328P) 中，看門狗定時器的電路圖，從圖中可以看出 WDT 與一般定時器最明顯的差異就是它的時脈來源，並不是與一般定時器共用的 16MHz 系統時脈，而是來自一個獨立專用的時脈產生器，固定提供 128KHz 的時脈頻率，其目的在確保 Arduino 即使是設定在最低功耗的模式下，WDT 也能正常的工作。

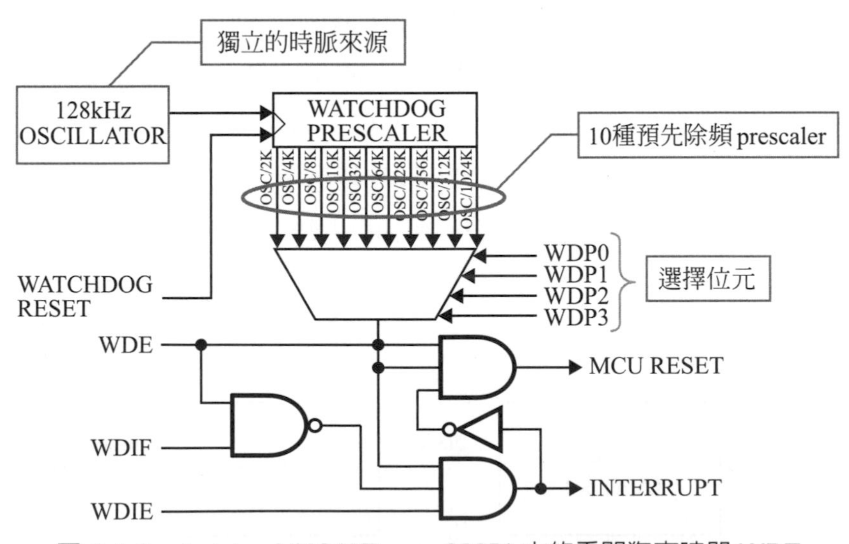

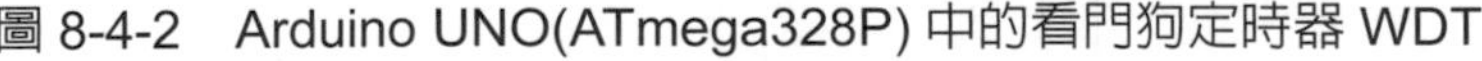
圖 8-4-2 Arduino UNO(ATmega328P) 中的看門狗定時器 WDT

與先前介紹的一般定時器一樣，看門狗定時器也有預先除頻 prescaler 的機制，可用來設定 timeout 的時間，也就是多久時間會重新開機一次。參考 ATmega328P 的資料手冊，timeout 時間的設定值是由看門狗定時器控制暫存器 (watchdog timer control register, WDTCSR) 的內容值所決定的，圖 8-4-3 即爲 WDTCSR 控制暫存器的格式內容，全長爲 8 位元，其實除了 timeout 時間的設定之外，WDTCSR 控制暫存器也與看門狗定時器正常的運作息息相關，所以值得我們深入的了解，詳細的欄位說明如下：

Bit	7	6	5	4	3	2	1	0
0x35 (0x55)	–	–	–	–	WDRF	BORF	EXTRF	PORF
Read/Write	R	R	R	R	R/W	R/W	R/W	R/W
Initial Value	0	0	0	0	See Bit Description			

(a) MCUSR

Bit	7	6	5	4	3	2	1	0
0x60	WDIF	WDIE	WDP3	WDCE	WDE	WDP2	WDP1	WDP0
Read/Write	R/W	R/W	R/W	R/W	R/W	R/W	R/W	R/W
Initial Value	0	0	0	0	×	0	0	0

(b) WDTCSR

圖 8-4-3　MCU 狀態暫存器 (MCUSR) 與看門狗定時器控制暫存器 (WDTCSR)

1. WDP (Watchdog Timer Prescaler)：WDT 預先除頻位元

參考圖 8-4-3(b)，WDP3 是看門狗控制暫存器 (WDTCSR) 中的位元 5，此位元會與 WDP[2:0]，分別在位元 2、1、0 的位置，合組成 4 個位元的預先除頻設定值 WDP[3:0]。如表 8-4-1 所示，WDP[3:0] 可選擇 2K ~ 1024K 等 10 種 timeout 的時脈數，因爲看門狗定時器專用的時脈頻率是固定的 128KHz，所以 1 個 WDT 的時脈時間固定爲 $\frac{1}{128K}$ 秒，以timeout時間爲2K個時脈數爲例，換算成時間等於 $2K \cdot \frac{1}{128K} = \frac{1}{64}$ 秒，約爲 16ms，以此類推，這 10 種可選擇設定 timeout 的時間，最長爲 8 秒鐘，最短可以到 16 毫秒。

表 8-4-1　看門狗定時器 WDT 中預先除頻 prescaler 設定表

WDP3	WDP2	WDP1	WDP0	WDT timeout 時脈數	換算成 timeout 時間 (秒)
0	0	0	0	2K (2048)	16ms
0	0	0	1	4K (4096)	32ms
0	0	1	0	8K (8192)	64ms
0	0	1	1	16K (16384)	0.125s
0	1	0	0	32K (32768)	0.25s
0	1	0	1	64K (65536)	0.5s
0	1	1	0	128K (131072)	1.0s
0	1	1	1	256K (262144)	2.0s
1	0	0	0	512K (524288)	4.0s
1	0	0	1	1024K (1048576)	8.0s
1	0	1	0	未使用	
1	0	1	1		
1	1	0	0		
1	1	0	1		
1	1	1	0		
1	1	1	1		

2. WDIF(Watchdog Interrupt Flag)：看門狗中斷旗標

參考圖 8-4-3(b)，WDIF 是看門狗控制暫存器 (WDTCSR) 中的位元 7。在看門狗定時器的執行模式設定成中斷模式的時候，一旦發生 timeout，此位元就會被寫入爲 1，直到對應的 WDT 中斷服務程式執行結束，才會由硬體將此位元清除爲 0，參考圖 8-4-2，此一機制可正確的達成先執行 WDT 中斷服務程式，後完成系統重啓的連續動作。

3. WDCE(Watchdog Change Enable)：看門狗改變致能

參考圖 8-4-3(b)，WDCE 是看門狗控制暫存器 (WDTCSR) 中的位元 4。在操作看門狗定時器的過程中，此位元的作用可以決定 WDE 與預先除頻 prescaler 的設定值是否能被修改，因爲這是二個非常重要的參數，爲了維持系統更穩定的運行，只有在 WDCE=1 時，使用者才可以改變 WDE 與預先除頻 prescaler 的設定值。另外要注意的是，WDCE 位元一旦寫入爲 1，硬體會在 4 個時脈週期之後自動清空爲 0，所以我們不用自己手動的清除，實際的用法可參考範例 8.4.6。

8-4-3　設定 WDT 的執行模式

這裡所謂的執行模式，就是指看門狗定時器在達到 timeout 時間之後要執行的動作，除了最常使用的重啓 (或重新開機) 模式之外，還有二種使用者可以設定的模式，分別是中斷模式與中斷 + 重啓模式，表 8-4-2 整理了這三種模式的設定參數，及其對應的執行動作。

表 8-4-2　看門狗定時器 WDT 的執行模式

WDTON	WDE	WDIE	模式	Timeout 時的執行動作
1	0	0	停止 (stop)	無任何動作
1	0	1	中斷模式 (interrupt)	執行 WDT_vect 中斷服務程式
1	1	0	系統重啓模式 (reset)	執行系統重新啓動
1	1	1	中斷 + 系統重啓模式	第 1 次 timeout 先執 WDT_vect 中斷服務程式，第 2 次 timeout 才執行系統重啓
0	X	X	系統重啓模式	執行系統重新啓動

1.　WDTON(Watchdog Timer Always On)：看門狗定時器恆開位元

WDTON 是 Arduino UNO(ATmega328P) 的系統設定參數，其預設値爲 1，表示看門狗定時器 WDT 的執行模式，可以經由 WDE 與 WDIE 的設定來規劃。

2.　WDE(Watchdog System Reset Enable)：看門狗系統重啓致能

參考圖 8-4-3(b)，WDE 是看門狗控制暫存器 (WDTCSR) 中的位元 3，WDE=1 代表 timeout 時會執行系統重啓動作。此位元的內容値會被 MCU 狀態暫存器 (MCUSR) 中的 WDRF 位元覆寫 (Override)，請參考圖 8-4-3(a)，也就是當 WDRF 位元設定爲 1 時，WDE 也必定爲 1，因此要清除 WDE，就必須先清除 WDRF，此機制能確保看門狗定時器正確的執行。

3. WDIE(Watchdog Interrupt Enable)：看門狗中斷致能

參考圖 8-4-3(b)，WDIE 是看門狗控制暫存器 (WDTCSR) 中的位元 6。(1) 在 WDE=0，並且 WDIE=1 的設定下，看門狗定時器的執行模式為中斷模式，表示在 timeout 發生時會執行 WDT_vect 中斷服務程式。(2) 在 WDE=1 並且 WDIE=1 的設定下，看門狗定時器的執行模式為中斷 + 重啟模式，表示在第 1 次 timeout 發生時會先執行 WDT_vect 中斷服務程式，第 2 次 timeout 才會執行系統重新啟動，此種模式常見於系統重啟前，備份重要資料到 EEPROM 時使用。

8-4-4 WDT 的使用步驟

接下來我們將 WDT 的使用分解成固定的 5 個步驟，使用者只要依照下列的步驟進行設定，就可以完成 WDT 的規劃跟使用。

(1) 禁止中斷

(2) 使用 WDR 指令或 wdt_reset( ) 重置 WDT 計數器

(3) 同時將 WDTCSR 的 WDCE 與 WDE 位元設為 1，進入 WDT 設定模式

(4) 在接下來的 4 個週期內完成 prescalar 與執行模式的設定

(5) 致能中斷

例如：要設定每 1 秒產生一次 WDT 中斷 (請注意不是系統重啟)，其程式碼如下：

```
cli( );                                    // 禁止中斷
asm("WDR");                                // 送出組合語言指令 "WDR"，清除 WDT 的計數值
WDTCSR |= _BV(WDCE)|_BV(WDE);  // 同時將 WDCE 與 WDE 設為 1，進入 WDT 設定模式
WDTCSR = _BV(WDP2)|_BV(WDP1);  //WDT prescaler=1s
WDTCSR |= _BV(WDIE);                       //WDT 中斷模式
sei( );                                    // 致能中斷
```

8-4-5　WDT 函式

爲了讓使用者更方便的使用 WDT 定時器的功能，Arduino 標準程式庫也提供了三個 WDT 函式，其功能作用分別敘述在表 8-4-3 中，在使用前記得先引入標頭檔：

```
#include <avr/wdt.h>
```

請注意，因爲啓動載入程序 (bootloader) 版本的影響，並不是所有的 Arduino 開發版都能成功的使用 WDT 函式，需要使用者自己小心的嘗試，但是使用 ATmega328P 的 Arduino UNO R3，則是完全可以使用沒有問題。

表 8-4-3　Arduino 標準程式庫所提供的三個 WDT 函式

函式	功能描述
wdt_enable(value)	致能 / 啓用看門狗定時器 WDT，並設定 timeout 時間爲 value，可允許使用的 timeout 時間常數定義如下： WDTO_15MS=15ms WDTO_30MS=30ms WDTO_60MS=60ms WDTO_120MS=120ms WDTO_250MS=250ms WDTO_500MS=500ms WDTO_1S=1s WDTO_2S=2s WDTO_4S=4s WDTO_8S=8s
wdt_disable( )	禁能 / 禁用看門狗定時器 WDT。
wdt_reset( )	清除看門狗定時器 WDT 的計數值。

8-4-6 WDT 範例 -1

使用表 8-4-3 的 WDT 函式完成以下動作：首先設定 WDT 的 timeout 時間爲 4 秒，然後從串列埠中接收使用者從 PC 端鍵盤輸入的字元，一旦偵測到有字元輸入，便會點亮板子上的 LED，然後進行字元的比對，(1) 如果不是 'x' 字元，則 LED 會持續點亮 100ms，然後熄滅，等待下一個字元的輸入。(2) 如果是 'x' 字元，則 LED 點亮後便會進入無窮迴圈，除了造成 LED 恆亮之外，也因爲無法執行清除 WDT 計數值的動作，所以看門狗定時器會在 4 秒之後，自動進行系統重新開機的動作，如此可順利解決機器無回應或是當機的問題。

範 例 **8.4.6**

```
/*** 範例 8.4.6(WDT 範例 -1) ***/
#include <avr/wdt.h>
#define TIMEOUT WDTO_4S              // 定義 WDT 的 timeout 時間 =4s
#define LED_PIN 13
char keyin;

/*************************************************
 * setup
 *************************************************/
void setup() {
  Serial.begin(9600);
  pinMode(LED_PIN,OUTPUT);
  wdt_enable(TIMEOUT);          // 啓用 WDT，並設定 timeout 時間為 4 秒
  Serial.println("System Reboot ...... ");
  Serial.println("Input char");
}
```

```
18 /****************************************************
19  * loop
20  ****************************************************/
21 void loop() {
22   if(Serial.available()>0) {    //若偵測到字元輸入
23      digitalWrite(LED_PIN,HIGH);
24      keyin=Serial.read();
25      if(keyin=='x') while(1);  //如果 keyin='x'，則進入無窮迴圈，LED 恆亮
26      else {                    //否則 LED 亮 100ms 後關閉
27        delay(100);
28        digitalWrite(LED_PIN,LOW);
29      }
30   }
31   wdt_reset();                 //清除 WDT 的計數值，避免系統重啓
32 }
```

討　論

在程式碼的第 31 行，wdt_reset( ) 的作用是不管使用者有沒有輸入字元，在每次 loop 迴圈都會清除 WDT 的計數值，避免系統重啓，只要 loop 迴圈正常執行，就代表程式還活著，WDT 就不會觸發系統重啓。

8-4-6 WDT 範例 -2

將上一個範例 WDT 的 timeout 時間改爲 8 秒，特別的是 8 秒後的執行模式是觸發中斷，印出“Timeout”，而不是系統重啓。注意，因爲 Arduino 提供的 WDT 函式 wdt_enable( )，其預設的執行模式固定爲系統重啓，所以此範例我們無法使用 wdt_enable( )，因此有關 WDT 的參數都需要自己小心的設定，才能讓 WDT 執行正確的功能。

範 例 8.4.7

```
/*** 範例 8.4.7(WDT 範例 -2) ***/
#include <avr/wdt.h>
#define LED_PIN 13
char keyin;
volatile int flag;

/***************************************************
 * setup
 ***************************************************/
void setup() {
  Serial.begin(9600);
  pinMode(LED_PIN,OUTPUT);
  WDT_setup();                        // 設定 WDT
  Serial.println("System Start ...... ");
  Serial.println("Input char");
}

```

```
/*****************************************************
 * loop
 *****************************************************/
void loop() {
  if(Serial.available()>0) {   // 若偵測到字元輸入
    digitalWrite(LED_PIN,HIGH);
    keyin=Serial.read();
    flag=1;
    if(keyin=='x') while(flag); // 如果 keyin='x'，則進入無窮迴圈，LED 恆亮
    else {                     // 否則 LED 亮 100ms 後關閉
      delay(100);
      digitalWrite(LED_PIN,LOW);
    }
  }
  asm("WDR");     // 送出組合語言指令 "WDR"，清除 WDT 的計數值，避免系統重啓
}

/*****************************************************
 * 看門狗 WDT 中斷服務程式
 *****************************************************/
ISR(WDT_vect) {
  Serial.println("Timeout, back to loop without reboot");
  digitalWrite(LED_PIN,LOW);
  flag=0;                             // 旗標 =0 可跳出無窮迴圈
}

/*****************************************************
 * 設定 WDT
 *****************************************************/
void WDT_setup() {
  cli();                              // 禁止中斷
  asm("WDR");                         // 清除 WDT 的計數值
  MCUSR &= ~_BV(WDRF);                // 先將 MCUSR 暫存器中的 WDRF 位元清空為 0
```

```
51   WDTCSR |= _BV(WDCE)|_BV(WDE);      // 同時將 WDCE 與 WDE 設為 1，進入 WDT 設定模式
52   WDTCSR = _BV(WDP3)|_BV(WDP0);      // 設定 WDP[3:0]=1001，timeout 時間為 8 秒
53   WDTCSR |= (1<<WDIE);               // 設定 WDIE=1,WDE=0，執行模式為中斷模式
54   sei();                             // 致能中斷
55 }
56
57 /*************************************************
58  * 關閉 WDT
59 **************************************************/
60 void WDT_off() {
61   cli();                             // 禁止中斷
62   asm("WDR");                        // 清除 WDT 的計數值
63   MCUSR &= ~_BV(WDRF);               // 先將 MCUSR 暫存器中的 WDRF 位元清空為 0
64   WDTCSR |= _BV(WDCE)|_BV(WDE);      // 同時將 WDCE 與 WDE 設為 1，進入 WDT 設定模式
65   WDTCSR = 0;                        // 全部清空為 0
66   sei();                             // 致能中斷
67 }
```

討 論

(1) 程式碼的 48~54 行是 WDT 參數的設定，需注意順序，特別是 51 行，要同時將 WDCE 與 WDE 設爲 1，才可以改變 WDTCSR 暫存器的值，而且時間只有 4 個時脈週期，之後 WDCE 會自動清空爲 0，恢復 WDTCSR 暫存器禁止寫入的狀態。

(2) 第 32 行，wdt_reset( ) 的另一種寫法，直接使用組合語言的指令 "WDR"(watchdog reset) 清除 WDT 的計數值，效果等同 wdt_reset( )，參閱 wdt.h 檔，其實 wdt_reset( ) 巨集的定義，就是執行組合語言指令 "WDR"。

8-5 習題

[8-1] 使用 Timer2，寫出一個閃爍的 LED 燈，能固定的亮 1 秒鐘，暗 1 秒鐘，並且同時將數值 0~999，每隔 100ms 循環不停的在 PC 端印出，程式中禁用 delay。

[8-2] 使用 Timer1，寫出一個閃爍的 LED 燈，能固定的亮 2 秒鐘，暗 1 秒鐘，並且同時將數值 0~99，每隔 250ms 循環不停的在 PC 端印出，程式中禁用 delay。

[8-3] 外接一顆 LED 燈，有二種閃爍的速度，速度 A 是每 0.2 秒閃爍一次，速度 B 是每 0.7 秒閃爍一次，其中，速度的切換是使用一個按鈕開關連結外部中斷來實現，而時間的控制則使用 Timer1。

[8-4] 使用 WDT 機制實作一個軟體重啓函式 software_reboot()，只要按下 D2 外接的按鈕開關，就會呼叫 software_reboot() 在最短時間內重新開機，按鈕開關請使用外部中斷。

[8-5] 隨機產生 WDT 的 timeout 時間為 3~9 秒，將數值顯示在七段顯示器後開始倒數，使用者要在倒數結束前按下按鈕，除了能阻止重新開機，也產生下一個倒數時間。

[8-6] (1) 設定 WDT 的 timeout 時間為 4 秒，執行模式為中斷 + 重啓。

(2) 依序在 PC 端印出 0-9 的計數值，其間隔時間使用 delay(x) 控制，x 為 100~4500ms 的亂數。

(3) 若 delay > 4000ms，則第 1 次 timeout 會觸發 WDT 中斷，中斷的內容就是印出 [Interrupt]，第 2 次 timeout 才會執行 WDT 的系統重啓。

Chapter 9
脈衝寬度調變 (PWM)

在先前控制 LED 燈的範例中，我們只要將輸出腳位的電壓指定為 HIGH，就可以很簡單的點亮 LED 燈，相反的，電壓為 LOW 就可關閉 LED 燈，可是我們可以思考一下，難道 LED 燈就只有亮跟不亮的狀態嗎？有沒有辦法讓它呈現要亮不亮的狀態，甚至精確的控制它只亮 1/4，或只亮 1/2 呢？答案就在本章要介紹的脈衝寬度調變技術 (PWM)。

9-1 什麼是脈衝寬度調變？

脈衝寬度調變的原文全名是 Pulse Width Modulation，縮寫為 PWM，簡單來說它是一種使用數位訊號模擬產生類比訊號的技術，舉例說明，一個數位系統只會有高電位 (5V) 與低電位 (0V) 二種訊號的輸出，在這種限制下我們如何實現 1V、2V，甚至是 3.5V 的輸出？答案當然是肯定的，其關鍵技術就是 PWM，實際上只要適當的控制，我們可以產生 0~5V 之間任一點電壓值，PWM 的技術特色，就是使數位系統具有類比電路的行為，但是卻沒有類比電路功耗大，和對雜訊干擾敏感的缺點。脈衝寬度調變 PWM 的技術可產生 0% ~ 100% 的類比電壓，常應用在燈光或螢幕亮度的控制、馬達轉速的控制、音量的大小聲 / 聲音高低的控制等。

學習完這章，你不再只是會使用簡單的 analogWrite( ) 函式，你可獲得比 analogWrite( ) 函式更多的控制權，能實做出更複雜更精準的 PWM 輸出控制，成為 PWM 達人。

9-2 PWM 的工作原理

在介紹 PWM 的工作原理之前，針對週期性的訊號方波，如圖 9-2-1 所示，我們必須先了解以下基本名詞的定義。

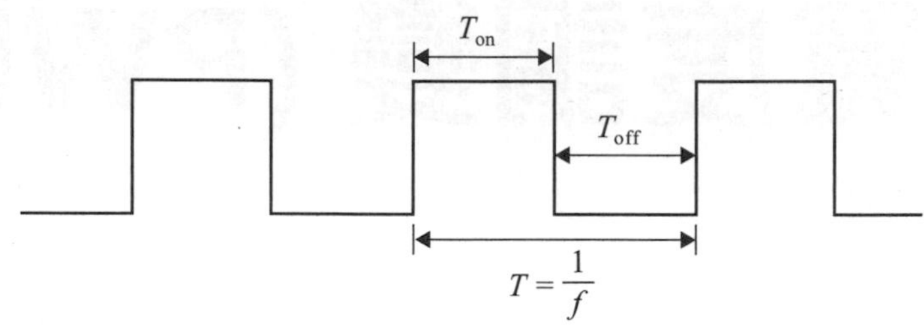

圖 9-2-1 週期性訊號方波

1. **週期 (T)**

   通常以符號 T 表示，其定義爲一個方波從開始到結束所經過的時間，以秒爲單位。

2. **頻率 (f)**

   1 秒內產生方波的數量，單位爲赫茲 Hz，例如：一個頻率爲 10kHz 的時脈產生器，代表 1 秒內會產生 10k 個時脈週期。根據定義我們可推得週期與頻率的關係爲 $f = \frac{1}{T}$ 或是 $T = \frac{1}{f}$，只要知道週期就可推得頻率，反之亦然。所以頻率爲 10kHz，可推得其週期爲 1/10k = 0.1ms。

3. **T_{on} / T_{off}**

   T_{on} 代表一個週期內訊號爲高電位的時間，T_{off} 則爲低電位的時間，以正向邏輯而言，我們可以把 T_{on} 當成啓動或是工作的時間，而 T_{off} 則爲休息的時間。

4. **Duty Cycle，工作占比，也有人稱爲占空比或工作週期**

   定義爲 T_{on} / T 的比例，也就是指眞正工作的時間占整個週期的百分比，例如：一個訊號方波，其週期固定爲 10ms，T_{on} 爲 3ms，則 duty cycle = 3ms / 10ms = 30%。

要解釋 PWM 的工作原理，以亮燈的例子來說明比較容易了解，如果我們用開關來控制燈光，(1) 開 1 秒關 1 秒，燈光就會跟著亮 1 秒暗 1 秒，可是當開關的速度加快到很高速的時候，我們的眼睛就會看不到燈光一亮一暗的閃爍，取而代之的是昏暗半亮的持續燈光，(2) 如果我們改變開關時間的比例，變成開 1 秒關 2 秒，燈光就會跟著亮 1 秒暗 2 秒，比例不變只要開關速度持續加快，最後就會變成 1/3 亮的持續燈光，這就是 PWM 的作用。

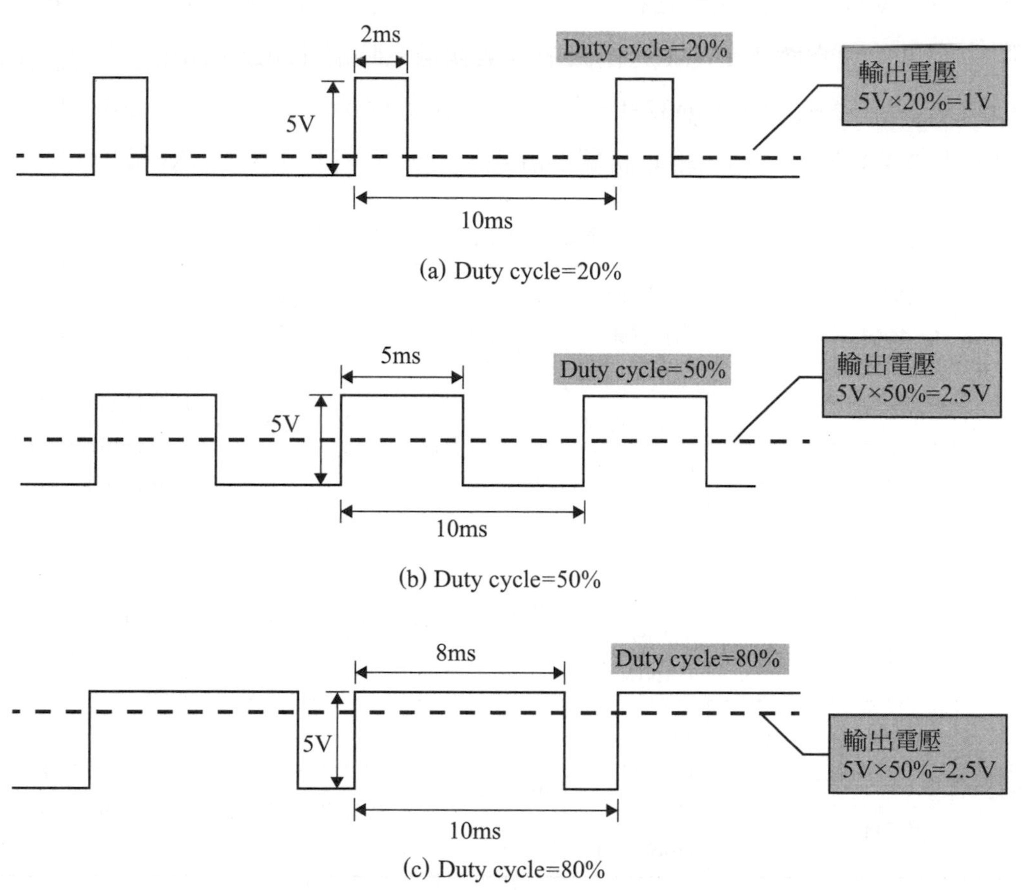

圖 9-2-2　PWM 的工作原理

從以上例子的說明，其實脈衝寬度調變 PWM 的名稱，就是源自對 T_{on} 脈衝寬度的調整，若訊號週期固定不變，只要改變 T_{on} 的寬度 (也就是 T_{on} 的時間)，就能改變 duty cycle，得到我們預先規劃的訊號準位，PWM 輸出電壓的公式如下：

$$\text{PWM 輸出電壓} = V_{DD} \times \text{Duty Cycle} = V_{DD} \times \frac{T_{on}}{T}$$

圖 9-2-2 的範例，可充分說明 PWM 的工作原理，在範例 (a) 中，因為 duty cycle = 20%，所以輸出電壓 = 5V × 20% = 1V，同理，在範例 (b) 跟 (c) 中，我們可藉著增加 duty cycle，進而把電壓調高到 2.5V 與 4V，以符合需求。

9-3 Arduino 如何產生 PWM

在了解 PWM 的工作原理之後，接下來的問題是，Arduino 微控器中，究竟是由哪一個功能單元負責產生 PWM 的輸出？答案就是定時器 Timer。如第 8 章所介紹的，Arduino UNO 開發板 (ATmega328P) 中內含 3 組定時器，分別爲 Timer0、Timer1 與 Timer2，表 9-3-1 列出了這三組定時器的計數位元長度與其產生 PWM 輸出的特性。

表 9-3-1　UNO 定時器與 PWM 的關係

	PWM Output	Pin number	PWM 預設模式	PWM 預設頻率	Duty cycle 的範圍	其他用途
Timer0	OC0A	~6	Fast PWM (mode 3)	976.5625Hz	2/256~255/256 (對應 1 到 254)	使用在時間函式，包括 delay( )，millis( )，micros( )
	OC0B	~5				
Timer1	OC1A	~9	Phase correct PWM (mode 1)	490.1961Hz	1/255~254/255 (對應 1 到 254)	使用在 Arduino 內建的 Servo 伺服馬達函式庫
	OC1B	~10				
Timer2	OC2A	~11	Phase correct PWM (mode 1)	490.1961Hz	2/256~255/256 (對應 1 到 254)	使用在 Arduino 內建的 tone( ) 函式
	OC2B	~3				

參考表 9-3-2，在定時器所有的功能模式中，可以產生 PWM 輸出的模式主要有二種，(1) Fast PWM 模式與 (2) Phase correct PWM 模式，特別在 16 位元的 Timer1 中，還有第三種 PWM 模式，Phase and frequency correct PWM，與 Phase correct PWM 相較之下，二者唯一的差異就是在 OCR 暫存器更新點的不同，Phase correct PWM 是在 TOP 更新，而 Phase and frequency correct PWM 則是在 BOTTOM 更新。

表 9-3-2 定時器 Timer0~2 的功能模式

模式編號	WGM				Timer0 & Timer2 (8-bit)			Timer1 (16-bit)		
					功能模式	TOP 上限值	OCR0x 更新點	功能模式	TOP 上限值	OCR1x 更新點
0	0	0	0	0	Normal	0xFF	Immediate	Normal	0xFFFF	Immediate
1	0	0	0	1	Phase Correct PWM	0xFF	TOP	Phase Correct PWM, 8-bit	0x00FF	TOP
2	0	0	1	0	CTC	OCRA	Immediate	Phase Correct PWM, 9-bit	0x01FF	TOP
3	0	0	1	1	Fast PWM	0xFF	BOTTOM	Phase Correct PWM, 10-bit	0x03FF	TOP
4	0	1	0	0	–	–	–	CTC	OCR1A	Immediate
5	0	1	0	1	Phase correct PWM	OCRA	TOP	Fast PWM 8-bit	0x00FF	BOTTOM
6	0	1	1	0	–	–	–	Fast PWM 9-bit	0x01FF	BOTTOM
7	0	1	1	1	Fast PWM	OCRA	BOTTOM	Fast PWM 10-bit	0x03FF	BOTTOM
8	1	0	0	0				Phase and Frequency Correct PWM	ICR1	BOTTOM
9	1	0	0	1				Phase and Frequency Correct PWM	OCR1A	BOTTOM
10	1	0	1	0				Phase Correct PWM	ICR1	TOP
11	1	0	1	1				Phase Correct PWM	OCR1A	TOP
12	1	1	0	0				CTC	ICR1	Immediate
13	1	1	0	1				–	–	–
14	1	1	1	0				Fast PWM	ICR1	BOTTOM
15	1	1	1	1				Fast PWM	OCR1A	BOTTOM

MAX=0xFF / 0xFFFF
BOTTOM=0x00 / 0x0000

先介紹比較簡單而且直接的 Fast PWM 模式，因爲 Timer0 的更動會影響到 delay( )、millis( )、micros( ) 這些時間函式的正常功能，通常不建議修改 Timer0，所以接下來的內容都會以同樣是 8 位元定時器的 Timer2 爲範例進行修改。

在定時器中與 PWM 設定相關的暫存器位元有下列 4 組，

(1) Waveform Generation Mode (WGM) 位元

設定 PWM 的模式，有 Fast PWM 與 Phase correct PWM 二種模式分類。8 位元的定時器有 3 個位元，分別是 Timer0 的 WGM02 ~ WGM00 與 Timer2 的 WGM22 ~ WGM20，16 位元的 Timer1 有 4 個位元 WGM13 ~ WGM10 ，其功能模式分別列在表 9-3-2。

(2) Clock Select (CS) 位元

設定預先除頻的倍率，Timer0、Timer1、Timer2 各有不同的除頻倍率設定。

(3) Compare Output Mode for Channel A (COM*n*A) 位元

設定 TCNT*n*=OCR*n*A 時，OC*n*A 輸出的訊號。COM*n*A 的長度是 2 個位元，COM*n*A1 ~COM*n*A0，所以可設定 4 種輸出訊號。

(4) Compare Output Mode for Channel B (COM*n*B) 位元

與 COM*n*A 作用一樣，是設定 TCNT*n*=OCR*n*B 時，OC*n*B 輸出的訊號。長度一樣是 2 個位元，COM*n*B1~COM*n*B0，可設定 4 種輸出訊號。

9-3-1 Fast PWM 模式 (以 Timer2 為例)

仔細觀察表 9-3-2，可以發現 Fast PWM 模式有二種不同的 TOP 設定值，分別是 Mode 3 與 Mode 7，在 Mode 3 的 Fast PWM 模式下，TOP 上限值固定是最大值 0XFF，而 Mode 7 的 Fast PWM 模式，其 TOP 上限值爲 OCR*n*A 的內容值，TOP 值的改變，會導致二種模式有不同的 PWM 的輸出。

1.　Mode 3 (TOP=0XFF)

PWM 的參數設定如下

```
WGM2[2:0]=011₂
COM2A[1:0]=10₂
COM2B[1:0]=10₂
CS2[2:0]=100₂         // 參考表 8-3-5 此為除頻倍率 64
OCR2A=200
OCR2B=50
```

在 Mode 3 模式下，TOP 值是預設 8 位元的最大值，也就是 255(0XFF)，所以計數暫存器的值會從 0 開始累計到 255，每一個 Timer 時脈 (系統時脈經過預先除頻 prescaler 的結果) 會做一次 +1 的動作，直到 255 再一次 +1 就會重新歸零。圖 9-3-1 是 Mode 3 的 Fast PWM 模式波形產生圖，從圖中可以看出，在計數暫存器從 0 累加到 255 的過程中，會有 3 個重要的時間點：

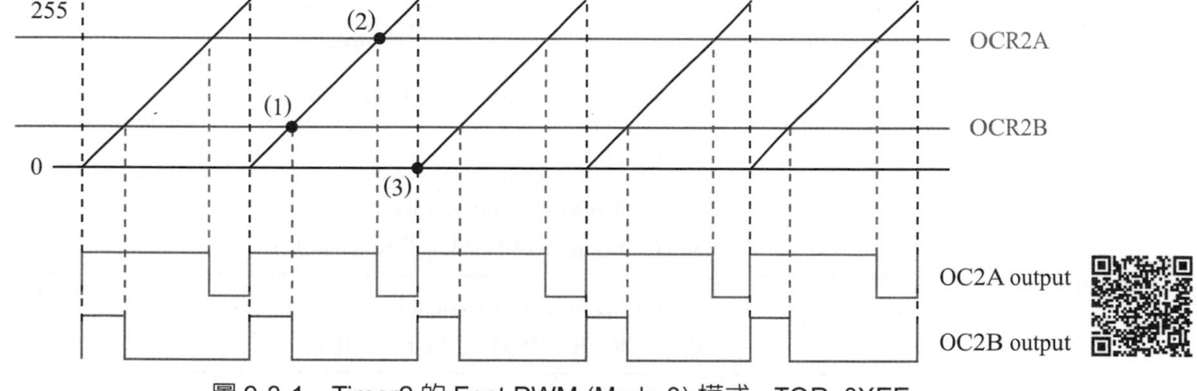

圖 9-3-1　Timer2 的 Fast PWM (Mode 3) 模式，TOP=0XFF

(1) 計數暫存器 TCNT2=OCR2B

因為 COM2B 的設定值為 10_2，參考表 9-3-4，表示在 TCNT2=OCR2B 時，OC2B 的輸出電壓會拉降為 LOW，也就是輸出 0 值。

(2) 計數暫存器 TCNT2=OCR2A

參考表 9-3-3，因為 COM2A 的值也為 10_2，所以在 TCNT2=OCR2A 時，OC2A 也是輸出 0 值。

(3) 計數暫存器 TCNT2=0

參考表 9-3-3 與表 9-3-4，因為 COM2A 與 COM2B 的值均為 10_2，所以在 TCNT2=BOTTOM，也就是 TCNT2=0 時，二個輸出埠 OC2A 與 OC2B 的輸出電壓均會拉升到 HIGH，輸出值為 1。

表 9-3-3　Fast PWM 下，OC2A 的比較輸出模式 (Compare Output Mode)

COM*n*A1	COM*n*A0	動作描述
0	0	Normal port operation, OC*n*A disconnected.
0	1	WGM*n*2=0, Normal port operation, OC*n*A disconnected. WGM*n*2=1, Toggle OC*n*A on compare match
1	0	Clear OC*n*A on compare match. Set OC*n*A at BOTTOM. (非反相模式)
1	1	Set OC*n*A on compare match. Clear OC*n*A at BOTTOM. (反相模式)

表 9-3-4　Fast PWM 下，OC2B 的比較輸出模式 (Compare Output Mode)

COM*n*B1	COM*n*B0	動作描述
0	0	Normal port operation, OC*n*B disconnected.
0	1	Reserved.
1	0	Clear OC*n*B on compare match. Set OC*n*B at BOTTOM. (非反相模式)
1	1	Set OC*n*B on compare match. Clear OC*n*B at BOTTOM. (反相模式)

上述的解說搭配圖 9-3-1 的展示，我們可推得 Arduino UNO 在 Fast PWM (Mode 3) 的模式下，2 個輸出埠 OC2A 與 OC2B 所產生的 PWM 頻率相同，其頻率公式與相關數值整理如下：

$$\text{OC2A} = \text{OC2B 的 PWM 頻率} = \frac{16\text{M}}{\text{prescaler} \times (\text{TOP} + 1)}$$

▶ OC2A(~11 接腳) 輸出的 PWM

頻率 = 16M / (64×256) = 976.5625Hz

duty cycle = (200+1) / (255+1) = 78.5%，約爲 79% (80%)

▶ OC2B(~3 接腳) 輸出的 PWM

頻率 = 16M / (64×256)=976.5625Hz

duty cycle = (50+1) / (255+1) = 19.9%，約爲 20%

2. Mode 7 (TOP=OCR2A)

PWM 的參數設定如下

```
WGM2[2:0]=111₂
COM2A[1:0]=01₂
COM2B[1:0]=10₂
CS2[2:0]=100₂      // 參考表 8-3-5 此為除頻倍率 64
OCR2A=200
OCR2B=50
```

參考表 9-3-2，在 Mode 7 的模式下，TOP 值是 OCR2A 的內容值，這是與 Mode 3 最大的不同，所以以上述 OCR2A=200 的設定，計數暫存器的值會從 0 開始累計到 200，每一個 Timer 時脈 (系統時脈經過預先除頻 prescaler 的結果) 會做一次 +1 的動作，直到 200 再一次 +1 就會重新歸零。圖 9-3-2 是 Fast PWM (Mode 7) 模式波形產生圖，從圖中可以看出，在計數暫存器從 0 累加到 OCR2A 的過程中，也是有 3 個重要的時間點：

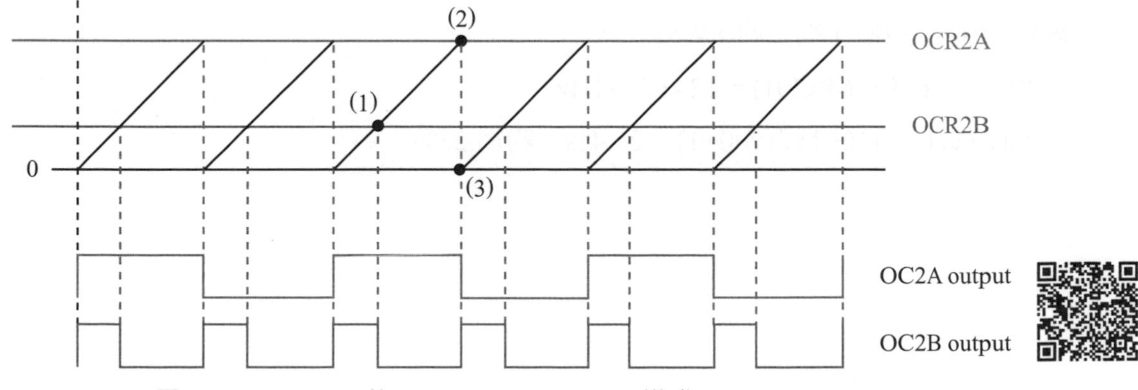

圖 9-3-2　Timer2 的 Fast PWM (Mode 7) 模式，TOP=OCR2A=200

(1) 計數暫存器 TCNT2=OCR2B

因爲 COM2B 的設定值爲 10_2，參考表 9-3-4，表示在 TCNT2=OCR2B 時，OC2B 的輸出電壓會拉降爲 LOW，也就是輸出 0 值。

(2) 計數暫存器 TCNT2=OCR2A

COM2A 的設定值爲 01_2，參考表 9-3-3，因爲 WGM22=1，所以在 TCNT2=OCR2A 時，OC2A 會反轉 (Toggle) 現有的值，進行輸出，因此 1 會反相爲 0，0 會反相爲 1。

(3) 計數暫存器 TCNT2=0

參考表 9-3-4，因爲 COM2B 的值爲 10_2，所以在 TCNT2=BOTTOM，也就是 TCNT2=0 時，輸出埠 OC2B 的輸出電壓會拉升到 HIGH，輸出值爲 1。

上述的解說搭配圖 9-3-2 的展示，我們可推得 Arduino UNO 在 Fast PWM (Mode 7) 的模式下，2 個輸出埠 OC2A 與 OC2B 所產生的 PWM 頻率並不相同，其頻率公式與相關數值整理如下：

$$\text{OC2A 的 PWM 頻率} = \frac{16M}{prescaler \times (OCR2A+1) \times 2}$$

$$\text{OC2B 的 PWM 頻率} = \frac{16M}{prescaler \times (OCR2A+1)}$$

▶ OC2A(~11 接腳) 輸出的 PWM

頻率 = 16M / (64×201×2) = 621.8905Hz

duty cycle 固定爲 50%

▶ OC2B(~3 接腳) 輸出的 PWM

頻率 = 16M / (64×201) = 1243.7811Hz

duty cycle = (50+1) / (200+1) = 25.4%，約爲 25%

9-3-2　Phase correct PWM 模式 (以 Timer2 為例)

與 Fast PWM 模式一樣，Phase correct PWM 模式也有二種不同的 TOP 值，分別是 Mode 1 與 Mode 5，參考表 9-3-2，在 Phase correct PWM (Mode 1) 模式下，TOP 上限值固定是最大值 0XFF，而 Phase correct PWM (Mode 5) 的模式，其 TOP 上限值爲 OCR*n*A 的內容值，TOP 值的改變會導致二種模式有不同的 PWM 輸出特性。

1. Mode 1 (TOP=0XFF)

PWM 的參數設定如下

```
WGM2[2:0]=001₂
COM2A[1:0]=10₂
COM2B[1:0]=10₂
CS2[2:0]=100₂      // 參考表 8-3-5 此為除頻倍率 64
OCR2A=200
OCR2B=50
```

在 Mode 1 的模式下，TOP 值是預設 8 位元的最大值 255(0XFF)，計數暫存器的值首先會從 0 開始累計到 255，進行上數 (Up-counting) 的動作，每一個 Timer 時脈會做一次＋ 1 的動作，直到最大值 255，然後接著是下數 (Down-counting) 的動作，這是 Phase correct PWM 最大的不同。計數暫存器的值在達到 TOP 值之後並不是歸零，而是隨著每一個 Timer 時脈做一次－ 1 的動作，直到計數暫存器的值爲 0 之後，接著又開始上數的循環。圖 9-3-3 是 Phase correct PWM (Mode 1) 的波形產生圖，從圖中可以看出，在計數暫存器從 0 上數到 255，又下數到 0 的過程中，按時間的先後順序會有 4 個重要的時間點：

(1) 計數暫存器 TCNT2=OCR2B (上數階段)

COM2B 的設定值爲 10_2，參考表 9-3-6，在上數階段中，如果 TCNT2=OCR2B，則 OC2B 的輸出電壓會拉降爲 LOW，也就是輸出 0 值。

(2) 計數暫存器 TCNT2=OCR2A (上數階段)

COM2A 的值爲 10_2，參考表 9-3-5，在上數階段中，TCNT2=OCR2A 時 OC2A 的輸出電壓會拉降爲 LOW，輸出 0 值。

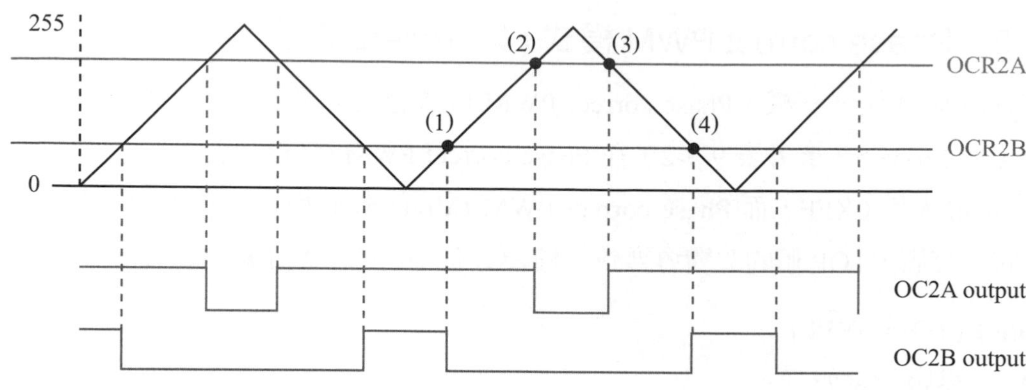

圖 9-3-3 Timer2 的 Phase correct PWM (Mode 1) 模式，TOP=0XFF

(3) 計數暫存器 TCNT2= OCR2A (下數階段)

COM2A 的值為 10_2，參考表 9-3-5，在下數階段中，TCNT2=OCR2A 時，OC2A 的輸出電壓會拉升為 HIGH，輸出值為 1。

(4) 計數暫存器 TCNT2= OCR2B (下數階段)

COM2B 的值為 10_2，參考表 9-3-6，在下數階段中，TCNT2=OCR2B 時，OC2B 的輸出電壓會拉升為 HIGH，輸出值為 1。

表 9-3-5 Phase correct PWM 下，OC2A 的比較輸出模式 (Compare Output Mode)

COM*n*A1	COM*n*A0	動作描述
0	0	Normal port operation, OC*n*A disconnected.
0	1	WGM*n*2=0, Normal port operation, OC*n*A disconnected. WGM*n*2=1, Toggle OC*n*A on compare match
1	0	Clear OC*n*A on compare match when up-counting. Set OC*n*A on compare match when down-counting.
1	1	Set OC*n*A on compare match when up-counting. Clear OC*n*A on compare match when down-counting.

表 9-3-6　Phase correct PWM 下，OC2B 的比較輸出模式 (Compare Output Mode)

COM*n*B1	COM*n*B0	動作描述
0	0	Normal port operation, OC*n*B disconnected.
0	1	Reserved.
1	0	Clear OC*n*B on compare match when up-counting. Set OC*n*B on compare match when down-counting.
1	1	Set OC*n*B on compare match when up-counting. Clear OC*n*B on compare match when down-counting.

上述的解說搭配圖 9-3-3 的展示，我們可推得 Arduino UNO 在 Phase correct PWM (Mode 1) 的模式下，2 個輸出埠 OC2A 與 OC2B 所產生的 PWM 頻率相同，其頻率公式與相關數值整理如下：

$$\text{OC2A} = \text{OC2B 的 PWM 頻率} = \frac{16\text{M}}{\text{prescaler} \times \text{TOP} \times 2}$$

▶ OC2A(~11 接腳) 輸出的 PWM

頻率 = 16M / (64×255×2) = 490.1961Hz

duty cycle = 200 / 255 = 78.43%，約爲 78% (80%)

▶ OC2B(~3 接腳) 輸出的 PWM

頻率 = 16M / (64×255×2) = 490.1961Hz

duty cycle = 50 / 255 = 19.6%，約爲 20%

2.　Mode 5 (TOP=OCR2A)

PWM 的參數設定如下

```
WGM2[2:0]=101₂
COM2A[1:0]=01₂
COM2B[1:0]=10₂
CS2[2:0]=100₂      // 參考表 8-3-5 此為除頻倍率 64
OCR2A=200
OCR2B=50
```

在 Mode 5 的模式下，TOP 值是 OCR2A 的內容值，這是與 Mode 1 最大的不同，所以以上述 OCR2A=200 的設定，計數暫存器的值會從 0 開始累計到 200，進行上數的動作，直到200，然後接著是下數的動作，隨著每一個 Timer時脈做一次－1的動作，直到計數暫存器的值為 0，接著又開始上數的循環。圖 9-3-4 是 Phase correct PWM (Mode 5) 的波形產生圖，從圖中可以看出，在計數暫存器從 0 上數到 OCR2A，又下數到 0 的過程中，按時間的先後順序會有 3 個重要的時間點：

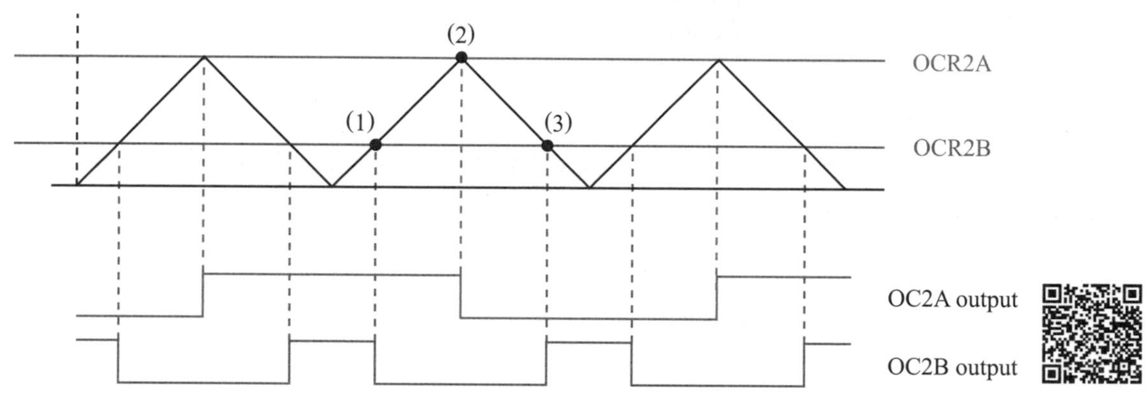

圖 9-3-4　Timer2 的 Phase correct PWM (Mode 5) 模式，TOP=OCR2A=200

(1) 計數暫存器 TCNT2=OCR2B (上數階段)

COM2B 的設定值為 10_2，參考表 9-3-6，在上數階段中，如果 TCNT2=OCR2B，則 OC2B 的輸出電壓會拉降為 LOW，也就是輸出 0 值。

(2) 計數暫存器 TCNT2=OCR2A

COM2A 的設定值為 01_2，參考表 9-3-5，因為 WGM22=1，所以在 TCNT2=OCR2A 時，OC2A 會反轉 (Toggle) 現有的值，進行輸出，因此 1 會反相為 0，0 會反相為 1。

(3) 計數暫存器 TCNT2= OCR2B (下數階段)

COM2B 的值為 10_2，參考表 9-3-6，在下數階段中，TCNT2=OCR2B 時，OC2B 的輸出電壓會拉升為 HIGH，輸出值為 1。

上述的解說搭配圖 9-3-4 的展示，我們可推得 Arduino UNO 在 Phase correct PWM (Mode 5) 的模式下，2 個輸出埠 OC2A 與 OC2B 所產生的 PWM 頻率並不相同，其頻率公式與相關數值整理如下：

$$\text{OC2A 的 PWM 頻率} = \frac{16M}{prescaler \times OCR2A \times 4}$$

$$\text{OC2B 的 PWM 頻率} = \frac{16M}{prescaler \times OCR2A \times 2}$$

▶ OC2A(~11 接腳) 輸出的 PWM

頻率 = 16M / (64×200×4) = 312.50Hz

duty cycle 固定爲 50%

▶ OC2B(~3 接腳) 輸出的 PWM

頻率 = 16M / (64×200×2) = 625.00Hz

duty cycle = 50 / 200 = 25%

9-4 analogWrite( ) 函式解析

Arduino 在開機的過程中，會完成定時器的初始化，以 UNO 來說，其初始化的參數設定如表 9-4-1 所列，3 個定時器的除頻倍率皆爲 64，而操作模式除了 Timer0 爲 Fast PWM 模式外，Timer1 與 Timer2 皆爲 Phase correct PWM 模式，程式碼細節可參考 wiring.c 中 init( ) 函式。

表 9-4-1　Arduino UNO 中 3 個定時器的初始化設定

定時器	初始化設定	
Timer0	$WGM0[2:0]=011_2$ $CS0[2:0]=011_2$	//Fast PWM (Mode 3) 模式 // 參考表 8.3.5 此爲除頻倍率 64
Timer1	$WGM1[2:0]=001_2$ $CS1[2:0]=011_2$	//Phase correct PWM (Mode 1, 8-bit) 模式 // 參考表 8.3.5 此爲除頻倍率 64
Timer2	$WGM2[2:0]=001_2$ $CS2[2:0]=100_2$	//Phase correct PWM (Mode 1) 模式 // 參考表 8.3.5 此爲除頻倍率 64

analogWrite( ) 函式定義在 Arduino\hardware\arduino\avr\cores\arduino\wiring_analog.c 中，整理只屬於 Arduino UNO 部分的程式碼，加上中文註解節錄如下：

1. analogWrite( ) 函式用法

函　式	analogWrite(pin, value)
描　述	設定 duty cycle 的值，在特定的接腳輸出 PWM 訊號
參　數	pin：類比輸出接腳的編號，以 UNO 而言，有 3、5、6、9、10、11。 value：0~255 的整數值，可表示 PWM 的 duty cycle。
傳回值	無

2. analogWrite( ) 程式碼

```
void analogWrite(uint8_t pin, int val)
{
  pinMode(pin,OUTPUT);
  if (val==0)          //若 duty cycle=0 直接改用 digitalWrite(pin,LOW)
    digitalWrite(pin,LOW);
  else if (val==255) //若 duty cycle=1 直接改用 digitalWrite(pin,HIGH)
    digitalWrite(pin,HIGH);
  else          {
     switch(digitalPinToTimer(pin))  {  //pin 腳與 Timer 的對應
        case TIMER0A:                   //~6 腳位對應到 Timer0 的通道 A
           sbi(TCCR0A,COM0A1);          //設定 OC0A 的比較輸出模式 =10_2
           OCR0A=val;                   //設定 duty cycle
           break;

        case TIMER0B:                   //~5 腳位對應到 Timer0 的通道 B
           sbi(TCCR0A,COM0B1);          //設定 OC0B 的比較輸出模式 =10_2
           OCR0B=val;                   //設定 duty cycle
           break;

        case TIMER1A:                   //~9 腳位對應到 Timer1 的通道 A
           sbi(TCCR1A,COM1A1);          //設定 OC1A 的比較輸出模式 =10_2
           OCR1A=val;                   //設定 duty cycle
           break;

        case TIMER1B:                   //~10 腳位對應到 Timer1 的通道 B
           sbi(TCCR1A,COM1B1);          //設定 OC1B 的比較輸出模式 =10_2
           OCR1B=val;                   //設定 duty cycle
           break;

        case TIMER2A:                   //~11 腳位對應到 Timer2 的通道 A
           sbi(TCCR2A,COM2A1);          //設定 OC2A 的比較輸出模式 =10_2
           OCR2A=val;                   //設定 duty cycle
           break;
```

```
34
35        case TIMER2B:                      //~3 腳位對應到 Timer2 的通道 B
36          sbi(TCCR2A,COM2B1);              // 設定 OC2B 的比較輸出模式 =10_2
37          OCR2B=val;                       // 設定 duty cycle
38          break;
39
40        case NOT_ON_TIMER:
41        default:                           // 其它 pin 腳則直接改用 digitalWrite
42          if (val<128) digitalWrite(pin,LOW);
43          else digitalWrite(pin,HIGH);
44      }
45    }
46  }
```

說 明

(1) 程式碼第 11 行 sbi(TCCR0A, COM0A1);，是設定 TCCR0A 暫存器中的 COM0A1 位元為 1。

(2) 從程式碼第 40 行可以看出，除了 3、5、6、9、10、11 以外，對其他接腳使用 analogWrite( ) 函式並不會造成錯誤，而是會被直接改成 digitalWrite( ) 輸出 0 或 1，val<128 就輸出 0 否則輸出 1。

(3) analogWrite( ) 函式僅能設定 duty cycle，無法改變 PWM 的頻率，在 Arduino 開機初始化的時候，PWM 的頻率早已按照預設的模式(如表 9-4-1)固定如下，Timer0 所產生 PWM 的頻率為 976.5625Hz，Timer1 與 Timer2 的 PWM 頻率則為 490.1961Hz。

(4) 使用 Servo 程式庫最多可以控制 12 個伺服馬達，因為 Servo 程式庫是使用 Timer1 的中斷方式，在指定的腳位上產生 PWM 的輸出，所以一旦用了 Servo 程式庫來控制伺服馬達，就不可再用 analogWrite( ) 來產生 ~9 與 ~10 腳位上 PWM 的輸出。

(5) 因為 tone( ) 函式是使用 Timer2 在指定的腳位上產生 duty cycle 固定為 50% 的方波，所以一旦用了 tone( ) 函式來發出聲音，就不可再用 analogWrite( ) 來產生 ~11 與 ~3 腳位上 PWM 的輸出。

9-5 PWM 範例

9-5-1 PWM 範例 -1

利用 Arduino 原有在 ~3 接腳的 PWM 硬體電路，寫出一個自定義函式，名稱為 pin3PWM( )，其功能與格式說明如下：

函　式	pin3PWM(freq, dc)。
描　述	固定在 ~3 接腳，產生一個可指定頻率及 duty cycle 的 PWM 輸出。
參　數	freq：設定 PWM 的頻率。 dc：設定 PWM 的 duty cycle，範圍 0~100。
傳回值	1：設定成功，0：設定失敗。

說　明

(1) 此範例必須在接腳 3 接上一個 LED 的輸出，才能看出效果。

(2) 接腳 ~3 的 PWM 是由 Timer2 負責產生，然後經過通道 B 輸出。

(3) 為了達到頻率可任意調整，Timer2 的操作模式就只能選擇 Fast PWM (Mode 7) 與 Phase correct PWM (Mode 5) 二種模式，此範例是選用 Phase correct PWM (Mode 5) 模式，其頻率公式如討論 (1) 所示，如果要改用 Fast PWM (Mode 7)，只要修改公式即可。

範例 9.5.1

```
/*** 範例 9.5.1(PWM 範例 -1) ***/
#include <wiring_private.h>    // 暫存器位元名稱的定義

/****************************************************
 * setup & loop
 ****************************************************/
void setup() {}
void loop() {
  pin3PWM(31,5);                 //freq=31Hz, duty cycle=5%
  delay(3000);
  pin3PWM(2000,90);              //freq=2000Hz, duty cycle=90%
  delay(3000);
}

/****************************************************
 * pin3PWM
 ****************************************************/
int pin3PWM(int freq, int dc)
{
float TOP;
int i, pre[6]={8,32,64,128,256,1024};

  pinMode(3, OUTPUT);
  if(dc==0)  {
    digitalWrite(3,LOW);  // 若 duty cycle=0% 直接改用 digitalWrite(3,LOW)
    return 1;
  }
 if(dc==100)  {
    digitalWrite(3,HIGH); // 若 duty cycle=100% 直接改用 digitalWrite(3,HIGH)
    return 1;
  }
  // 根據目標頻率，計算適用的除頻倍率，並且設定 OCR2A
  for(i=0;i<6;i++) {
    TOP=16000000/pre[i]/freq/2;                    // 頻率公式
    if(TOP<255 && TOP>0) { OCR2A=TOP; break; } // 合法的 TOP 值
  }
```

```
37    //設定正確的 CS22-CS20
38    switch(i) {
39      case 0:                        //prescaler=8, CS=010_2
40        sbi(TCCR2B,CS21); break;
41      case 1:                        //prescaler=32, CS=011_2
42        sbi(TCCR2B,CS21); sbi(TCCR2B,CS20); break;
43      case 2:                        //prescaler=64, CS=100_2
44        sbi(TCCR2B,CS22); break;
45      case 3:                        //prescaler=128, CS=101_2
46        sbi(TCCR2B,CS22); sbi(TCCR2B,CS20); break;
47      case 4:                        //prescaler=256, CS=110_2
48        sbi(TCCR2B,CS22); sbi(TCCR2B,CS21); break;
49      case 5:                        //prescaler=1024, CS=111_2
50        sbi(TCCR2B,CS22); sbi(TCCR2B,CS21); sbi(TCCR2B,CS20); break;
51      default:                       //無可用的除頻倍率，設定失敗，傳回 0
52        return 0;
53    }
54    //設定 Phase correct PWM (Mode 5) 模式，WGM2[2:0]=101_2
55    sbi(TCCR2B,WGM22); sbi(TCCR2A,WGM20);
56    OCR2B=OCR2A*dc/100;              //根據 duty cycle，設定正確的 OCR2B
57    sbi(TCCR2A,COM2B1);              //設定 OC2B 的比較輸出模式 =10_2
58    return 1;                        //設定成功，傳回 1
59  }
```

討　論

(1) 第 34 行 TOP=16000000/pre[i]/freq/2; 是根據下列公式而來的

$$\text{OC2B 的 PWM 頻率} = \frac{16M}{prescaler \times OCR2A \times 2}$$

$$\Rightarrow OCR2A = \frac{16M}{prescaler \times \text{頻率} \times 2}$$

(2) 第 9 行 pin3PWM(31,5); 的效果是 31Hz，5% 的 duty cycle，因為 31Hz 為每秒產生 31 個 PWM 方波，頻率很低，所以 LED 的燈光可以看得到閃爍的現象。31Hz 也是根據以上公式 OCR2A < 255，在 prescaler=1024 時所得到最低的頻率，若頻率為 30Hz 則無法設定成功。

9-5-2 PWM 範例 -2

利用 Timer2 的中斷寫出一個 softPWM 自定義函式，其功能可以指定任何一個 pin 腳產生 PWM 輸出，而且可以設定其 duty cycle，詳細格式說明如下：

函 式	softPWM_init( )
描 述	softPWM 的初始化，其實就是 Timer2 的初始化。
參 數	無
傳回值	無

函 式	softPWM(pin, dc)
描 述	設定 PWM 的輸出 pin 腳與 duty cycle。
參 數	pin：設定 PWM 的輸出接腳，範圍 0~19。 dc：設定 PWM 的 duty cycle，範圍 0~100。
傳回值	無

說 明

(1) Timer2 的中斷規劃如下：設定 prescaler = 32，OCR2A = 64，可得每 $32\times64=2048$ 個 cycle 會產生一個中斷，一般而言 ISR 的執行時間為 200 cycle，則 CPU 花費在處理中斷的時間比例，大約可控制在 10%，這比例很重要，如果中斷時間佔比太高，則表示 CPU 大部分都在處理中斷的切換，真正執行一般工作的時間就會太少，導致程式執行效率很差。

(2) 中斷的產生如前所述，累積 100 個中斷就是一個 PWM 的週期，duty cycle = n，表示前 n 個中斷的輸出都是 HIGH，剩下 $(100-n)$ 個中斷的輸出為 LOW，此方法的缺點就是 duty cycle 的值只能是 0~100 的整數，無法有小數的設定。

(3) 根據以上的規劃，我們可計算 softPWM 的週期 $=100\times2048/16M=0.0128$ 秒，換算頻率約為 78 Hz，若單純的控制燈光已經足夠。

範例　9.5.2

```
/*** 範例 9.5.2(PWM 範例 -2) ***/
#include <wiring_private.h>
volatile int ISR_cnt, Soft_pin, Soft_dc;

/***************************************************
 * setup & loop
 ***************************************************/
void setup() {
  softPWM_init();
}

void loop() {
int i;
  for(i=0; i<=30; i+=2)
    { softPWM(13,i); delay(200); }
  for(i=30; i>=0; i-=2)
    { softPWM(13,i); delay(200); }
}

/***************************************************
 * softPWM_init
 ***************************************************/
void softPWM_init()
{
   //---step1: 初始暫存器
   TCCR2A=0; TCCR2B=0; TCNT2=0;
   //---step2: 設定 CTC 模式
   sbi(TCCR2A,WGM21);
   //---step3: 設定預先除頻倍率 prescaler 與 TOP 值
   sbi(TCCR2B,CS21);  sbi(TCCR2B,CS20);  //prescaler=32
   OCR2A=64;                             // 設定 TOP=64
   //---step4: 致能對應的中斷
   sbi(TIMSK2, OCIE2A);
   //--- 其它變數
   ISR_cnt=99; Soft_pin=-1; Soft_dc=0;
}
```

```
37
38 /**************************************************
39  * softPWM
40  **************************************************/
41 void softPWM(int pin, int dc)
42 {
43   pinMode(pin,OUTPUT);
44   Soft_pin=pin; Soft_dc=dc;  // 設定 pin 腳與 duty cycle
45   ISR_cnt=0;                 //ISR_cnt 計數值重置為 0
46 }
47
48 /**************************************************
49  * Timer2 的 COMPA 中斷服務程式
50  **************************************************/
51 ISR(TIMER2_COMPA_vect)
52 {
53   ISR_cnt=++ISR_cnt%100;
54   // 前 dc 個中斷輸出 HIGH，後 (100-dc) 個中斷輸出 LOW
55   if(ISR_cnt==0) digitalWrite(Soft_pin,HIGH);
56   if(ISR_cnt==Soft_dc) digitalWrite(Soft_pin,LOW);
57 }
```

結 果

(1) 第 14-17 行的迴圈 softPWM(13,i); ，會讓開發板上的 LED 如呼吸燈一樣的閃爍。

(2) 第 55-56 行的程式碼，在 duty cycle=0 或 100% 時，均能正確執行，無需特別處理。

9-6 習題

[9-1] (1) 使用 Timer0 在 D5 接腳上實作出一個頻率爲 20Hz，duty cycle=5% 的 PWM 輸出。

(2) 除了將 D5 外接到七段顯示器的 a 段外，也要將輸出恆爲 HIGH 的 D6 外接到 b 段以供比較。

[9-2] (1) 使用 Timer0 在 D5 接腳上實作出一個頻率爲 100Hz，duty cycle=3% 的 PWM 輸出。

(2) 除了將 D5 外接到七段顯示器的 a 段外，也要將輸出恆爲 HIGH 的 D6 外接到 b 段以供比較。

[9-3] (1) 使用 Timer0 在 D5 接腳上實作出一個頻率爲 20Hz，duty cycle 可由 PC 鍵盤輸入 0~9 決定的 PWM 輸出，例如：0=0%，6=60%。

(2) 除了將 D5 外接到七段顯示器的 a 段外，也要將輸出恆爲 HIGH 的 D6 外接到 b 段以供比較。(3) PC 視窗必須顯示現在的頻率跟 duty cycle。

[9-4] (1) 使用 Timer1 在 D5 接腳上實作出一個頻率爲 20Hz，duty cycle 可由按鈕開關 (D2) 依序在 5%，40%，80% 之間切換的 PWM 輸出。

(2) 除了將 D5 外接到七段顯示器的 a 段外，也要將輸出恆爲 HIGH 的 D6 外接到 b 段以供比較。(3) PC 視窗必須顯示現在的頻率跟 duty cycle。

[9-5] (1) 使用 Timer1 在 D5 接腳上實作出一個 duty cycle 固定爲 3%，而頻率則由按鈕開關 (D2) 依序在 10Hz，20Hz，30Hz，100Hz 之間切換的 PWM 輸出。

(2) 除了將 D5 外接到七段顯示器的 a 段外，也要將輸出恆爲 HIGH 的 D6 外接到 b 段以供比較。(3) PC 視窗必須顯示現在的頻率跟 duty cycle。

[9-6] (1) 使用 Timer1 在 D5 接腳上實作出一個頻率由按鈕開關 (D2) 依序在 10Hz，20Hz，30Hz，100Hz 之間切換，而 duty cycle 可由 PC 鍵盤輸入 0~9 決定的 PWM 輸出，例如：0=0%，6=60%。

(2) 除了將 D5 外接到七段顯示器的 a 段外，也要將輸出恆爲 HIGH 的 D6 外接到 b 段以供比較。(3) PC 視窗必須顯示現在的頻率跟 duty cycle。

Chapter 10
串列通訊 UART

「通訊」可泛指不同裝置間的資料傳輸行爲，在單晶片微控器及嵌入式系統的應用中，我們時常要整合不同的 I/O 裝置，或是不同的控制單元 / 運算單元之間的資料傳輸，這些都需要使用到不同的通訊機制，才能達到資料交換的目的。

不同的裝置有其不同的動作特性，如何選用最適合的通訊機制極爲重要，因爲這關係到整個系統的成本，執行效能跟可擴充性，唯有對這些不同的通訊機制有深入的了解與認識，我們才能針對不同的裝置特性，選用最適合的通訊機制。

10-1 通訊的分類

通訊的分類有多種方式，第一種是根據傳輸時資料的排列方式來區分，可以分成串列傳輸與並列 (平行) 傳輸二種。

(1) 串列傳輸：只需利用一條資料線，將資料按照順序以一位元接著一位元的方式傳送，如圖 10-1-1(a) 所示，串列傳輸的特點是線路簡單、成本低廉，適合長距離的資料傳輸，但是傳輸速度較慢。

(2) 並列傳輸：利用多條資料線同時傳送多個位元，如圖 10-1-1(b) 所示。特點是速度快，適合短距離的傳輸，但是資料線數量較多，會增加通訊介面的成本。

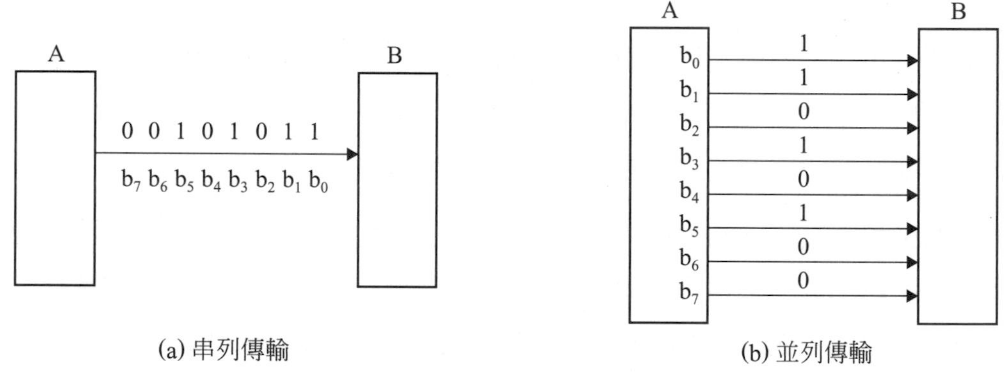

(a) 串列傳輸　　(b) 並列傳輸

圖 10-1-1　傳輸資料的排列方式

第二種分類方式，根據資料傳輸時是否有使用同步的時脈，可以分成同步傳輸與非同步傳輸。

(1) 同步傳輸：傳送端與接收端除了資料線之外，還必須提供一個額外的時脈訊號線，如圖 10-1-2(a) 所示，藉此確保接收端能正確的讀取資料。特點是傳輸速度快，適用於高速短距離的傳輸。

(2) 非同步傳輸：如圖 10-1-2(b) 所示，不需要額外的時脈訊號線，但必須在傳輸的資料中加入起始、結束等必要的同步資訊，以達到正確的資料傳輸。特點是線路較簡單，但是傳輸速度較慢，僅適用於低速傳輸。

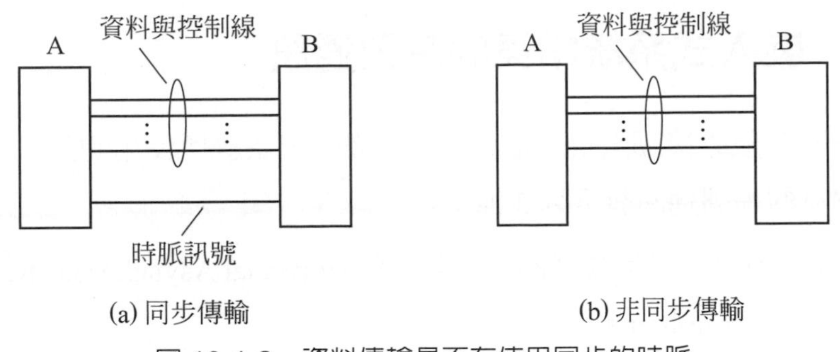

(a) 同步傳輸　　(b) 非同步傳輸

圖 10-1-2　資料傳輸是否有使用同步的時脈

第三種分類方式，根據資料傳輸的方向性，可以分成單工、半雙工與全雙工三種傳輸方式。

(1) 單工傳輸：如圖 10-1-3(a) 所示，只允許單向的資料傳輸，且方向固定不能改變，例如：廣播電台將節目訊號傳送到收音機。

(2) 半雙工傳輸：允許雙向的資料傳輸，但是不能同時進行，如圖 10-1-3(b) 所示，通常是傳送與接收共用同一條資料線。特點是線路簡單，傳輸效率較差。

(3) 全雙工傳輸：允許同時雙向的資料傳輸，也就是傳送資料的同時也能接收資料，如圖 10-1-3(c) 所示，傳送與接收使用不同的資料線。特點是資料傳輸較有效率，但是線路較多。

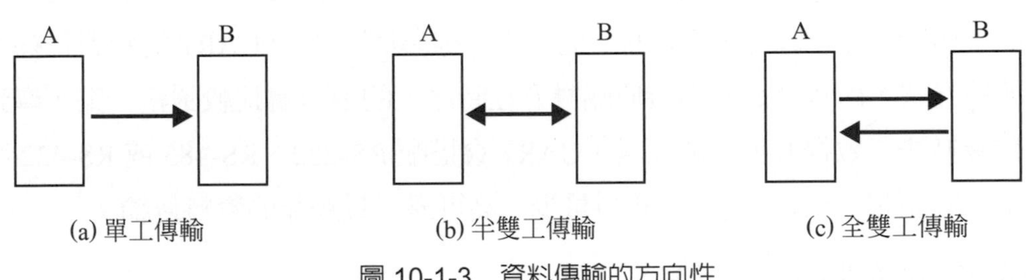

(a) 單工傳輸　　(b) 半雙工傳輸　　(c) 全雙工傳輸

圖 10-1-3　資料傳輸的方向性

10-2 嵌入式系統常見的串列通訊

受限微控器有限的接腳數量，絕大多數的嵌入式系統所使用的通訊傳輸方式都是串列通訊，常見的串列通訊有下列 3 種：

(1) **UART**：通用非同步收發器，其全名為 Universal Asynchorous Receiver/Transmitter。

(2) **I2C**：積體電路間通訊，其全名為 Inter IC。

(3) **SPI**：串列週邊介面，其全名為 Serial Peripheral Interface。

表 10-2-1　三種常見串列通訊的分類

	同步	非同步
半雙工	I2C	
全雙工	SPI	UART

1. 通用非同步收發器 UART (Universal Asynchorous Receiver/Transmitter)

根據表 10-2-1 的分類表所示，UART 是一種非同步全雙工的傳輸協定，在嵌入式系統中用途非常的廣泛，多用在長距離的資料傳輸與點對點不分主從裝置的傳輸環境，例如：與 PC 的通訊或外接 GPS、藍牙等各種裝置。由於 UART 的資料是採用非同步的傳輸方式，所以傳送端與接收端雙方在時序上的要求會比較嚴格一點，導致傳輸速度較慢無法有效提升。一般而言，UART 會搭配 RS-232、RS-485 或 RS-422 等收發器 / 傳輸介面使用，適合低速、資料量少、高可靠、長距離的資料傳輸。

2. 積體電路間通訊 I2C (Inter IC)

有別於 UART 是點對點不分主從裝置的傳輸，若有要同時串接多個低速 I/O 裝置的需求，則 I2C 就是最好的選擇。如表 10-2-1 所示，I2C 是一種同步半雙工的傳輸協定，其最大的特色是採用主從式匯流排架構，優點是無論接幾個裝置，都只需要兩條導線，也就是資料線與時脈線。因為使用時脈同步的機制，I2C 的傳輸速度會比 UART 還快，但也受限是半雙工的特性，當主控裝置在接收資料時，就無法同時傳送資料，反之亦然，所以 5Mbps 以上的高速 I2C 就很少見了。整體而言，I2C 適用在多裝置、低成本、短距離的資料傳輸。

3. 串列週邊介面 SPI (Serial Peripheral Interface)

SPI 與 I2C 一樣，採用主從式匯流排架構，如表 10-2-1 所示，SPI 同樣屬於同步傳輸方式，但最大的不同是 SPI 使用全雙工的資料傳輸，所以會有二條不同方向的資料線，對主控裝置而言，可以同時進行資料的傳送與接收，所以有較高的傳輸效率。SPI 有一個最顯著的特色，就是每個從屬裝置都有專用的致能 / 選擇線，這使得 SPI 的成本比 I2C 還要高，但也因爲少了從屬裝置的選址機制，所以資料的傳輸更爲直接而且高速。SPI 的優點在於它的結構相當的直觀簡單，容易實現，並且有很好擴展性，適用在多裝置、短距離、高速且大量資料的傳輸，例如：EEPROM 或 Flash 記憶體、LCD 顯示驅動器、AD/DA 轉換器、數位訊號處理器等資料的傳輸。

10-3 UART

通用非同步收發器 UART，全名為 Universal Asynchorous Receiver/Transmitter，可說是串列通訊的始祖，它的發展歷史比個人電腦的出現更早，幾乎是所有微處理器或微控器都具備的通訊方式，UART 有簡單的傳輸協定，使用纜線就可實現長距離的通訊，低成本，適用傳輸速度較慢的裝置。如圖 10-3-1 所示，除了共同的接地線之外，UART 只需要二條資料導線就能達到串列傳輸的目的，因為是全雙工的特性，所以這二條資料線是具有方向性的，一條是負責傳送資料的 Tx，而另一條則是接收資料的 Rx，從圖 10-3-1 中我們可以很清楚的看出，二個裝置一定要傳送端 Tx 與接收端 Rx 互相對接，這樣才能進行正確的 UART 傳輸。

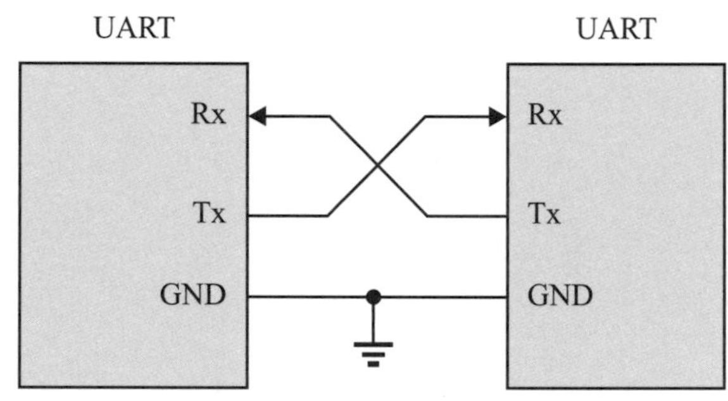

圖 10-3-1　UART 串列傳輸

10-3-1　UART 的傳輸速度與格式

由於 UART 沒有使用同步的時脈，所以在傳輸前有一個很重要的參數一定要先決定好，那就是資料傳輸的速度，只有在傳送端與接收端都約定好使用相同的速度來傳送 / 接收資料， UART 才能正確的傳輸資料，這種「事先約好」的協調方式是 UART 傳輸最重要的特色。傳統上，UART 的傳輸速度是使用鮑率 (Baud Rate) 為單位，鮑率的定義為每秒傳輸符號 (Symbol) 的數量，在數位系統中，一個符號等同於一個位元 bit，所以鮑率可以被簡化成每秒傳輸的位元數，也就是 bits per second (bps)。

在開始 UART 傳輸前，傳送端和接收端必需要設定一樣的鮑率 (傳輸速度)，例如我們很常用的 9600 bps，代表每秒傳送 9600 個位元，每個位元的時間為 1/9600 = 104.2 μs，也就是說，傳送端每隔 104.2 μs 要送出一個位元。同理，接收端每隔 104.2 μs 就要讀取一個位元，若用 14400 bps 的速度來接收用 9600 bps 傳送的資料，則接收端所收到資料一定是錯誤的，無法達到成功的 UART 傳輸。

隨著積體電路的進步及運算能力大幅的提升，現在有一些接收端的微處理器，可以藉著接收到 UART 的訊號來推算它的鮑率，然後自動設定成正確的速度，此機制稱爲「自動鮑率偵測」，可有效解決 UART 傳收速度不一致的問題。

在約定好 UART 的傳輸速度之後，接下來要約定的是資料格式，UART 在傳輸資料時一定要遵循著固定的資料格式，而且需要二個裝置在傳輸前就先約定好，採用相同的資料格式，才不會有雞同鴨講的狀況發生。如圖 10-3-2 所示，UART 的傳輸格式除了眞正的資料位元外，還包含了開始位元、停止位元與同位元，詳細解說如下：

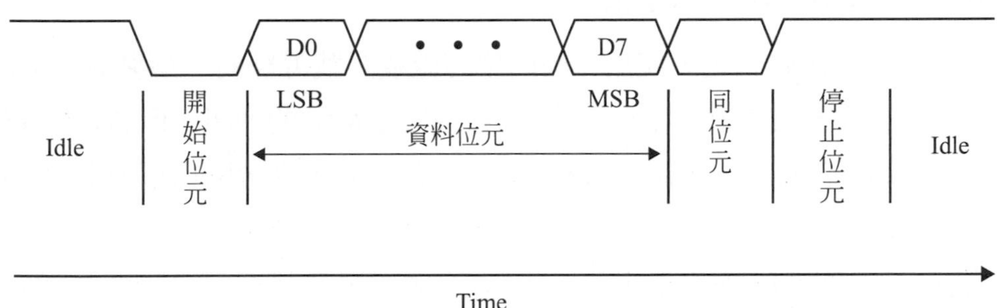

圖 10-3-2 UART 的傳輸格式

1. **閒置狀態 (Idle)**：UART 在不傳輸資料的時候，是處於閒置的狀態下，其資料線的電壓準位會維持在高電位的狀態，這樣除了可以跟沒訊號做區別外，也可以確定線路與傳輸設備沒有損壞。
2. **開始位元 (Start)**：在開始傳送資料前，傳送端 Tx 會先將資料線的電壓準位下拉到 LOW，維持一個週期的時間，此爲開始位元，其目的就是爲了通知接收端 Rx 閒置狀態已經結束，要開始傳送資料了。
3. **資料位元**：此爲眞正要傳送的資料，以一個 byte 的資料來說，會有 8 個位元需要傳送，通常都是從最低位元 LSB 開始傳，D0 先傳，再傳 D1，以此類推，D7 最後傳送，一個位元一個週期，總共會花費 8 個週期的時間才傳完一個 byte 的資料。資料長度爲相容早期的裝置，除了 8 個位元之外，也可規劃成 5、6、或 7 個位元。
4. **同位元 (Parity)**：同位元檢查是資料傳輸的驗證機制，可以檢查資料在傳輸過程中是否發生錯誤，當然你也可以選擇不檢查，只要二個裝置約定好就可以，所以這一個位元的同位元是可選擇的，可有可無。

如果設定同位元檢查，可以分成二種方式，分別是奇同位 (Odd parity) 與偶同位 (Even parity)。若採用奇同位檢查，則代表 8 個資料位元加上 1 個同位元，總共 9 個位元中是‘1’的個數一定要是奇數，否則就表示資料傳輸有錯。以此類推，若採用偶同位檢查，則代表 9 個位元中 (8 個資料位元 +1 個同位元)，‘1’的個數一定要是偶數，否則就表示資料傳輸有錯。

5. **停止位元 (Stop)**：資料傳送完畢後，傳送端 Tx 要送出停止位元通知 Rx 傳輸結束，其實停止位元就是將資料線的電壓準位拉升到 HIGH，其狀態等同閒置位元，一般而言，停止位元的長度至少是 1 個位元，也可以有 1.5 或 2 個位元的選擇。

10-3-2　UART 與 RS-232

如果二個裝置距離很近，使用一般的單芯線或訊號導線將二個裝置上 UART 的 Tx 與 Rx 腳位對接，如圖 10-3-1，就可以直接建立 UART 的通訊。但是如果傳輸距離太遠，例如超過 5 公尺以上，使用這種腳位對接的方式，就會因爲驅動電壓不足，雜訊干擾或訊號嚴重衰減等問題，造成 UART 傳輸的失敗，無法正常工作。除了長距離傳輸的問題，在實際的工業應用中，作業環境的條件經常是相當嚴苛的，設備可能處在溫度劇烈變化的環境中、不是極高溫就是極低溫，或是傳輸纜線受到非常嚴重的電氣雜訊干擾，這些都是 UART 傳輸在實際應用中會遇到的難題。

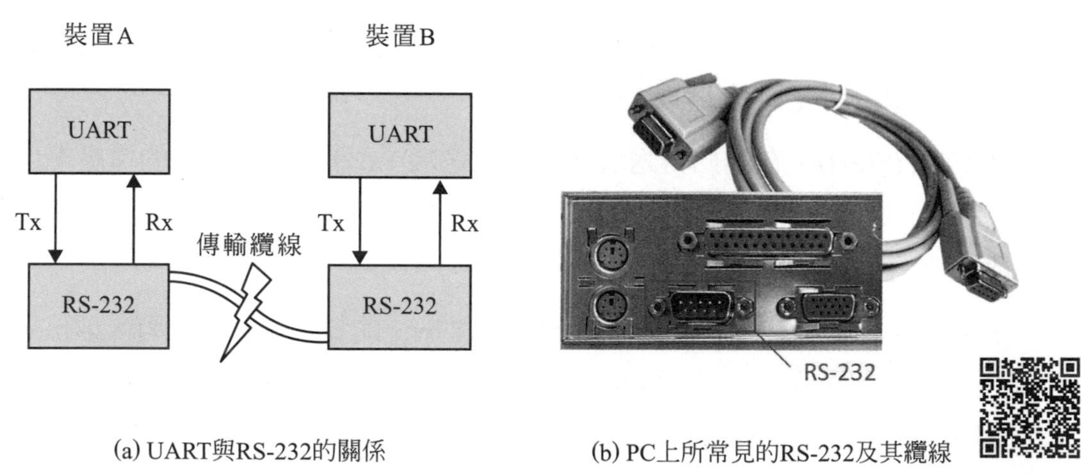

(a) UART與RS-232的關係　　(b) PC上所常見的RS-232及其纜線

圖 10-3-3

爲解決 UART 長距離傳輸的問題，以及提高 UART 在惡劣環境下的穩定性及可靠性，1962 年美國電子工業協會 EIA (Electronic Industry Association) 制定了一種使用在串列傳輸的介面標準，稱爲 RS-232，其中 RS 是 Recommend Standard 推薦標準的縮寫，而 232 爲識別編號。如圖 10-3-3 所示，RS-232 是對傳輸纜線的電氣特性以及物理特性的規定，它並不包含對數據資料的處理方式，很多人把 RS-232 稱爲通訊協定，嚴格來說這是不正確的，若要區別 UART 與 RS-232 在串列傳輸不同的功能，套用網路 OSI 的七層架構模型，UART 相當於是第 2 層的資料鏈結層，而 RS-232 則是最底層的實體層，它定義了針腳、電壓、纜線規格等電氣特性，以確保訊號可以在傳輸纜線上正確可靠的傳送。

RS-232 雖然可以有效的改善傳輸距離跟可靠性，但它仍是沿用單一的傳輸線來傳輸資料，稱爲「單端傳輸 (Single-end)」或「單線傳輸」，傳送與接收各使用一條，這樣的單端傳輸，其訊號的電壓值就是採用線路與接地間的電壓差，在工業環境中，如此做法會受到很多雜訊的干擾，限制了訊號傳輸的距離。對於這種限制，最有效的做法便是採用「差動傳輸」。差動傳輸會爲每個訊號提供兩條線路，其訊號值是透過測量兩條線路間的電壓差異來測定，因爲這兩條訊號線會同時受到相同的雜訊與電氣干擾，因此量測到的差值會抵銷掉這些干擾的因素，大幅的提高訊號的傳輸距離與可靠性。

在 RS-232 之後提出，使用差動傳輸的介面標準有 RS-422 及其改良版的 RS-485，RS-422 與 RS-485 最大的差異在於，RS-422 最多可連接 10 個接收器，而 RS-485 則可連接 32 個接收器，RS-485 更成了最常使用的工業串列傳輸介面，RS-422 與 RS-485 都使用雙絞線傳輸纜線，裝置間最長的傳輸距離可達 1200 公尺，且都具有最高 10M bps 的數據傳輸率。整理 RS-232，RS-422 與 RS-485 三種串列傳輸介面標準的差異，其比較表如表 10-3-1 所示。

表 10-3-1　三種 UART 串列傳輸介面標準的比較

介面標準	RS-232	RS-422	RS-485
制定時間	1962	1975	1983
傳輸類型	全雙工	全雙工	半雙工 / 全雙工
訊號傳輸方式	單端傳輸	差動傳輸	差動傳輸
接收器電壓範圍	-15V ~ +15V	-10V ~ +10V	-7V ~ +12V
邏輯	負邏輯 邏輯 0: +3V ~ +15V 邏輯 1: -3V ~ -15V	負邏輯 邏輯 0: 電壓差 +2V~ +6V 邏輯 1: 電壓差 -6V ~ -2V	負邏輯 邏輯 0: 電壓差 +2V ~ +6V 邏輯 1: 電壓差 -6V ~ -2V
可連接裝置數量	1T，1R	1T，10R	1T，32R
最高傳輸速率	20K bps	10M bps	10M bps
最長傳輸距離	15 公尺	1200 公尺	1200 公尺
接收器靈敏度	±3V	±200mV	±200mV

10-3-3 UART 函式

由於 UART 是最普及的標準串列傳輸，所以 Arduino 內建了 Serial 函式庫，提供串列傳輸常用的功能函式，大幅的簡化 UART 程式的撰寫，Serial 函式庫在第 4 章已經詳細的介紹過，在這裡我們用表列的方式，簡單的說明每個函式的功能及其用法，如表 10-3-2 所示，若有問題可參閱第 4 章的說明。

表 10-3-2 UART 串列傳輸函式

Serial 函式	功能說明
Serial.begin(baud) Serial. begin(baud,cfg)	【說明】啓用串列埠。 【參數】baud：傳輸速率，可選擇的速度有 300, 600, 1200, 2400, 4800, 9600, 14400, 19200, 28800, 38400, 57600, 115200。 cfg：設定資料長度、同位元跟停止位元，預設爲 SERIAL_8N1。可選擇的格式有 SERIAL_5N1，SERIAL_6N1，SERIAL_7N1，SERIAL_8N1， SERIAL_5N2，SERIAL_6N2，SERIAL_7N2，SERIAL_8N2， SERIAL_5E1，SERIAL_6E1，SERIAL_7E1，SERIAL_8E1， SERIAL_5E2，SERIAL_6E2，SERIAL_7E2，SERIAL_8E2， SERIAL_5O1，SERIAL_6O1，SERIAL_7O1，SERIAL_8O1， SERIAL_5O2，SERIAL_6O2，SERIAL_7O2，SERIAL_8O2。 【回傳】無
end()	【說明】停用串列埠；D0 與 D1 可當成數位接腳正常使用 【參數】無 【回傳】無
available()	【說明】查詢串列埠緩衝區中是否有可以讀取的資料。 【參數】無 【回傳】傳回串列埠緩衝區中可以讀取的字元數。
availableForWrite()	【說明】查詢是否有可以寫入串列埠的資料。 【參數】無 【回傳】傳回可以寫入的字元數。
flush()	【說明】送出傳送緩衝區中所有的資料。 【參數】無 【回傳】無
print(val) print(val, format)	【說明】將資料以 ASCII 文字型式輸出 (印出) 至串列埠。 【參數】val：任意資料類型，包含數字，字元，字串。 format：數值格式，包含 BIN，DEC，OCT，HEX，小數點位數。 【回傳】傳回輸出 (印出) 的字元數。

表 10-3-2　UART 串列傳輸函式 (續)

Serial 函式	功能說明
println(val) println(val, format)	與 print() 一樣，只是多了一個換行的動作。
read()	【說明】從接收緩衝區中讀取資料，一次一個位元組，讀取後就從緩衝區移除。 【參數】無 【回傳】有資料就傳回第一個位元組，一定≧ 0； 如果沒資料就傳回 -1。
peek()	【說明】從接收緩衝區中窺視資料，與 read() 最大的差別是讀取後並不會從緩衝區移除，若連續執行，讀到的都是同一個也是第一個位元組。 【參數】無 【回傳】有資料就傳回第一個位元組，一定≧ 0； 如果沒資料就傳回 -1。
readBytes (buf, len)	【說明】從串列埠讀取資料存放到指定的記憶體空間，直到等於指定長度，或時間終了 (參考 setTimeout())。 【參數】buf：存放讀取資料的記憶體空間，常爲字元陣列。 len：指定讀取資料的長度。 【回傳】傳回讀取並存放成功的字元數。
readBytesUntil (char, buf, len)	【說明】從串列埠讀取資料存放到指定的記憶體空間，直到等於指定長度，或遇到終止字元，或時間終了 (參考 setTimeout())。 【參數】char：終止字元。 buf：存放讀取資料的記憶體空間，常爲字元陣列。 len：指定讀取資料的長度。 【回傳】傳回讀取並存放成功的字元數。
readString()	【說明】將串列埠緩衝區中的字元讀取到字串，直到時間終了。 【參數】無 【回傳】傳回存放資料的字串。
readStringUntil (char)	【說明】將串列埠緩衝區中的字元讀取到字串，直到遇到終止字元，或時間終了。 【參數】char：終止字元。 【回傳】傳回存放資料的字串。
parseInt()	【說明】從串列埠中尋找第一個有效的整數。 【參數】無 【回傳】傳回第一個有效的整數。

表 10-3-2 UART 串列傳輸函式(續)

Serial 函式	功能說明
parseFloat()	【說明】從串列埠中尋找第一個有效的浮點數。 【參數】無 【回傳】傳回第一個有效的浮點數。
find(target)	【說明】在串列埠緩衝區中搜尋目標字串。 【參數】target：目標字串。 【回傳】若找到傳回 true，否則傳回 false。
findUntil(target, terminal)	【說明】在串列埠緩衝區中搜尋目標字串直到終止字串出現。 【參數】target：目標字串。 terminal：終止字串。 【回傳】若找到傳回 true，否則傳回 false。
write(val) write(str) write(buf, len)	【說明】寫出資料到串列埠。 【參數】val：一個位元組數值。 str：字串。 buf：字元陣列。 len：字元陣列的長度。 【回傳】傳回寫出成功的字元數。
setTimeout(time)	【說明】設定從串列埠讀取資料最大的等待時間。 【參數】time：最大的等待時間，單位是毫秒 ms，預設爲 1000。 【回傳】無

serialEvent() {
//statements
}
	【說明】當串列埠有可用的資料時會觸發此一函式。
	【參數】任何有效的敘述
	【回傳】無

10-4　軟體 UART

UNO 開發板只提供了一組 UART 串列傳輸，其中接腳 D0 就是 UART 的 Rx，而接腳 D1 就是 Tx。要特別注意的是，UNO 與 PC 端連接的 USB 串列埠是固定跟 UART 並接共用，所以當使用者將 UNO 開發板連接到 PC 時，不管是上傳程式或是 debug 程式訊息，(D0, D1) 這組 UART 就無法用來與其他裝置進行串列傳輸，如此一來，UNO 開發板上 UART 不足的問題就會造成很大的不便。要解決這個問題有二種方法：

(1) 更換板子，使用具有多組 UART 之較高等級的開發板，例如 Mega 開發板上就有 4 組 UART。

(2) 繼續使用 UNO，但是使用軟體方式，在其他數位接腳上模擬出 UART 的傳輸功能，這種方式稱為「軟體串列傳輸」(Software serial)，也可稱為「軟體 UART」。

SoftwareSerial 程式庫是 Arduino IDE 默認提供的一個第三方程式庫，其目的是使用 (D0, D1) 以外的數位接腳，來模擬出軟體 UART 的傳輸功能，和硬體 UART 不同，其相關函式的定義並沒有包含在 Arduino 核心程式庫中，因此在建立軟體 UART 通訊之前，先要引入 SoftwareSerial.h，才可使用該程式庫中的功能函數，

```
#include <SoftwareSerial.h>
```

以下是 SoftwareSerial 程式庫所提供的物件及其功能函式的介紹：

1. SoftwareSerial( )

描　述	叫用 SoftwareSerial 類別，建立一個自行定義的軟體 UART 物件。
語　法	SoftwareSerial(rxPin, txPin) SoftwareSerial(rxPin, txPin, inverse_logic)

參 數

(1) rxPin：指定軟體 UART 的接收腳位。

(2) txPin：指定軟體 UART 的傳送腳位。

(3) inverse_logic：設定反向邏輯，預設爲 false，若設定爲 true，則低電位 LOW 會被視爲邏輯 1，而高電位 HIGH 則會被視爲邏輯 0。

範 例

```
#include <SoftwareSerial.h>
SoftwareSerial ASerial(2, 3);
// 定義一組軟體 UART，名稱為 ASerial，(Rx, Tx)=(D2, D3)
SoftwareSerial BSerial=SoftwareSerial(4, 5);
// 定義第二組軟體 UART，名稱為 BSerial
```

2. SoftwareSerial: begin( )

描 述 設定軟體 UART 的傳輸速率。

語 法 *mySerial*.begin(speed)

參 數

(1) *mySerial*：自行定義的軟體 UART 物件名稱。

(2) speed：傳輸速率，單位爲 bps，根據官網，可設定的速率有 300, 600, 1200, 2400, 4800, 9600, 14400, 19200, 28800, 31250, 38400, 57600, 和 115200。

傳回值 無

範 例

```
#include <SoftwareSerial.h>
SoftwareSerial ASerial (2, 3);
// 定義一組軟體 UART，名稱為 ASerial，(Rx, Tx)=(D2, D3)
ASerial.begin(9600);   // 設定 ASerial 這組軟體 UART 的傳輸速率為 9600 bps
```

3. SoftwareSerial: listen( )

描　述	致能所指定的軟體 UART 進行監聽 (Listen)，在同一個時間只能有一個軟體 UART 監聽，所以其他軟體 UART 所接收到的資料都會被捨棄。
語　法	*mySerial*.listen( )
參　數	*mySerial*：自行定義的軟體 UART 物件名稱。
傳回值	Boolean。若成功設定監聽則回傳 true，否則回傳 false。

4. SoftwareSerial: isListening( )

描　述	測試所指定的軟體 UART 是否已在監聽 (Listen) 中。
語　法	*mySerial*.isListening( )
參　數	*mySerial*：自行定義的軟體 UART 物件名稱。
傳回值	Boolean。若已在監聽則回傳 true，否則回傳 false。

5. SoftwareSerial: available( )

描　述	傳回接收緩衝區中可用 read() 讀取的字元數或 byte 數。
語　法	*mySerial*.available( )
參　數	*mySerial*：自行定義的軟體 UART 物件名稱。
傳回值	傳回可讀取的 byte 數。

6. SoftwareSerial: overflow( )

描 述	測試所指定的軟體 UART 的接收緩衝區 (buffer) 是否已經發生溢位 (overflow)，軟體 UART 接收緩衝區的長度固定為 64 bytes，而且叫用此函式後會清除溢位旗標。
語 法	*mySerial*.overflow( )
參 數	*mySerial*：自行定義的軟體 UART 物件名稱。
傳回值	Boolean。若已經溢位則回傳 true，否則回傳 false。

7. SoftwareSerial: read( )

描 述	讀取在 Rx 接腳上接收到的字元資料，讀取後就從緩衝區移除。須注意若有多組軟體 UART，在同一個時間點只能讀取一個軟體 UART，這可使用 listen() 來指定。
語 法	*mySerial*.read( )
參 數	*mySerial*：自行定義的軟體 UART 物件名稱
傳回值	傳回一個字元的資料，如果沒有資料可以讀取，則傳回 -1。

8. SoftwareSerial: peek( )

描 述	讀取在 Rx 接腳上接收到的字元資料，跟 read() 最大的不同，peek() 在讀取字元後並不會將它從緩衝區移除。
語 法	*mySerial*.peek( )
參 數	*mySerial*：自行定義的軟體 UART 物件名稱。
傳回值	傳回一個字元的資料，如果沒有資料可以讀取，則傳回 -1。

9. SoftwareSerial: print( )

描　述　印出資料到軟體 UART 的 Tx 接腳進行傳送。

語　法　*mySerial*.print(data)

參　數

(1) *mySerial*：自行定義的軟體 UART 物件名稱。

(2) data：要印出的資料，其格式用法可參考 Serial.print()。

傳回值　傳回成功印出的字元數 (byte number)。

10. SoftwareSerial: println( )

描　述　功能與 print() 完全一樣，只是多了換行動作。

11. SoftwareSerial: write( )

描　述　寫出資料到軟體 UART 的 Tx 接腳進行傳送，功能與 print() 一樣，不同點只有在傳送數值時，會把數值轉成二進位的格式，而且長度固定爲一個 byte(8-bit) 的傳送。

語　法　*mySerial*.write(data)

參　數

(1) *mySerial*：自行定義的軟體 UART 物件名稱。

(2) data：要印出的資料，其格式用法可參考 Serial.write()。

傳回值　傳回成功寫出的字元數 (byte number)。

10-5 UART 範例

10-5-1 UART 範例 -1

說 明

「準備二塊 UNO 開發板，UNO_A 與 UNO_B，然後使用硬體的 UART 串列通訊 (D0 與 D1)，完成按下 UNO_A 接腳 D5 的外接按鈕，就會點亮 UNO_B 的 LED。」

(1) 如圖 10-5-1 所示，將 UNO_A 的 Tx 與 Rx(D1，D0) 分別接到 UNO_B 的 Rx 與 Tx(D0，D1)，即可建立 UART 的連線，其中要特別注意，二塊板子的 GND 一定要接在一起共用，如此 UART 才能正常的動作。

(2) UNO_A 與 UNO_B 的程式碼完全不同，要各自上傳執行，而且燒錄程式到 UNO 前，記得先將 Tx 與 Rx(D1，D0) 的連接線拔起不要連接，否則會出現無法寫入的錯誤，這是因為 UNO 的 UART 與連接 PC 的 USB 介面共用，若在程式上傳時未拔起，會出現上傳失敗的錯誤。

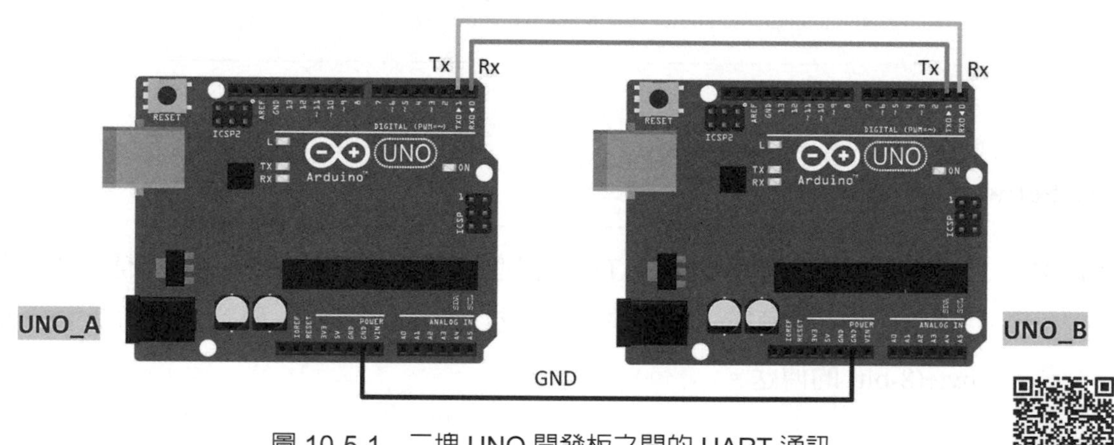

圖 10-5-1　二塊 UNO 開發板之間的 UART 通訊

範例　10.5.1.A

```
/*** 範例 10.5.1.A(UART 範例 -1 for UNO_A) ***/
#define ButtonPin 5          // 指定按鈕接腳

/*****************************************************
 * setup
 *****************************************************/
void setup() {
  Serial.begin(9600);         // 設定串列埠傳輸速率為 9600 bps
  pinMode(ButtonPin,INPUT_PULLUP);
}

/*****************************************************
 * loop
 *****************************************************/
void loop() {
  if(digitalRead(ButtonPin)==LOW) {
    Serial.write('1');        // 按鈕開關按下，送出 1
    delay(200);               // 適當延遲，避免連續觸發
  }
}
```

範例 10.5.1.B

```
/*** 範例 10.5.1.B(UART 範例 -1 for UNO_B) ***/
#define LedPin 13                    // 指定 LED 接腳

/****************************************************
 * setup
 ****************************************************/
void setup() {
   Serial.begin(9600);               // 設定串列埠傳輸速率為 9600 bps
   pinMode(LedPin,OUTPUT);
}

/****************************************************
 * loop
 ****************************************************/
void loop() {
  if(Serial.available()>0) {
    if(Serial.read()=='1') {
      digitalWrite(LedPin,HIGH);    // 接收到 '1'，點亮 LED
      delay(500);                   // 持續 500ms
      digitalWrite(LedPin,LOW);     // 關掉 LED
    }
  }
}
```

10-5-2　UART 範例 -2

說　明

使用 UART 實作二塊 UNO 開發板之間的聊天程式。UNO_A 在 PC 端串列埠視窗輸入的文字，會透過 UART 送到 UNO_B 的 PC 端串列埠視窗顯示，反之亦然。

此範例因爲硬體 UART 已被與 PC 連線的 USB 所佔用，所以要另外使用軟體 UART，才能達成 UNO_A 與 UNO_B 之間的 UART 串列通訊，參考 10-4，我們宣告如下：

```
UNO_A:  SoftwareSerial ASerial(2,3);
UNO_B:  SoftwareSerial BSerial(2,3);
```

如圖 10-5-2 所示，注意須將 UNO_A 的 D2 (Rx) 接到 UNO_B 的 D3 (Tx)，而 UNO_A 的 D3 (Tx) 則與 UNO_B 的 D2 (Rx) 對接，才可成功建立軟體 UART 的連線。

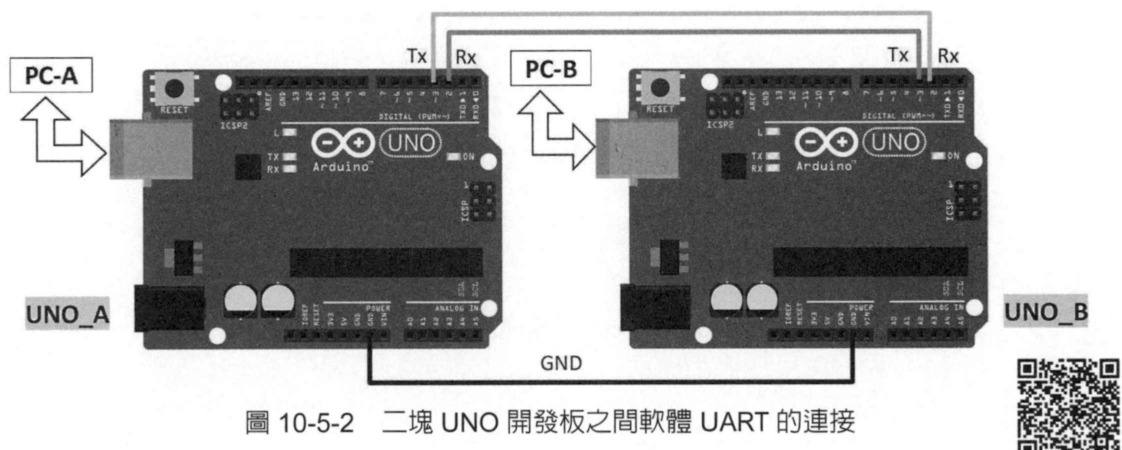

圖 10-5-2　二塊 UNO 開發板之間軟體 UART 的連接

範例 **10.5.2.A**

```
/*** 範例 10.5.2.A(UART 範例 -2 for UNO_A) ***/
#include <SoftwareSerial.h>
SoftwareSerial ASerial(2,3);        // 宣告軟體 UART，(Rx,Tx)=(D2,D3)
char ch;

/**************************************************
 * setup
 **************************************************/
void setup() {
  Serial.begin(9600);               // 硬體 UART 速度 9600
  ASerial.begin(9600);              // 軟體 UART 速度 9600
}

/**************************************************
 * loop
 **************************************************/
void loop() {
  if(Serial.available()>0) {        // 如果 PC 端有輸入
    ASerial.print("[A]:");          // 先送出 [A]:
    while(1) {                      // 再送出所有輸入字元
      ch=Serial.read();
      if(ch==-1) break;
      else { ASerial.print(ch); Serial.print(ch); }
    }
  }

  if(ASerial.available()>0) {       // 如果軟體 UART 有輸入
    while(1) {                      // 在 PC 串列埠視窗印出所有讀到的字元
      ch=ASerial.read();
      if(ch==-1) break;
      else Serial.print(ch);
    }
  }
}
```

範　例　**10.5.2.B**

```
/*** 範例 10.5.2.B(UART 範例 -2 for UNO_B) ***/
#include <SoftwareSerial.h>
SoftwareSerial BSerial(2,3);        // 宣告軟體 UART，(Rx,Tx)=(D2,D3)
char ch;

/****************************************************
 * setup
 ****************************************************/
void setup() {
  Serial.begin(9600);               // 硬體 UART 速度 9600
  BSerial.begin(9600);              // 軟體 UART 速度 9600
}

/****************************************************
 * loop
 ****************************************************/
void loop() {
  if(Serial.available()>0) {        // 如果 PC 端有輸入
    BSerial.print("[B]:");          // 先送出 [B]:
    while(1) {                      // 再送出所有輸入字元
      ch=Serial.read();
      if(ch==-1) break;
      else { BSerial.print(ch); Serial.print(ch); }
    }
  }

  if(BSerial.available()>0) {       // 如果軟體 UART 有輸入
    while(1) {                      // 在 PC 串列埠視窗印出所有讀到的字元
      ch=BSerial.read();
      if(ch==-1) break;
      else Serial.print(ch);
    }
  }
}
```

討 論

特別注意，此範例在執行的時候，PC 端的串列埠監控視窗右下方要選擇 NL & CR，對話的內容才能正常的顯示。

10-6 習題

[10-1] 準備 UNO_A 接上一顆按鈕開關，與 UNO_B 接上有源蜂鳴器，使用 UART 完成按下 UNO_A 的按鈕，UNO_B 會發出長鳴 3 秒後停止的動作。

[10-2] 在二塊 UNO 的 D5 各自接上一顆按鈕開關，然後使用硬體 UART，完成按下 UNO_A 的按鈕，就會點亮 UNO_B 的 LED 三秒鐘；相反的，按下 UNO_B 的按鈕，就會點亮 UNO_A 的 LED 三秒鐘。

[10-3] 在二塊 UNO 的 D2 各自接上一顆按鈕開關，然後使用軟體 UART（D4，D5），完成按下 UNO_A 的按鈕，就會將 UNO_B 的計數值 +1，範圍限制在 0~99，並顯示在 PC 端的監控視窗；相反的，按下 UNO_B 的按鈕，就會將 UNO_A 的計數值 -1 並顯示。(按鈕要使用外部中斷)

[10-4] 在二塊 UNO 開發板各自接上一顆按鈕開關，然後使用軟體 UART（D2，D3）傳輸，在按下按鈕的時候可取得 0~99 的列印權，列印間隔爲 500ms。

[10-5] 在 UNO_A 接上可變電阻 (電位計)，只要可變電阻的值有變化，就透過 UART 將值傳送到 UNO_B 顯示在 PC 端的監控視窗。

[10-6] 準備 UNO_A 接上一顆按鈕開關，與 UNO_B 接上溫濕度感測器，完成按下 UNO_A 的按鈕，就會將 UNO_B 讀取到的溫濕度，透過 UART 傳輸回 UNO_A 並顯示在 PC 端的監控視窗。

Chapter 11
串列通訊 I2C

IIC、I^2C、I2C 指的都是同一項技術的縮寫，其正確的唸法應該是“I-Square-C”，可能是不好唸的原因，後來雖然是錯誤卻廣爲流行的唸成 “I-Two-C”。I2C 是 1982 年由荷蘭飛利浦半導體公司所開發的串列通訊技術，其英文全名爲 Inter Integrated Circuit (Inter IC, IIC)，意思即爲 IC 積體電路之間的通訊。

其發展目的是爲了讓微控制器 (MCU)，以較少的接腳連接眾多的低速裝置之用，由於 I2C 簡單易用，而且具有高度的可擴充性，所以很快的就廣爲流行使用，後來飛利浦公司在 1987 年申請了 I2C 的商標及專利，並陸續控告過許多半導體公司侵權，爲了規避 I2C 的專利，其他公司就將其產品設計成和 I2C 相容，但是名稱卻改成了 Two Wire Interface (TWI)，所以 I2C 與 TWI 實際上是相同的技術內容，只是使用的名稱不同。一直到 2004 年 I2C 的專利到期，從 2006 年 10 月 1 日開始，在晶片上加入 I2C 功能已經不需要再支付專利費，所以現在各家廠商都可以自由的使用 I2C 名稱，但周邊裝置的製造商如果想取得專屬的 I2C slave(從屬) 裝置地址，則還是需要付費給 NXP 恩智浦半導體公司 (此爲飛利浦在 2006 年分拆出來的半導體公司)。

一般而言，I2C 適用在小型簡單、成本較低，但傳輸速度不是那麼重要的裝置上，常見的應用裝置有儲存使用者設定值的非揮發性隨機存取記憶體 (NVRAM) 晶片、RTC (Real-time clock) 即時時鐘模組、小尺寸的液晶顯示器 (LCD) 模組、低速的數位類比轉換器 (DAC) 或是類比數位轉換器 (ADC)。

11-1 I2C 匯流排

I2C 是以匯流排型式 (Bus) 連接所有的裝置，整個 I2C 匯流排架構如圖 11-1-1 所示，從中我們可以觀察到，I2C 最大的特色就是只需要利用二條傳輸導線就能連接多個裝置，並且完成裝置間的資料傳輸，這二條傳輸線分別是 SDA 與 SCL，SDA (Serial Data) 代表串列資料，而 SCL (Serial Clock) 則是串列時脈。整理 I2C 匯流排的特色條列如下：

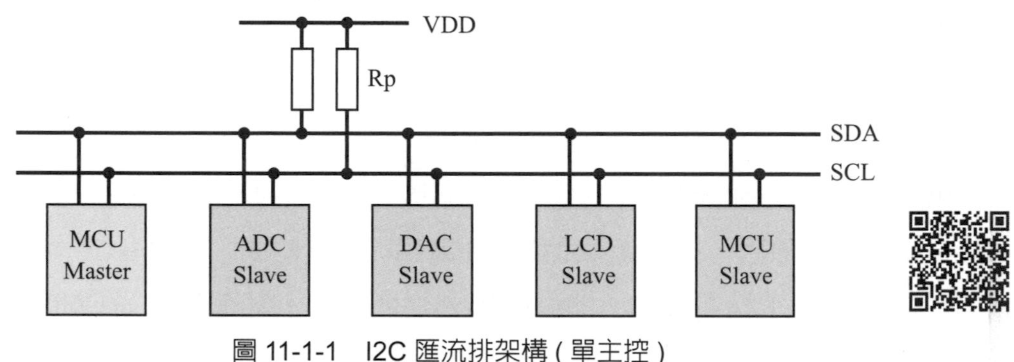

圖 11-1-1　I2C 匯流排架構(單主控)

(1) I2C 是一種主從式 (Master-Slave) 的通訊架構，在同一組匯流排上允許有多個主控裝置 (Master) 和多個從屬裝置 (Slave)。如果 Master 裝置只有一個，稱爲單主控架構，大部分系統都採用此架構；若 Master 裝置不只一個，則爲多主控架構，此架構較爲複雜少用，雖然有多個主控裝置，但同一時間也只允許一個主控有動作。

(2) SDA 與 SCL 均爲雙向的訊號線，而且都經過上拉電阻 Rp 連接到電壓源，所以 I2C 匯流排在閒置狀態時，也就是沒有任何裝置在進行資料傳輸，SDA 與 SCL 都會保持在高電位的狀態。

(3) I2C 上所有的裝置都以 wired-AND 的方式並接在匯流排上，在閒置狀態下，若有裝置有傳輸的需求，該裝置只要將訊號線拉降到 LOW，就可取得匯流排的控制權進行傳輸，這裡要特別強調，在一個時間點，只能允許一個裝置進行拉降的動作。

(4) SDA 訊號線是用來傳輸資料的內容，相較之下功能較爲單純，而 SCL 則是傳輸時脈訊號，用來控制資料讀寫的動作，所以 SCL 上的時脈頻率可決定 I2C 資料傳輸的速率。通常 I2C 在標準模式下的傳輸速率爲 100 Kbit/s、低速模式可到 10 Kbit/s，但時脈頻率也可下降至 0，這代表暫停通訊；隨著硬體技術的演進與應用的需求，在後續的改版修訂中，I2C 也提供了更快速的傳輸速率，在快速模式下可達到 400 Kbit/s，高速模式下可達 3.4 Mbit/s，甚至是 5Mbit/s 的超快速模式。

(5) I2C 使用 7-bit 的長度來定義連接裝置的位址，所以理論上一組 I2C 匯流排最多可以連接到 128 個裝置，不過 I2C 的通訊協定保留了 16 個位址作爲系統擴充使用，所以實際上最多只能接到 112 個裝置，表 11-1-1 列出了這 16 個保留位址，分別是位址 0~7 跟位址 120~127。

(6) 後續新版的 I2C 更擴充了可連接裝置的位址空間，將 7-bit 的位址空間增加到 10-bit，如此可大幅的增加 Slave 的數量，使用者可根據晶片的規格，選用標準的 7-bit 或是擴充版的 10-bit 的位址空間。

(7) 任何 Slave 裝置，都可在系統仍然在運作的時候加入或移出 I2C 匯流排，這表示對於有熱插拔需求的裝置而言，I2C 是個理想的匯流排。

表 11-1-1　I2C 中 16 個保留位址

Slave 位址	描述
0000 000	general call address/START byte
0000 001	CBUS address
0000 010	reserved for different bus format
0000 011	reserved for future purposes
0000 1XX	Hs-mode master code
1111 0XX	10-bit slave address indicator
1111 1XX	reserved for future purposes

11-2 I2C 資料傳輸

在解釋 I2C 匯流排如何進行資料傳輸之前，為了讓使用者能更清楚了解其中的動作機制，有幾個關鍵的名詞定義如下：

(1) 傳送端：向匯流排傳送 (Write) 資料的設備。

(2) 接收端：從匯流排接收 (Read) 資料的設備。

(3) 主控 (Master) 裝置：產生時脈，發送啓動訊號、停止訊號、以及 I2c 命令的設備。

(4) 從屬 (Slave) 裝置：監聽匯流排，並且回應 Master 所發出 I2c 命令的設備。

(5) 多主控匯流排：匯流排上有多個 Master 裝置，每一個都可以發送命令。

(6) 仲裁：在多主控匯流排的系統裡，同一個時間，只允許一個 Master 能取得匯流排的控制權的裁判機制。

11-2-1 I2C 的傳輸格式

I2C 匯流排雖然只有 SCL 與 SDA 二條訊號線，但是卻能利用精巧的協定機制來完成雙向的資料傳輸，這就是 I2C 成功的廣為流行使用的原因，為了能充分了解 I2C 協定的機制，圖 11-2-1 的圖例展示了 I2C 匯流排在傳輸一個 byte 的資料時的訊號變化，其中關鍵的訊號特性整理如下，H 和 L 分別表示電壓準位為 HIGH 跟 LOW：

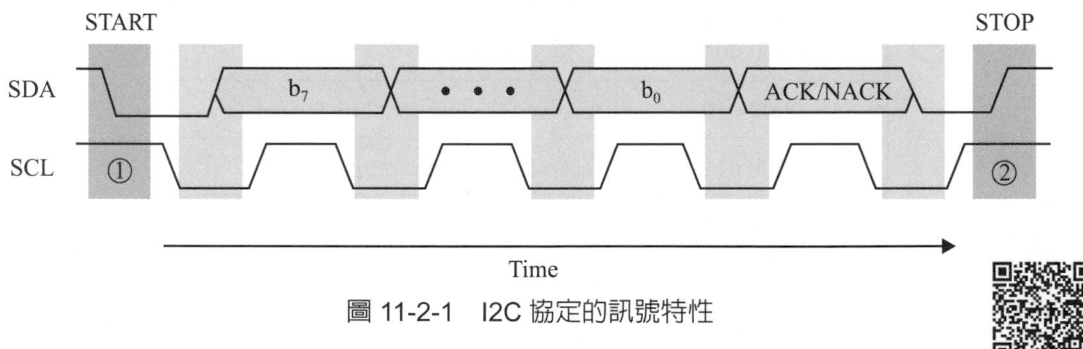

圖 11-2-1 I2C 協定的訊號特性

(1) 在傳輸前，SCL=SDA=H 表示匯流排是處於閒置的狀態。

(2) 啓始訊號 START：在 Master 設備進行資料傳輸前，一定要先發送 START 訊號來取得 I2C 匯流排的控制權。如圖 11-2-1 中①所示，START 訊號的內容是 SCL=H，而 SDA=H → L 的變化。

(3) 在 Master 取得匯流排的控制權之後，SCL 時脈的訊號都是由 Master 所產生。

(4) 在傳輸當中，SCL=L 的時候可以允許 SDA 的訊號改變，表示傳送端可以在此時寫入資料改變 SDA 的電壓準位，如圖 11-2-1 中灰色的時間區段。

(5) 在傳輸當中，SCL=H 時是禁止 SDA 的訊號改變，表示 SDA 是處於穩定的狀態，接收端可以在此時進行讀取的動作，從 SDA 讀取資料，如圖 11-2-1 中灰色區段中的間隔時間。

(6) 應答訊號 ACK/NACK：傳送端在完成一個 byte (8-bit) 的資料傳輸後，需要讀取接收端的一個應答訊號，以確認資料是否已被成功的接收，根據接收端的結果回應，應答訊號可以分成二種，第一種是 ACK，第二種是 NACK。

▶ ACK：代表有回應，其訊號內容是由接收端將 SDA 的電壓訊號拉降到 L，來表示接收端已成功的接收到資料，當傳送端讀到 ACK 回應，就可以繼續傳輸下一個 byte 的資料。

▶ NACK：代表無回應，此時接收端沒有拉降的動作，所以 SDA 的訊號內容會維持在 H，這時候要分二種狀況討論。若接收端是一般的 Slave 裝置，則代表傳輸失敗，Master 會進行重傳或其他動作；若接收端是 Master 裝置，則代表 Master 要求結束傳輸，通知 Slave 結束傳送並釋放匯流排，以便 Master 發送停止信號 STOP。

(7) 停止訊號 STOP：在 Master 設備完成資料傳輸後，會發送 STOP 訊號來釋出 I2C 匯流排的控制權，以便進行下一次的資料傳輸，或是讓其他的 Master 裝置進行傳輸。如圖 11-2-1 中②所示，STOP 訊號的內容是 SCL=H，而 SDA=L → H 的變化。

(8) I2C 在傳輸資料時都固定以 byte (8-bit) 爲單位，而且順序是從最高位元 b_7 開始傳送，最後才是最低位元 b_0。

11-2-2 Master 寫資料到 Slave

因爲 I2C 匯流排是屬於主從式的架構，所有資料傳輸的動作一定都是由 Master 所發起，Slave 只會針對 Master 的命令被動的做出反應，分析 I2C 的資料傳輸只會有二種動作，如圖 11-2-2 所示，第一種是 Master 寫資料到 Slave，第二種是 Master 從 Slave 讀取資料。首先解釋第一種寫入資料的流程，參考圖 11-2-2 的圖例 (a) 說明，Master 會將資料寫到匯流排，再由指定的 Slave 從匯流排將資料讀取下來，在此過程中很明顯的 Master 是傳送端，而 Slave 是接收端，完整的傳輸流程，可搭配圖 11-2-3 的圖例詳細說明如下：

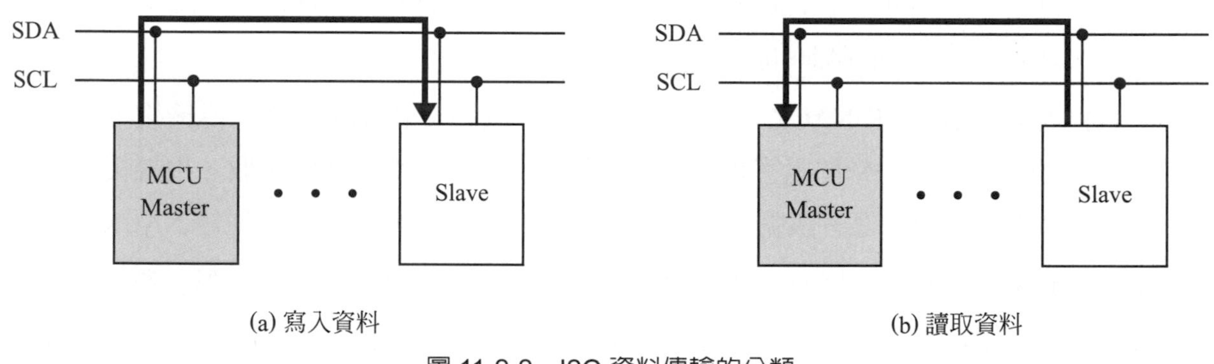

圖 11-2-2 I2C 資料傳輸的分類

(1) Master 首先要偵測匯流排的狀態，確定是閒置狀態後，才開始發送 START 啓始信號，取得匯流排的控制權。

(2) 接著 Master 會發送一個控制位元組，包括 7 個 bit 的 Slave 位址和 1 個 bit 的 R/W 位元，如圖 11-2-3 所示，因爲此流程爲寫入傳輸，所以 R/W=0。

(3) 當匯流排上的 Slave 檢測到 Master 發送的位址與自己的地址相同時，就會發送應答信號 ACK。

(4) Master 收到 Slave 發送的 ACK 訊號後，就會開始傳送第一個 byte 的資料。

(5) Slave 每收到一個 byte 的資料後，就會發送應答訊號 ACK，當 Master 讀到 ACK 訊號就表示資料已被成功的接收，可以繼續傳送下一個 byte 的資料。另一種狀況，若 Master 讀到的是 NACK 訊號，表示 Slave 沒有回應，有可能資料傳輸發生錯誤，此時 Master 會送出 STOP 訊號結束該次傳輸，至於是否需要重傳，則要看應用的需求而定。

(6) Master 傳送完全部資料後，就會送出 STOP 訊號，結束傳輸並釋放匯流排。

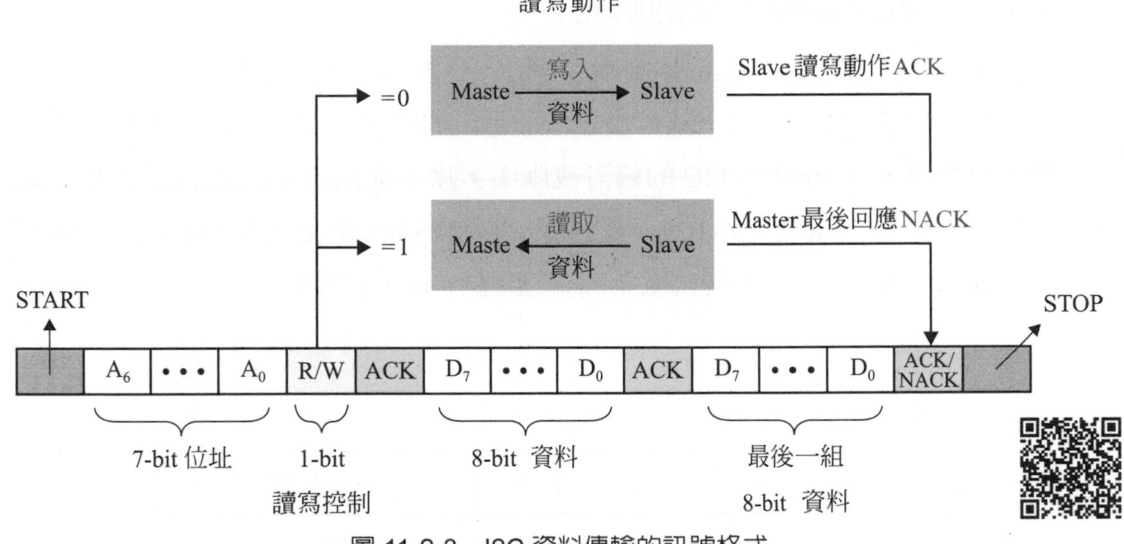

圖 11-2-3　I2C 資料傳輸的訊號格式

11-2-3　Master 從 Slave 讀取資料

另一種 I2C 資料傳輸的行爲是 Master 從 Slave 讀取資料，參考圖 11-2-2 的圖例 (b) 說明，此傳輸是先由指定的 Slave 將資料寫到匯流排，Master 再從匯流排將資料讀取下來，過程中 Master 是接收端，而 Slave 是傳送端

(1) Master 首先要偵測匯流排的狀態，確定是閒置狀態後，才開始發送 START 啓始信號取得匯流排的控制權。

(2) 接著 Master 會發送一個控制位元組，包括 7 個 bit 的 Slave 位址和 1 個 bit 的 R/W 位元，對 Master 而言，因爲是從匯流排讀取資料，所以 R/W=1，如圖 11-2-3 的圖例。

(3) 當匯流排上的 Slave 檢測到 Master 發送的位址與自己的地址相同時，就會發送應答信號 ACK。

(4) Master 在收到 Slave 的 ACK 訊號後會釋出匯流排的控制權，開始進行資料內容的傳輸，此時 Master 會轉成接收端的角色，接收 Slave 所傳送的第一個 byte 的資料。

(5) Master 每收到一個 byte 的資料後，就會發送應答訊號 ACK，當 Slave 讀到 ACK 訊號就表示資料已被成功的接收，可以繼續傳送下一個 byte 的資料。另一種狀況，若 Slave 讀到的是 NACK 訊號，則代表 Master 主動要求結束傳輸，此時 Master 會接續送出 STOP 訊號結束該次傳輸。

(6) 當 Master 是接收端，接收完最後一個 byte 的資料後，通常只要回應 NACK 就可以正確的結束傳輸，這時候 NACK 訊號並不是代表發生傳輸錯誤，而是 Master 可以取得匯流排控制權結束傳輸的一種手段。

(7) Master 接收完全部資料後，就會送出 STOP 訊號結束傳輸。

11-2-4 I2C Slave 位址的擴充

如前所述，標準的 I2C Slave 位址有 7 個位元，扣掉系統保留的 16 個位址，最多可連接 112 個從屬裝置，基本上都可滿足一般應用的需求，不過考量到讓使用者能有特殊應用的選擇，在 1992 年 I2C 的修訂改版中，除了提供更快的通訊速率外，更將 Slave 的位址空間由 7-bit 擴充到 10-bit，因此可連接的 Slave 數量大幅的增加到 1008 個，圖 11-2-4 顯示了 Slave 的位址格式從 7-bit 擴充到 10-bit 的差異。

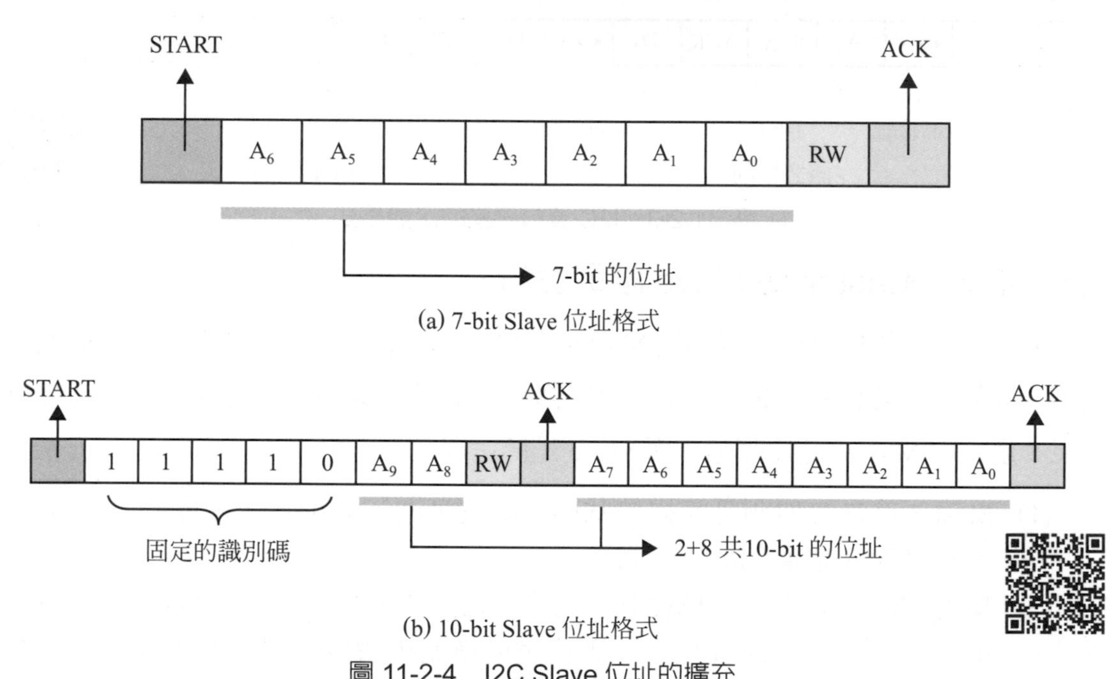

圖 11-2-4 I2C Slave 位址的擴充

爲了符合 I2C 一次傳輸 8-bit 的限制，10-bit 的 Slave 位址必須備拆成二個部分，高位元的 2 個 bit 和低位元的 8 個 bit，如圖 11-2-4 所示，高位元的部分必須和 5 個 bit 的識別碼 11110，再加上 1 個 bit 的讀寫控制 R/W，湊成 8 個位元，在 Master 發出 START 訊號後，當成第一個 byte 的控制位元組。値得注意的是，因爲識別碼 11110 是固定不變的，要用來識別 10-bit 的位址格式，所以 11110xx 就佔用了 I2C 的 16 個保留位址中的 4 個。

11-3 I2C 函式

因爲 I2C 串列傳輸廣泛的使用在微控器及嵌入式系統中，所以 Arduino 特別提供了 Wire 函式庫，讓程式開發者可以更方便的使用 I2C/TWI 裝置，在使用前記得先引入標頭檔：

```
#include <Wire.h>
```

這裡要特別注意，Wire 函式庫指定 I2C 裝置的位址是使用 7-bit 的標準格式，有些市售的 I2C 裝置會把 R/W 讀寫位元一起算進來，說他們的 I2C 是使用 8-bit 的位址，這時候就必須把這 8-bit 的位址右移一個位元，捨棄最低的位元，只保留眞正 7-bit 的位址，這樣就可以直接使用 Wire 函式庫了。

1. Wire.begin( )

描　述　初始化 I2C 並將裝置加入 I2C 匯流排。

語　法　Wire.begin( )
Wire.begin(address)

參　數　address：指定裝置 I2C 的位址，長度爲 7 個位元，此參數可有可無。
(1) 若沒指定位址，在加入 I2C 匯流排之後就會是主控 (Master) 裝置。
(2) 若有指定位址，在加入 I2C 匯流排之後就是從屬 (Slave) 裝置，其位址就是 address 參數。
根據 Arduino 官方網頁說明，位址 0~7 是系統保留不能使用，所以第一個可以使用的 I2C 位址是 8。

傳回值　無

2. Wire.beginTransmission( )

描　述	開始傳送資料到指定的 Slave 裝置的動作，接下來會使用 write( ) 函式把資料寫入佇列，最後再呼叫 endTransmission( ) 把資料傳送到 Slave 裝置。
語　法	Wire.beginTransmission(address)
參　數	address：指定 Slave 裝置的位址，長度為 7 個位元。
傳回值	無

3. Wire.endTransmission( )

描　述	結束傳送資料到指定的 Slave 裝置的動作，此一傳輸必須先由 beginTransmission( ) 開始，再將 write( ) 寫入到佇列的資料傳送到 Slave 裝置。
語　法	Wire.endTransmission( ) Wire.endTransmission(stop)
參　數	stop：資料型別為 boolean，此參數可有可無，若沒指定則預設為 true。這個參數可以改變 endTransmission( ) 執行後的 I2C 狀態，(1) 如果 stop 為 true，則 endTransmission( ) 在傳送完資料後會送出停止的訊息，釋放 I2C 介面。(2) 如果 stop 為 false，則 endTransmission( ) 在傳送完資料後會送出 restart 的訊息，繼續佔用 I2C 介面，使得其他的 Master 裝置無法傳送資料，這樣可以允許一個 Master 向 Slave 裝置連續傳送多筆資料。
傳回值	傳回資料傳送的狀態，其資料型態為 byte，有下列 5 種傳回值。 0：表示傳送成功。 1：資料長度超過傳輸緩衝區。 2：在傳送位址時收到 NACK 否認訊號。 3：在傳送資料時收到 NACK 否認訊號。 4：其他錯誤。

4. Wire.write( )

描 述　將資料從 Slave 裝置寫入 (傳送) 到發出請求的 Master 裝置，或是將 Master 要傳送到 Slave 的資料寫入到佇列，此函式會使用在 beginTransmission( ) 和 endTransmission( ) 之間。

語 法
```
Wire.write(value)
Wire.write(string)
Wire.write(data, length)
```

參 數

(1) value：要傳送的數值，資料型別為 byte。
(2) string：要傳送的字串資料。
(3) data：要傳送的資料陣列，其單元的資料型別為 byte。
(4) length：要傳送的 byte 數。

傳回值　傳回傳送成功的 byte 數。

5. Wire.requestFrom( )

描 述　由 Master 裝置發起，向 Slave 裝置請求資料，後續再使用 available( ) 和 read( ) 函式讀取資料。

語 法
```
Wire.requestFrom(address, quantity)
Wire.requestFrom(address, quantity, stop)
```

參 數

(1) address：指定 Slave 裝置的位址，長度為 7 個位元。
(2) quantity：請求的 byte 數。
(3) stop：資料型別為 boolean，此參數可有可無，若沒指定則預設為 true。這個參數可以改變 requestFrom( ) 執行後的 I2C 狀態，(1) 如果 stop 為 true，則 requestFrom( ) 在傳送完請求後會送出停止的訊息，釋放 I2C 介面。(2) 如果 stop 為 false，則 requestFrom( ) 在傳送完請求後會送出 restart 的訊息，繼續佔用 I2C 介面，使得其他的 Master 裝置無法發送請求，這樣可以允許一個 Master 向 Slave 裝置連續發送多次請求。

傳回值　從 Slave 裝置傳回的 byte 數

6. Wire.available( )

描　述	傳回可用 read( ) 讀取的 byte 數，此函式可在 Master 裝置向 Slave 裝置請求資料 requestFrom( ) 之後使用，或是在 Slave 裝置使用 onReceive( ) 註冊的函式裡呼叫使用。
語　法	Wire.available( )
參　數	無
傳回值	傳回可讀取的 byte 數。

7. Wire.read( )

描　述	讀取接收到的資料，一次一個 byte，在 Master 裝置向 Slave 裝置請求資料 requestFrom( ) 之後使用，或是從 Master 裝置傳送資料到 Slave 裝置使用。
語　法	Wire.read( )
參　數	無
傳回值	傳回一個 byte 的資料，如果沒有資料可以讀取，則傳回 -1。

8. Wire.setClock( )

描　述	設定 I2C 傳輸的時脈頻率，對 Slave 裝置而言沒有最低的工作時脈頻率，但一般都是以 100kHz 為下限。
語　法	Wire.setClock(freq)
參　數	freq：欲設定的頻率值，以赫茲 (Hertz) 為單位，可接受的頻率值有標準模式的 100000 (100kHz) 和快速模式的 400000 (400kHz)。有些處理器也支援更低速的 10kHz，或更高速的 1000kHz，甚至是超高速的 3400k，這些細節必須要參考特定處理器的規格書，才能確定有沒有支援。
傳回值	無

9. Wire.onReceive( )

描　述	指定 Slave 裝置在接收到從 Master 裝置傳送過來的資料時要執行的函式。
語　法	Wire.onReceive(handler)
參　數	handler：函式的名稱，此函式需要一個資料型別為 int 的參數，而且沒有回傳值，例如：void myHandler(int numBytes)，其中參數 numBytes 表示從 Master 裝置傳送過來的 byte 數。
傳回值	無

10. Wire.onRequest( )

描　述	指定 Slave 裝置在接收到從 Master 裝置傳送過來的請求時要執行的函式。
語　法	Wire.onRequest(handler)
參　數	handler：函式的名稱，此函式不需要參數也沒有回傳值，例如：void myHandler( )。
傳回值	無

11-4 I2C 範例

11-4-1 I2C 範例 -1

說 明

I2C slave 位址掃描程式。在嵌入式系統應用中，我們常常會使用到 I2C 的 I/O 裝置或感測器，可是這些裝置的技術文件轉來轉去，可能下載錯了，也可能是型號改版了，導致我們明明按照手冊上的 I2C 位址撰寫，但就是無法驅動，所以本範例就是提供一個 I2C 位址掃描的程式，只要接上 I2C 的裝置，執行程式後就可以抓取到正確的位址，再也不怕搞錯了。

範 例 **11.4.1**

```
/*** 範例 11.4.1(I2C 範例 -1) ***/
#include <Wire.h>

/****************************************************
 * setup
 ****************************************************/
void setup() {
  Serial.begin(9600);      // 設定串列埠傳輸速率為 9600 bps
  Wire.begin();            // 將本裝置初始成 master
  Serial.println("I2C Slave Scanning ...");
  for(byte addr=8;addr<120;addr++) {   // 從位址 8 開始掃瞄到位址 119
    Wire.beginTransmission(addr);      // 開始傳送資料到指定的 slave 位址
    if(Wire.endTransmission()==0) {    // 假如有回傳 ACK 就顯示其位址
      Serial.print("Find slave at: 0X");
      Serial.println(addr, HEX);
    }
  }
  Serial.println("End ...");
}

```

```
/**************************************************
 * loop
 **************************************************/
void loop() {
  //empty
}
```

討　論

(1) 在此範例中，我們使用 I2C 介面的 LCD 1602 當做 Slave 裝置，如圖 11-4-1(a) 與 UNO 連接正確後，執行結果即可顯示出 LCD 1602 的位址爲 0X27。

(2) 在程式碼第 11-17 的迴圈，我們掃描 Slave 的範圍是從位址 8 開始到位址 119，原因如表 11-1-1 所示，其中 16 個保留位址可以忽略。

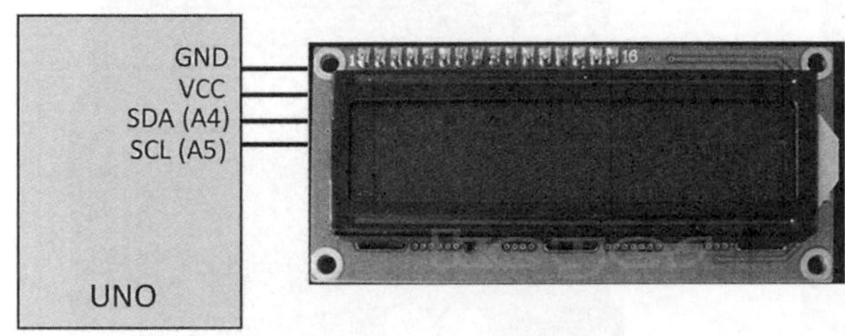

(a) I2C LCD 1602與UNO開發板的接線

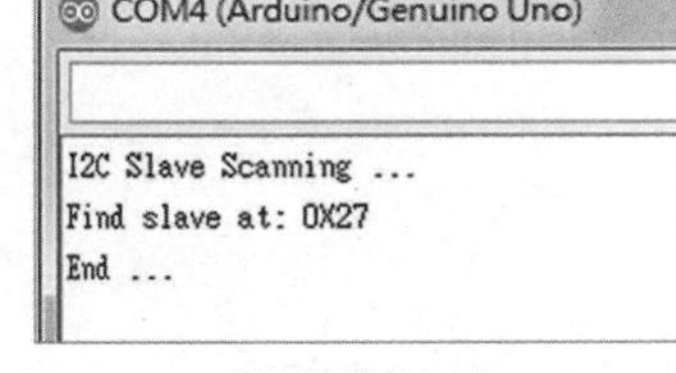

(b) 執行結果

圖 11-4-1　I2C LCD 1602

11-4-2 I2C 範例 -2

說 明

如圖 11-4-2 將二塊 UNO 開發板的 A4 (SDA) 與 A5 (SCL) 各自對接，即可建立 I2C 匯流排的連線，其中要特別注意，雖然二塊板子採用獨立供電的方式，但是 I2C 通訊協定是靠拉降訊號線的動作，以取得匯流排的控制權，所以二塊板子的 GND 一定要接在一起共用，如此 I2C 才能正常的動作。

在此範例中，我們設定 UNO_A 爲 Master，而 UNO_B 規劃成 Slave，其位址指定爲 0x08，執行動作是 Master 的 LED 先亮，熄滅後換通知 Slave 的 LED 再亮，熄滅後又換回 Master 亮，而且閃爍的時間會從 1 秒遞減到 0.1 秒，之後再回到 1 秒的時間，如此無限循環。注意，二個微控器的程式碼完全不同，要各自上傳執行。

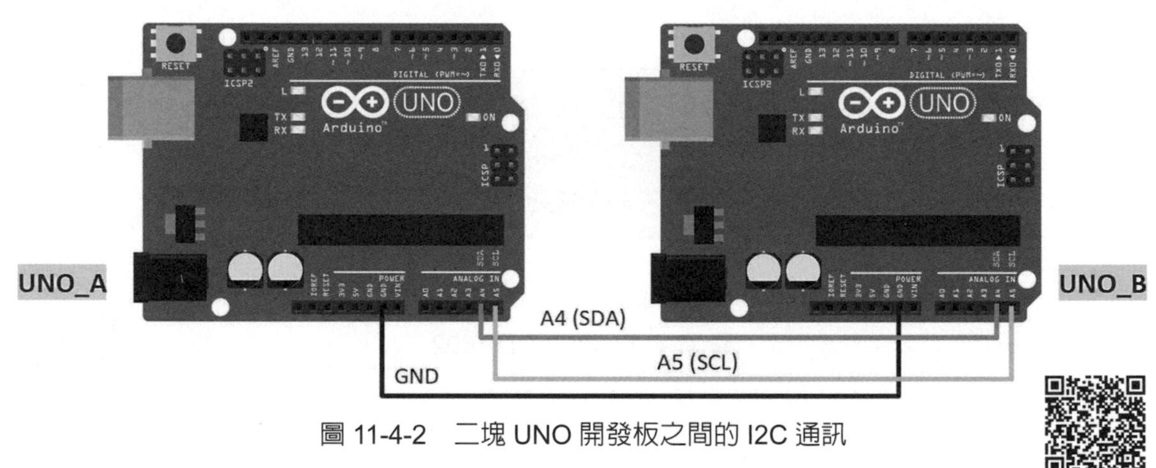

圖 11-4-2 二塊 UNO 開發板之間的 I2C 通訊

範 例 11.4.2.A

```
/*** 範例 11.4.2.A(I2C 範例 -2 for UNO_A) ***/
#include <Wire.h>
#define LedPin 13                    // 板載 LED 接腳固定為 13
int cnt=0;

/*****************************************************
 * setup
 *****************************************************/
void setup() {
  pinMode(LedPin,OUTPUT);            // 設定內建 LED(D13) 接腳為輸出模式
  Wire.begin();                      // 將本裝置初始成 master
}

/*****************************************************
 * loop
 *****************************************************/
void loop() {
  if(cnt==10) cnt=0;
  digitalWrite(LedPin,HIGH);         // 點亮 LED 一段時間後熄滅
  delay(1000-cnt*100);
  digitalWrite(LedPin,LOW);
  Wire.beginTransmission(8);         // 向 slave #8 傳送資料
  Wire.write(cnt);                   // 傳送 cnt 的值
  if(Wire.endTransmission()==0){     // 如果成功結束
    while(1) {
      Wire.requestFrom(8,1);         // 向 slave #8 請求 1 byte 資料
      while(!Wire.available());      // 等待資料回傳
      if(Wire.read()==(cnt+1))       // 如果 slave 回傳的值等於 cnt+1
      { cnt++; break; }              //cnt=cnt+1，並跳出等待迴圈
    }
  }
}
```

範例 11.4.2.B

```
/*** 範例 11.4.2.B(I2C 範例 -2 for UNO_B) ***/
#include <Wire.h>
#define LedPin 13                    // 板載 LED 接腳固定為 13
int flag=0, cnt=0;

/*****************************************************
 * setup
 *****************************************************/
void setup() {
  pinMode(LedPin,OUTPUT);            // 設定內建 LED(D13) 接腳為輸出模式
  Wire.begin(8);                     // 將本裝置初始成 slave，且位址為 8
  Wire.onReceive(receiveEvent);      // 註冊 onReceive 要執行的函式
  Wire.onRequest(requestEvent);      // 註冊 onRequest 要執行的函式
}

/*****************************************************
 * loop
 *****************************************************/
void loop() {
  if(flag==1) {                      //flag==1 表示有從 master 接收到資料
    digitalWrite(LedPin,HIGH);       // 點亮 LED 一段時間後熄滅
    delay(1000-cnt*100);
    digitalWrite(LedPin,LOW);
    cnt++;  flag=0;
  }
}

```

```
/**************************************************
 * receiveEvent
 **************************************************/
void receiveEvent(int bytes) {
  while(!Wire.available());
  cnt=Wire.read();
  flag=1;                  // 從 master 接收到資料，設定 flag=1
}

/**************************************************
 * requestEvent
 **************************************************/
void requestEvent( ) {
  Wire.write(cnt);  //master 有請求 request 時，就傳回 cnt
}
```

結　果

觀察執行結果，二塊開發板上的 LED 燈會交互閃爍，Master 先亮，熄滅後換 Slave 亮，熄滅後又換回 Master，而且閃爍的時間會從 1 秒遞減到 0.1 秒，之後再回到 1 秒的時間，如此循環。

11-5 習題

[11-1] 使用 I2C 完成按下 UNO_A(Master) 的按鈕一次，就會反轉 UNO_B(Slave) 的 LED 狀態，暗會變亮，亮就會變暗。

[11-2] 在 UNO_B(Slave) 接上一顆按鈕開關，然後使用 I2C，完成按下 UNO_B 的按鈕，除了反轉 UNO_A(Master) 的 LED 狀態，也會將 UNO_A(Master) 的計數值 +1，範圍限制在 0 ～ 99，並顯示在 PC 端的監控視窗。

[11-3] 在二塊 UNO 各自接上一顆按鈕開關，然後使用 I2C，完成按下 UNO_A(Master) 的按鈕，就會點亮 UNO_B(Slave) 的 LED 三秒鐘；相反的，按下 UNO_B 的按鈕，就會點亮 UNO_A 的 LED 三秒鐘。

[11-4] 在二塊 UNO 開發板各自接上一顆按鈕開關，然後使用 I2C 串列通訊，在按下按鈕的時候可取得 0~99 的列印權，列印間隔爲 500ms。

[11-5] 在 UNO_A(Master) 接上可變電阻 (電位計)，只要可變電阻的值有變化，就透過 I2C 將值傳送到 UNO_B(Slave) 顯示在 PC 端的監控視窗。

[11-6] 準備 UNO_A(Master) 接上一顆按鈕開關，與 UNO_B(Slave) 接上溫濕度感測器，完成按下 UNO_A 的按鈕，就會將 UNO_B 讀取到的溫濕度，透過 I2C 傳輸回 UNO_A 並顯示在 PC 端的監控視窗。

Chapter 12
串列通訊 SPI

串列週邊介面 (Serial Peripheral Interface)，縮寫爲 SPI，是由 Motorola 公司所提出的另一種串列通訊技術，1985 年首次應用在 Motorola 自己的 8 位元微控器上，有別於 1982 年由 Philips 公司所提出的 I2C 只能進行半雙工的資料傳輸，SPI 是一種同步而且全雙工的串列通訊技術，所以嚴格來說，SPI 是 I2C 的進化版，除了繼承 I2C 的優點外，更針對 I2C 低速傳輸的缺點，改用全雙工大幅的提升資料傳輸的效率。

12-1 SPI 匯流排

SPI 匯流排架構如圖 12-1-1 所示，與 I2C 一樣，SPI 也是屬於主從式的通訊架構，圖 12-1-1(a) 是一對一最簡單的連接，而 12-1-1(b) 則爲一對多的連接方式，從圖中我們可以觀察到，SPI 需要利用四條傳輸線，才能達成 Master 與 Slave 之間的資料傳輸，這四條傳輸線分別是 SCLK、MOSI、MISO 與 /SS，其意義與作用分別敘述在表 12-1-1 中。

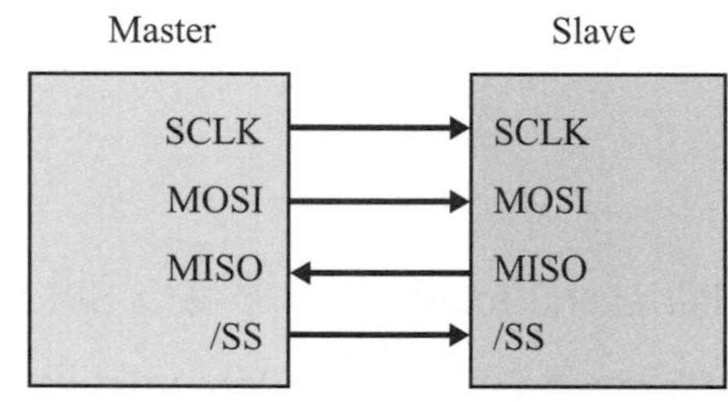

(a) 一對一，一個Master連結一個Slave

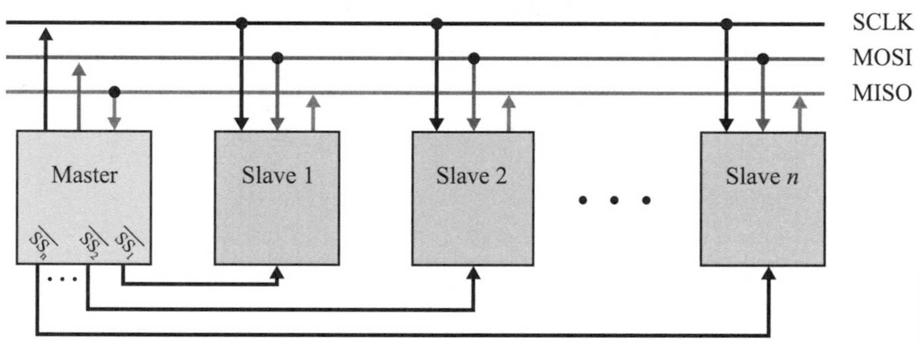

(b) 一對多，一個Master連結多個Slave

圖 12-1-1　SPI 匯流排架構

表 12-1-1　SPI 串列傳輸的訊號線

傳輸線	全名	描述
SCLK	Serial Clock	由 Master 所產生的時脈訊號，其目的是爲了要正確的控制資料同步傳輸的動作。
MOSI	Master Out Slave In	主出從入，表示 Master 是輸出端，Slave 是輸入端，所以在此傳輸線上的資料流向是從 Master 輸出到 Slave。
MISO	Master In Slave Out	主入從出，表示 Master 是輸入端，而 Slave 是輸出端，此傳輸線上的資料流向是從 Slave 輸出到 Master。
/SS	Slave Select	由 Master 所產生的 Slave 選擇訊號，Slave 只有在其專屬的 /SS 訊號線爲 LOW 時才表示被致能，可以與 Master 進行資料的傳輸。

整理 SPI 匯流排的特色條列如下：

(1) 除 /SS 外，SCLK、MOSI 與 MISO 均爲共用的訊號線，Slave 數量的增減不會影響這三條訊號線的數量。

(2) /SS 是專屬的致能訊號線，每個 Slave 與 Master 之間都有獨立的 /SS，不能共用而且是訊號爲 LOW 的時候才表示致能，與 I2C 比較起來，SPI 選擇 Slave 致能的動作較爲簡單直接，但是卻增加了 Master 晶片接腳與連接導線的數量。

(3) 因爲 /SS 是專屬訊號線的原因，SPI 匯流排只允許一個 Master 裝置的存在，而且也無法像 I2C 一樣可以熱插拔的特性，必須停止系統才能增減 Slave 裝置。

(4) MOSI 與 MISO 爲二條傳輸方向不同的資料線，在 SCLK 的觸發下同時會進行資料的傳輸，MOSI 是從 Master 輸出到 Slave，而 MISO 則是從 Slave 輸出到 Master，如此實現了 SPI 同步全雙工的資料傳輸，傳輸速率一般可達 5M/10M/20Mbps 或是更快，這也是 SPI 最吸引人的效能優勢。

(5) SPI 匯流排在閒置狀態時，也就是沒有任何裝置在進行資料傳輸，MOSI，MISO 與 /SS 都會維持在高電位的狀態，而 SCLK 的電壓準位則要看模式而定。

(6) 與 I2C 一樣，SPI 的資料傳輸順序也是從 MSB 開始先傳，依序往低位元的方向，LSB 是最後傳輸的位元。

(7) SPI 的傳輸協定沒有包含交握機制 (Handshaking)，所以無法確認資料是否已正確的傳輸。

表 12-1-2 列出各種 Arduino 開發版中 SPI 的接腳對應與電壓規格。其中在 ICSP 接頭的部份，所有的開發版在 MOSI、MISO 與 SCLK 的接腳對應完全相同，這有助於擴充版 (Shield) 的設計能相容所有的 Arduino 開發版。

表 12-1-2　不同 Arduino 開發版中 SPI 的接腳對應

開發版	MOSI	MISO	SCLK	SS (Slave)	SS (Master)	level
Uno Duemilanove	11 ICSP-4	12 ICSP-1	13 ICSP-3	10	-	5V
Mega1280 Mega2560	51 ICSP-4	50 ICSP-1	52 ICSP-3	53	-	5V
Leonardo	ICSP-4	ICSP-1	ICSP-3	-	-	5V
Due	ICSP-4	ICSP-1	ICSP-3	-	4,10,52	3.3V
Zero	ICSP-4	ICSP-1	ICSP-3	-	-	3.3V
101	11 ICSP-4	12 ICSP-1	13 ICSP-3	10	10	3.3V
MKR1000	8	10	9	-	-	3.3V

12-2　SPI 資料傳輸

在 SPI 匯流排中，Slave 裝置一旦被選擇致能之後，就會與 Master 之間形成一個資料傳輸的迴路，如圖 12-2-1 所示，Master 內部的資料移位暫存器 (Shift register)，會與 Slave 內部的資料移位暫存器透過 MOSI 與 MISO 二條傳輸線頭尾相接，形成一個環狀佇列。這裡要特別注意資料的流向，SPI 也是最高位元 MSB 先傳，所以 Master 暫存器的 MSB 移出後，會經由 MOSI 傳輸線，輸入成為 Slave 暫存器的 LSB；同理，Slave 暫存器的 MSB 移出後，也會經由 MISO 傳輸線成為 Master 暫存器的 LSB。

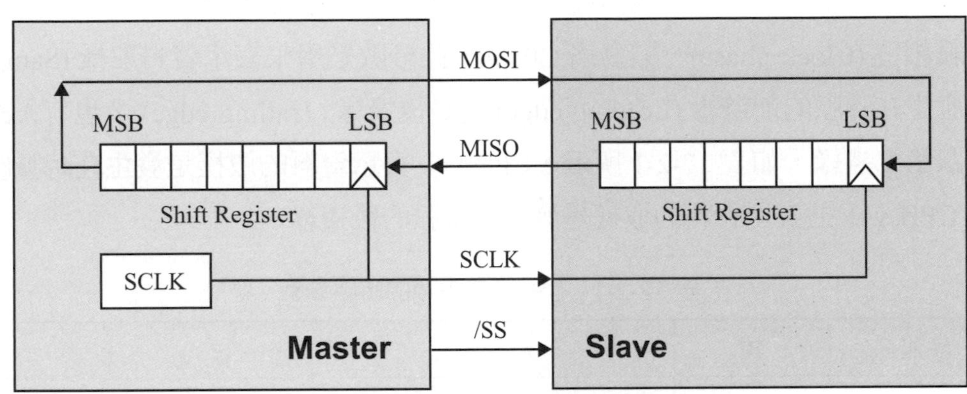

圖 12-2-1　SPI Master 與 Slave 之間的資料傳輸

而另一個控制的重點，就是 Master 所產生的時脈訊號，不僅會連接到 Master 內部的移位暫存器，也會經由 SCLK 傳輸線傳送到 Slave 的移位暫存器使用，其目的是為了要同步觸發二個暫存器的移位動作，達到資料接收與傳送可同時進行的全雙工。在 SPI 的傳輸協定下，每一次 SCLK 時脈的觸發，都會造成 Master 與 Slave 之間一個位元資料的交換，所以在 8 個時脈觸發之後，就可完成一個 byte 的資料傳輸，其速度可快可慢，也可暫停不動，換句話說，SPI 的傳輸速率完全取決於 Master 所產生的 SCLK 時脈頻率。

12-2-1 SPI 的傳輸模式

與 I2C 比較起來，SPI 的傳輸算是一個比較鬆散，沒有標準化的通訊協定，所以在使用 SPI 裝置之前必須仔細閱讀裝置的資料手冊與規格，唯有正確的設定才能完成 SPI 的資料傳輸。不同於 I2C 有明確而且一致的傳輸方式，SPI 有四種不同的傳輸模式，取決於二個重要的參數，時脈極性 CPOL 與時脈相位 CPHA。

時脈極性 (Clock polarity)，縮寫為 CPOL，此參數是用來表示時脈閒置時的電壓準位究竟是 HIGH 還是 LOW？如表 12-2-1 所示，CPOL=0 表示時脈閒置時的電壓準位為 LOW；反之 CPOL=1 則表示時脈閒置時的電壓準位為 HIGH。

時脈相位 (Clock phase)，縮寫為 CPHA，此參數是用來表示資料取樣 (Sample) 的動作是發生在時脈的前邊緣 (Leading edge) 還是後邊緣 (Trailing edge)？也有人說是第一邊緣跟第二邊緣，如表 12-2-1 所示，CPHA=0 表示資料的取樣是發生在時脈的前邊緣，而 CPHA=1 則表示資料的取樣是發生在時脈的後邊緣。

表 12-2-1 SPI 二個重要的時脈參數

參數	值	描述
CPOL 時脈極性	=0	時脈閒置時的電壓準位為 LOW
	=1	時脈閒置時的電壓準位為 HIGH
CPHA 時脈相位	=0	資料的取樣發生在時脈的前邊緣或第一邊緣 (Leading edge)
	=1	資料的取樣發生在時脈的後邊緣或第二邊緣 (Trailing edge)

根據時脈極性 CPOL 與時脈相位 CPHA 的設定，我們可獲得四種 SPI 的傳輸模式，參考圖 12-2-2 的圖示說明，詳細解釋如下。

(1) 模式 0

設定 CPOL=0 且 CPHA=0，如圖 12-2-2 的圖示說明，CPHA=0 表示資料的取樣發生在時脈的第一邊緣 (Leading edge)，因為 CPOL=0 代表時脈閒置時的電壓準位為 LOW，所以第一邊緣必為 L 到 H 的轉換，也就是說資料取樣是發生在時脈的上升邊緣，MISO 與 MOSI 上的資料在 SCLK=H 時，必須保持穩定不變，在 SCLK=L 時才允許改變。

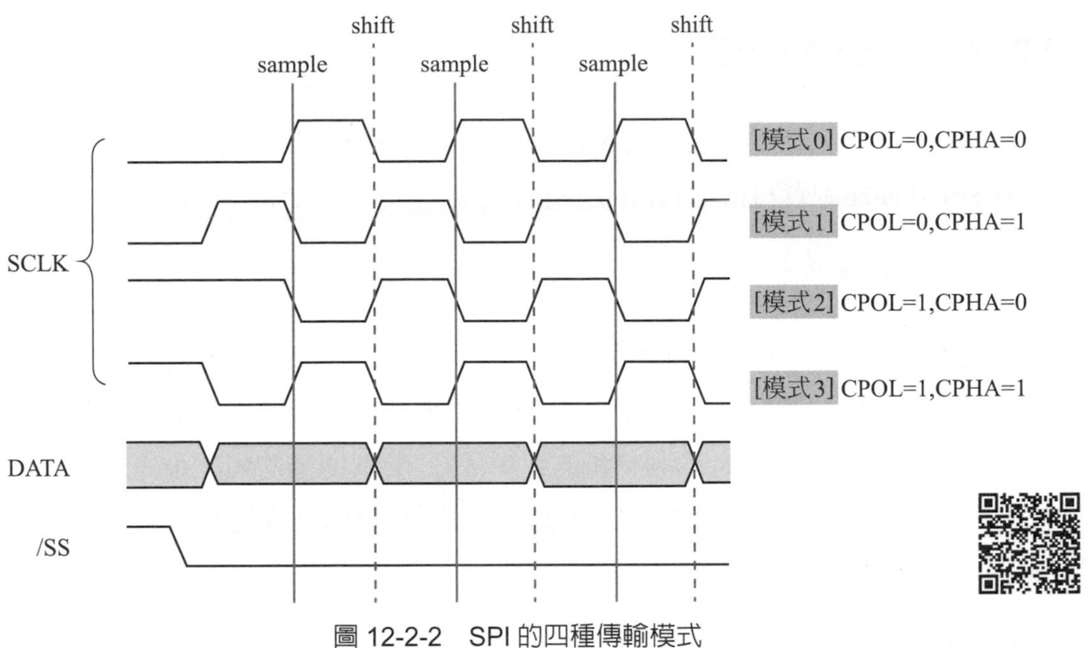

圖 12-2-2　SPI 的四種傳輸模式

(2) 模式 1

設定 CPOL=0 且 CPHA=1，與模式 0 相比，CPHA=1 表示資料的取樣發生在時脈的第二邊緣 (Trailing edge)，所以在模式 1 下，資料取樣是發生在時脈的下降邊緣，MISO 與 MOSI 上的資料在 SCLK=L 時，必須保持穩定不變，在 SCLK=H 時才允許改變。

(3) 模式 2

設定 CPOL=1 且 CPHA=0，如圖 12-2-2 的圖示說明，CPHA=0 表示資料的取樣發生在時脈的第一邊緣，因爲在模式 2 下 CPOL=1 代表時脈閒置時的電壓準位爲 HIGH，所以第一邊緣必爲 H 到 L 的轉換，也就是說資料取樣會發生在時脈的下升邊緣，MISO 與 MOSI 上的資料在 SCLK=L 時，必須保持穩定不變，在 SCLK=H 時才允許改變。

(4) 模式 3

設定 CPOL=1 且 CPHA=1，與模式 2 相比，CPHA=1 表示資料的取樣發生在時脈的第二邊緣，所以在模式 3 下，資料取樣是發生在時脈的上升邊緣，MISO 與 MOSI 上的資料在 SCLK=H 時，必須保持穩定不變，在 SCLK=L 時才允許改變。

12-3 SPI 函式

爲簡化 SPI 串列傳輸的使用，Arduino 提供了 SPI 函式庫，讓使用者可以很容易的利用 SPI 介面達到資料傳輸的目的，在使用前記得先引入標頭檔：

```
#include <SPI.h>
```

這裡要特別注意，由於 SPI 的傳輸協定較爲寬鬆，造成每個設備的通訊方式都有不同的差異，所以在撰寫 SPI 程式碼之前，必須要仔細查閱通訊設備的資料手冊，確定下列重要的傳輸參數：(1) 資料傳輸的速率？ (2) 資料傳輸的順序是先送高位元還是低位元？ (3) 使用哪一種傳輸模式？也就是時脈閒置時爲高或低電位？資料取樣是在時脈的前緣或後緣？

1. SPI.begin( )

描述	初始化 SPI 的硬體設定並設成 Master 模式，其動作是先將 SCLK，MOSI，SS 接腳模式設定成 OUTPUT，然後將 SCLK 與 MOSI 的訊號拉降爲 LOW，SS 拉升到 HIGH。
語法	SPI.begin()
參數	無
傳回值	無

2. SPI.setClockDivider( )

描述	設定 SPI 時脈的除頻倍率，可用的除頻倍率有 2,4,8,16,32,64 或 128。
語法	SPI. setClockDivider (divider)
參數	divider：可用的除頻倍率參數分別定義如下， SPI_CLOCK_DIV2、SPI_CLOCK_DIV4、SPI_CLOCK_DIV8、 SPI_CLOCK_DIV16、SPI_CLOCK_DIV32、SPI_CLOCK_DIV64、 SPI_CLOCK_DIV128。
傳回值	無

3. SPI.beginTransaction( )

描 述 使用定義的參數來初始化 SPI 匯流排。

語 法 SPI.beginTransaction(SPISettings(speedMaximum, dataOrder, dataMode))

參 數 SPISettings 物件的宣告是用來設定 SPI 在資料傳輸時的相關參數，其中包含了 speedMaximum、dataOrder 和 dataMode 三個重要參數，分別說明如下：

(1) speedMaximum：表示 SPI 最大傳輸速度。例如裝置上的 SPI 晶片，若其時脈頻率最高可達 20MHz，此參數就可設爲 20000000。

(2) dataOrder：資料傳輸順序，有 MSBFIRST 與 LSBFIRST 二種，MSBFIRST 表示 MSB 先傳，而 LSBFIRST 則表示 LSB 先傳。一般而言 SPI 都是採用 MSBFIRST 的傳輸方式，但爲求正確的設定，還是要以裝置的資料手冊爲準。

(3) dataMode：即爲章節 12-2-1 所介紹的 SPI 傳輸模式，共有四種，分別爲 SPI_MODE0、SPI_MODE1、SPI_MODE2、SPI_MODE3。

在早期的版本，speedMaximum、dataOrder 和 dataMode 這三個參數都可以個別的使用 setClockDivider()、setBitOrder() 和 setDataMode() 來設定，但是現在可以使用 SPISettings 搭配 SPI.beginTransaction() 函式的設定方式。

傳回值 無

4. SPI.end( )

描 述 停止使用 SPI 並取消硬體設定，但其接腳模式維持不變。

語 法 SPI.end()

參 數 無

傳回值 無

5. SPI.endTransaction( )

描　述	結束使用 SPI 匯流排，可改用其他的傳輸參數重新設定繼續使用。
語　法	SPI.endTransaction( )
參　數	無
傳回值	無

6. SPI.transfer( ) / SPI.transfer16( )

描　述	執行 SPI 的資料傳輸，要特別注意 SPI 的資料傳輸是傳送與接收雙向的動作同時執行，所以不管是傳送或接收的動作都是使用此函式。
語　法	RxVal = SPI.transfer(TxVal) RxVal16 = SPI.transfer16(TxVal16) SPI.transfer(buffer, size)
參　數	(1) TxVal：要傳送的數值，資料型別爲 byte (8-bit)。 (2) TxVal16：要傳送的 16-bit 的數值。 (3) buffer：要傳送的資料陣列，其單元的資料型別爲 byte。 (4) size：要傳送的 byte 數。
傳回值	傳回接收到的數值，長度爲 8-bit 或 16-bit。

12-4　SPI 範例

12-4-1　SPI 範例 -1

說　明

使用 SPI 完成二塊 UNO 開發板之間的通訊，由 Master 每間隔 5 秒鐘就會發送字串 "This is SPI communication" 到 Slave 端。如圖 12-4-1 將二塊 UNO 開發板的 10 (SS)，11 (MOSI)，12 (MISO) 與 13 (SCLK) 各自對接，即可建立 SPI 匯流排的連線，其中要特別注意二塊板子的 GND 一定要接在一起共用，如此 SPI 才能正常的動作。在此範例中，我們設定 UNO_A 為 Master，而 UNO_B 規劃成 Slave，二個微控器的程式碼完全不同，要各自上傳執行。

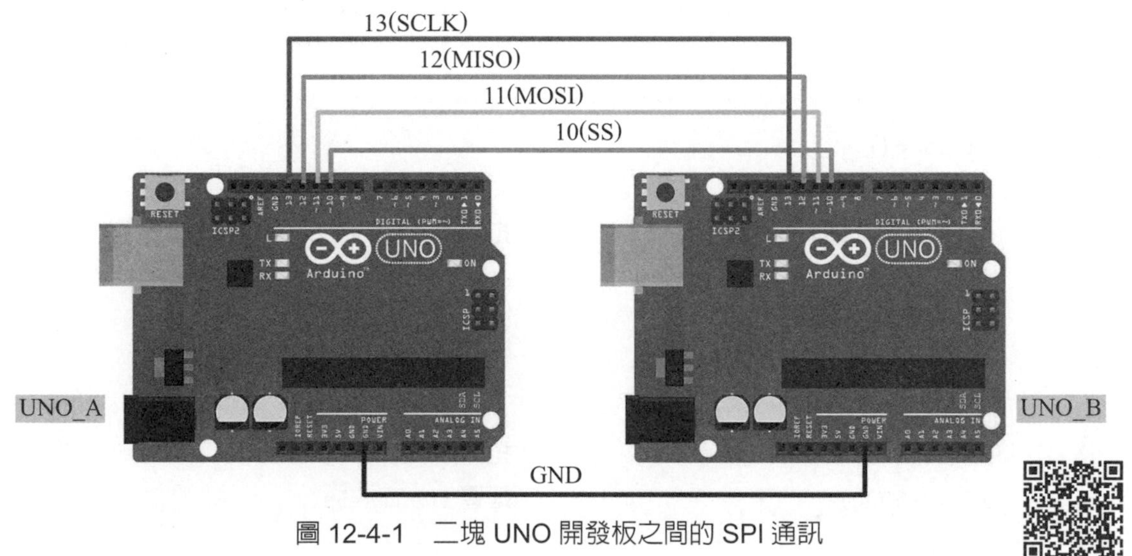

圖 12-4-1　二塊 UNO 開發板之間的 SPI 通訊

範 例 **12.4.1.A**

```
/*** 範例 12.4.1.A(SPI 範例 -1 for UNO_A) ***/
#include <SPI.h>
char msg[]="This is SPI communication\n";

/***************************************************
 * setup
 ***************************************************/
void setup() {
  Serial.begin(9600);                    // 設定串列埠傳輸速率為 9600 bps
  SPI.begin();                           // 初始化 SPI 的硬體設定並設成 master 模式
  SPI.setClockDivider(SPI_CLOCK_DIV8);   // 設定 SPI 除頻倍率為 8
}

/***************************************************
 * loop
 ***************************************************/
void loop() {
char ch;
  digitalWrite(SS,LOW);                  // 拉降 SS 為 L，致能 Slave
  for(int i=0;ch=msg[i];i++) {           //--- 列印並使用 SPI 送出字串
      SPI.transfer(ch);
      Serial.print(ch);
  }
  digitalWrite(SS,HIGH);                 // 拉升 SS 為 H，停用 Slave
  delay(5000);                           // 延遲 5000ms=5s
}
```

範　例　**12.4.1.B**

```
/*** 範例 12.4.1.B(SPI 範例 -1 for UNO_B) ***/
#include <SPI.h>
char buf[50];                       // 宣告 50 個字元的緩衝區
volatile int index=0, flag=0;       // 重置 index,flag 為 0

/****************************************************
 * setup
 ****************************************************/
void setup () {
  Serial.begin(9600);               // 設定串列埠傳輸速率為 9600 bps
  pinMode(MISO,OUTPUT);             // 設定 MISO 接腳為 OUTPUT
  SPCR |= _BV(SPE);                 // 啓用 SPI 在 Slave 模式
  SPI.attachInterrupt();            // 啓用 SPI 中斷
}

/****************************************************
 * loop
 ****************************************************/
void loop() {
  if(flag==1) {                     // 如果 flag==1，就印出完整字串
    buf[index]=NULL;                // 最後填入字串結束字元
    Serial.print(buf);              // 印出完整字串
    index=0; flag=0;                // 重置 index,flag 為 0
  }
}

/****************************************************
 * SPI 傳輸完成中斷服務程式
 ****************************************************/
ISR(SPI_STC_vect) {
  char ch=SPDR;                     // 從 SPI 資料暫存器 SPDR 抓取字元
  if(index<sizeof(buf)) {
    buf[index++]=ch;                // 將讀取到的字元存進 buf
    if(ch=='\n') flag=1;            // 如果是換行字元，flag=1
  }
}
```

12-4-2 SPI 範例 -2

說 明

如圖 12-4-1 將二塊 UNO 開發板建立 SPI 匯流排的連線，在 Master (UNO_A) 的 D2 接上按鈕開關，只要按下開關就會觸發外部中斷 INT0，產生一個 0~255 的隨機數值，然後透過 SPI，將此數值傳送到 Slave 端 (UNO_B)，印出到串列埠視窗。

範 例 12.4.2.A

```
/*** 範例 12.4.2.A(SPI 範例 -2 for UNO_A) ***/
#include <SPI.h>
#define ButtonPin 2
volatile byte value=0, flag=0;

/****************************************************
 * setup
 ****************************************************/
void setup() {
  Serial.begin(9600);              // 設定串列埠傳輸速率為 9600 bps
  randomSeed(analogRead(A0)); // 指定產生隨機亂數的種子
  //--- 設定外部中斷
  pinMode(ButtonPin,INPUT_PULLUP);
  EIMSK |= _BV(INT0);              // 致能 INT0
  EICRA |= _BV(ISC01);             // 將觸發模式設為 FALLING(ISC01=1,ISC00=0)
  EICRA &= ~_BV(ISC00);
  //--- 設定 SPI
  SPI.begin();                     // 初始化 SPI 的硬體設定並設成 Master 模式
  SPI.setClockDivider(SPI_CLOCK_DIV8);  // 設定 SPI 除頻倍率為 8
}

/****************************************************
 * loop
 ****************************************************/
```

```
void loop() {
  if(flag==1) {
    Serial.println(value);        // 印出數值
    digitalWrite(SS,LOW);         // 拉降 SS 為 L，致能 Slave
    SPI.transfer(value);          // 使用 SPI 送出數值
    digitalWrite(SS,HIGH);        // 拉升 SS 為 H，停用 Slave
    delay(500);                   // 避免連續觸發
    flag=0;
  }
}

/****************************************************
 * INT0 中斷服務程式
 ****************************************************/
ISR(INT0_vect) {
  value=random(0,256);            // 產生 0-255 的亂數
  flag=1;
}
```

範例　**12.4.2.B**

```
/*** 範例 12.4.2.B(SPI 範例 -2 for UNO_B) ***/
#include <SPI.h>

/****************************************************
 * setup
 ****************************************************/
void setup () {
  Serial.begin(9600);             // 設定串列埠傳輸速率為 9600 bps
  pinMode(MISO,OUTPUT);           // 設定 MISO 接腳為 OUTPUT
  SPCR |= _BV(SPE);               // 啓用 SPI 在 Slave 模式
  SPI.attachInterrupt();          // 啓用 SPI 中斷
}
```

```

/*****************************************************
 * loop
 *****************************************************/
void loop() {
  //empty
}

/*****************************************************
 * SPI 傳輸完成中斷服務程式
 *****************************************************/
ISR(SPI_STC_vect) {
  byte value=SPDR;                // 從 SPI 資料暫存器 SPDR 抓取數值
  Serial.println(value);          // 印出數值
}
```

討 論

(1) 因爲 SPI 傳輸長度爲一個 byte，所以我們只產生 0-255 的亂數，剛好符合一個 byte 的數值範圍，如程式碼 12.4.2.A 的第 40 行。

(2) 在程式碼 12.4.2.A 的第 31 行，delay(500) 可避免連續觸發，但也導致有點不靈敏，所以使用者可自行調整一個最適合的延遲。

12-5 習題

[12-1] 使用 SPI 完成按下 UNO_A(Master) 的按鈕一次，就會反轉 UNO_B(Slave) 的 LED 狀態，暗會變亮，亮就會變暗。

[12-2] 在 UNO_B(Slave) 接上一顆按鈕開關，然後使用 SPI，完成按下 UNO_B 的按鈕，除了反轉 UNO_A(Master) 的 LED 狀態，也會將 UNO_A(Master) 的計數值 +1，範圍限制在 0~99，並顯示在 PC 端的監控視窗。

[12-3] 在二塊 UNO 各自接上一顆按鈕開關，然後使用 SPI，完成按下 UNO_A(Master) 的按鈕，就會點亮 UNO_B(Slave) 的 LED 三秒鐘；相反的，按下 UNO_B 的按鈕，就會點亮 UNO_A 的 LED 三秒鐘。

[12-4] 在二塊 UNO 開發板各自接上一顆按鈕開關，然後使用 SPI 串列通訊，在按下按鈕的時候可取得 0~99 的列印權，列印間隔爲 500ms。

[12-5] 在 UNO_A(Master) 接上可變電阻 (電位計)，只要可變電阻的值有變化，就透過 SPI 將值傳送到 UNO_B(Slave) 顯示在 PC 端的監控視窗。

[12-6] 準備 UNO_A(Master) 接上一顆按鈕開關，與 UNO_B(Slave) 接上溫濕度感測器，完成按下 UNO_A 的按鈕，就會將 UNO_B 讀取到的溫濕度，透過 SPI 傳輸回 UNO_A 並顯示在 PC 端的監控視窗。

Chapter 13 睡眠模式與電源管理

在嵌入式系統的應用中，有很多場域環境是沒有電力系統或是沒有市電供應的，此時只能使用電池或是太陽能來驅動裝置的運作，在這種狀況下，省電就成了最重要的目標，因此除了程式碼的執行效能與穩定之外，如何降低裝置運作的功耗，進一步的延長電池壽命，就是另一項重要的設計考量。引用網路上的量測數據，使用一顆 AAA 的電池供應，可讓 Arduino UNO 持續運行多久？結果如圖 13-1-1 所示，不同的操作電壓與時脈設定可產生截然不同的效果，如果使用最高效能 5V 與 16MHz 的設定，只可維持約 9 個小時，相反地，使用 3.3V 與 8MHz 的設定，卻可讓持續運行的時間大幅的增加到 62 個小時，足足有 7 倍之多，所以電力資源是否能有效的管理與設定，確實可大幅的影響整個嵌入式系統的功率消耗，以及在有限電源的供應下系統持續運行的時間。

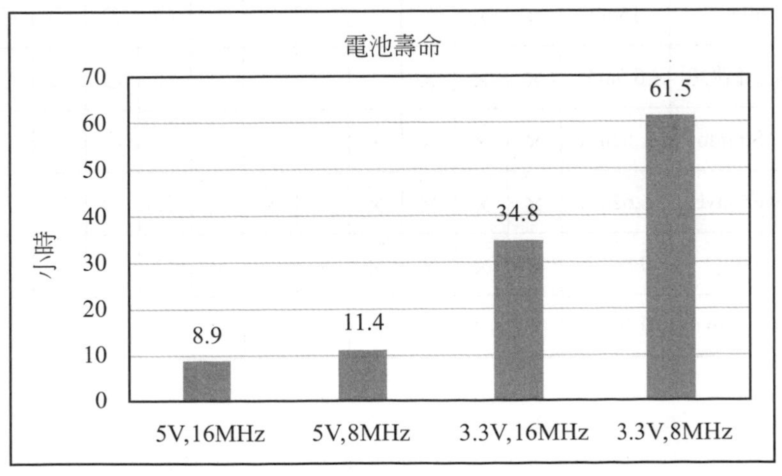

圖 13-1-1　在 AAA 電池供電下，Arduino UNO 可持續運行的時間

13-1 睡眠模式 (Sleep Mode)

13-1-1 6 種睡眠模式

UNO 開發板上所使用的微控器 MCU 爲 ATmega328P，其中的‘P’字元是代表採用了 picoPower 超低功耗的技術，根據官方的資料手冊 ATmega328P 具備了 6 種可省電的睡眠模式 (Sleep mode)，其省電的幅度從小到大分別爲 Idle 模式、ADC noise reduction 模式、Extended standby 模式、Power-save 模式、Standby 模式、Power-down 模式，如表 13-1-1 所列，其中功率消耗欄位裡的值，僅是 ATmega328P 這顆 MCU 在當前模式下的平均功耗，並不含其他週邊的功耗。在每一種模式下，被關閉的時脈單元與振盪器各有不同，而可喚醒的中斷來源也各有限制，所以程式設計師必須根據系統應用的條件與環境，選擇一個最適合的睡眠模式，才能達成能源效率最佳化的目標。

表 13-1-1　ATmega328P 的 6 種睡眠模式

模式位元 SM[2:0]	睡眠模式	功耗	工作時脈					振盪器		喚醒來源						
			clk_{CPU}	clk_{FLASH}	clk_{IO}	clk_{ADC}	clk_{ASY}	Main Clock	Timer	INT & PCINT	TWI addr. match	Timer2	EEPROM Ready	ADC	WDT	Other I/O
000	Idle	15mA	×	×						○	○	○	○	○	○	○
001	ADC 降雜訊	6.5mA	×	×	×					○	○	○	○	○	○	
111	Exd. Standby	1.62mA	×	×	×	×				○	○	○			○	
011	Power-save	1.62mA	×	×	×	×		×		○	○	○			○	
110	Standby	0.84mA	×	×	×	×	×		×	○	○				○	
010	Power-down	0.36mA	×	×	×	×	×	×	×	○	○				○	

1. Idle 模式

圖 13-1-2 爲睡眠模式控制暫存器 (Sleep Mode Control Register, SMCR) 的內容，當 SM[2:0] 位元被設爲 000_2 時，SLEEP 指令會讓 MCU 進入 Idle 模式，在 Idle 睡眠模式下 CPU 會停止執行，但仍允許 SPI、UART、Analog Comparator、2-wire (I2C)、Timer/Counters、Watchdog、和中斷系統繼續運作，所以 Idle 模式只會關閉 clk_{CPU} 和 clk_{FLASH} 這二個時脈，其餘的時脈與振盪器皆正常動作，整體而言省電的幅度不大，喚醒來源包含所有的內外部中斷及 I/O，皆可讓 MCU 從 Idle 睡眠模式回到正常模式。

Bit	7	6	5	4	3	2	1	0
0x33(0x53)	–	–	–	–	SM2	SM1	SM0	SE
Read/Write	R	R	R	R	R/W	R/W	R/W	R/W
Initial Value	0	0	0	0	0	0	0	0

圖 13-1-2　睡眠模式控制暫存器 (Sleep Mode Control Register, SMCR)

2. ADC Noise Reduction 降雜訊模式

參考圖 13-1-2，當 SMCR 暫存器中 SM[2:0] 位元被設定爲 001_2 時，SLEEP 指令會讓 MCU 進入 ADC Noise Reduction 模式，也就是 ADC 降雜訊模式，在此模式下有助改善類比數位轉換 (ADC) 的雜訊，提高類比數位轉換的品質。跟 Idle 模式相比，ADC 降雜訊模式會多關閉 I/O 模組，所以關閉的時脈有 clk_{CPU}，clk_{FLASH} 和 clk_{IO} 三個，從表 13-1-1 中很明顯的可以看出，I/O 模組是一個很耗電的單元，光是關掉 I/O 模組就可讓功耗從 15mA 降爲 6.5mA，省電的效果非常顯著。此外，也因爲 I/O 模組的關閉，所以喚醒來源也就不包含 I/O。

3. Extended Standby 模式

當 SMCR 暫存器中 SM[2:0] 位元被設定爲 111_2 時，SLEEP 指令會讓 MCU 進入 Extended Standby 模式，也就是延長待機模式，參考表 13-1-1，此模式比起 ADC 雜訊減低模式，會再多關閉類比數位轉換 (ADC) 模組，所以關閉的時脈有 clk_{CPU}，clk_{FLASH}，clk_{IO} 和 clk_{ADC} 四個，只剩非同步的時脈 clk_{ASY} 持續工作，從表 13-1-1 的功耗數據顯示，ADC 模組與 I/O 模組一樣，也是一個很耗電的單元，多關掉 ADC 模組可讓功耗從 6.5mA 降爲 1.62mA，節省功耗的幅度非常顯著，當然喚醒來源也少了

ADC，值得注意的是，在此模式下系統接收到喚醒訊號後，會等待 6 個時脈週期之後才真正的被喚醒。

4. Power-Save 模式

當 SMCR 暫存中 SM[2:0] 位元被設定爲 011_2 時，SLEEP 指令會讓 MCU 進入 Power-Save 模式，參考表 13-1-1，此模式跟 Extended Standby 模式相比，工作時脈同樣只有 clk_{ASY}，雖然多關閉了一個 main clock 的振盪器，但是其功耗卻跟 Extended Standby 模式一樣，維持在 1.62mA，所以關閉 main clock 振盪器的省電效果不大。

5. Standby 模式

當 SMCR 暫存器中 SM[2:0] 位元被設定爲 110_2，SLEEP 指令會讓 MCU 進入 Standby 模式，也就是待機模式，參考表 13-1-1，與 Power-Save 模式不同的是，Standby 模式是關閉 Timer 的振盪器，而不是 main clock 的振盪器，所有的時脈包括 clk_{ASY} 全部關閉，功率消耗可從 1.62mA 進一步的降低到 0.84mA，數值減量雖少，但幅度頗大。因爲此模式關閉 Timer 的振盪器，所以喚醒來源不包含 Timer2，但 WDT 不受影響。最後，與 Extended Standby 模式一樣，在 Standby 模式下系統接收到喚醒訊號後，也是等待 6 個時脈週期之後才真正的被喚醒。

6. Power-Down 模式

當 SMCR 暫存器中 SM[2:0] 位元被設定爲 010_2 時，SLEEP 指令會讓 MCU 進入 Power-Down 模式，參考表 13-1-1，在此模式下所有的時脈與振盪器都被關閉，功耗從 0.84mA 減少到 0.36mA，是功率消耗最低，也是最省電的模式，喚醒來源只剩外部中斷 INT 與 PCINT，TWI (I2C)，和 WDT 三個來源。

13-1-2　Sleep 函式

表 13-1-2 是 Arduino 所提供有關 Sleep 的函式，在使用前記得先引入標頭檔：

```
#include <avr/sleep.h>
```

其中提供了數個程式巨集，讓 MCU 可以很簡單的在指定的睡眠模式下操作。

(1) 最簡單的方法是先用 set_sleep_mode( ) 設定你想要的睡眠模式，接著再用 sleep_mode( ) 讓 MCU 進入睡眠模式即可；若沒用 set_sleep_mode( ) 先設定，直接使用 sleep_mode( )，則預設進入 IDLE 睡眠模式。

(2) 若在進入睡眠模式時，考慮到複雜的中斷機制，在叫用 set_sleep_mode( ) 之後，則要使用 sleep_cpu( )，程式設計者要自己處理睡眠致能 (Sleep Enable, SE) 與中斷的正確機制。

在 sleep.h 中比較重要的睡眠模式定義：

```
#define SLEEP_MODE_IDLE          0                                //SM[2:0]=000₂
#define SLEEP_MODE_ADC           _BV(SM0)                         //SM[2:0]=001₂
#define SLEEP_MODE_PWR_DOWN      _BV(SM1)                         //SM[2:0]=010₂
#define SLEEP_MODE_PWR_SAVE      (_BV(SM0)| _BV(SM1))             //SM[2:0]=011₂
#define SLEEP_MODE_STANDBY       (_BV(SM1)| _BV(SM2))             //SM[2:0]=110₂
#define SLEEP_MODE_EXT_STANDBY   (_BV(SM0)| _BV(SM1)| _BV(SM2))   //SM[2:0]=111₂
```

表 13-1-2　Arduino 程式庫所提供的 Sleep 函式

函式	功能描述
set_sleep_mode(mode)	【說明】設定睡眠模式。 【參數】mode：睡眠模式，可選擇的模式有下列 6 種 SLEEP_MODE_IDLE SLEEP_MODE_ADC SLEEP_MODE_PWR_DOWN SLEEP_MODE_PWR_SAVE SLEEP_MODE_STANDBY SLEEP_MODE_EXT_STANDBY 若沒指定，預設為 IDLE 模式 【回傳】無
sleep_enable( )	【說明】將睡眠致能位元 (sleep enable, SE) 設為 1，允許 MCU 進入睡眠模式。 【參數】無 【回傳】無
sleep_disable( )	【說明】將睡眠致能位元 SE 清空為 0，禁止 MCU 進入睡眠模式。 【參數】無 【回傳】無
sleep_cpu( )	【說明】讓 MCU 進入睡眠模式。注意要先執行 sleep_enable( ) 將睡眠致能位元 SE 設為 1，此函式才能正確動作，喚醒後要執行 sleep_disable( ) 才能將睡眠致能位元 SE 清空為 0。 【參數】無 【回傳】無
sleep_mode( )	【說明】讓 MCU 進入睡眠模式。與 sleep_cpu( ) 不同之處， 此函式會自動的將睡眠致能位元 SE 設為 1， 不需先執行 sleep_enable( )， 喚醒後也會自動的將 SE 清空為 0。 【參數】無 【回傳】無
sleep_bod_disable( )	【說明】在進入睡眠模式前停用 BOD (Brown-Out Detection)， BOD 即為「低電壓偵測模組」，詳細說明可參考 13-2-1。 【參數】無 【回傳】無

13-1-3　Sleep 範例 -1

說　明

此範例可以在 Arduino 進入 Power_down 睡眠模式的狀態下，經由看門狗定時器每 8 秒鐘喚醒一次，執行中斷服務程式 (不是系統重新啓動)，其動作內容就是反轉 LED 目前的狀態。因爲 Arduino 在 Power_down 睡眠模式下，系統主時脈是處於關閉的狀態，所以一般的定時器是無法運作的，這時候只能依靠擁有專屬且獨立時脈的看門狗定時器，才能喚醒 Arduino。此範例的機制可以達到非常低的功率效耗，可應用在特別強調節能省電的裝置。

範　例　**13.1.3**

```
/*** 範例 13.1.3(sleep 範例 -1) ***/
#include <avr/sleep.h>
#include <avr/wdt.h>
#define LedPin 13
int cnt=0;

/*****************************************************
 * setup
 *****************************************************/
void setup() {
  Serial.begin(9600);
  Serial.println("Initial...");
  pinMode(LedPin,OUTPUT);
  //--- 設定 WDT
  WDTCSR|=_BV(WDCE)|_BV(WDE);  // 將 WDCE 與 WDE 設為 1，進入 WDT 設定模式
  WDTCSR=_BV(WDP3)|_BV(WDP0);  // 設定 WDP[3:0]=1001，timeout 時間為 8 秒
  WDTCSR|=_BV(WDIE);           // 設定 WDT 為中斷模式
  //--- 設定睡眠模式
  set_sleep_mode(SLEEP_MODE_PWR_DOWN);   // 設定 Power-down 睡眠模式
  //--- 設定完成
  Serial.println("Initial complete."); delay(100);
}

```

```
24 /************************************************
25  * loop
26  ************************************************/
27 void loop() {
28   sleep_enable();                    // 啓用睡眠功能
29   sleep_cpu();                       // 進入睡眠狀態
30
31   //--- 特別注意，此為喚醒後的程式執行點
32   sleep_disable();                   // 停用睡眠功能
33   Serial.print("Wake-up: "); Serial.println(cnt++); delay(100);
34 }
35
36 /************************************************
37  * WDT 中斷服務程式
38  ************************************************/
39 ISR(WDT_vect) {
40   digitalWrite(LedPin,!digitalRead(LedPin));    // 反轉 LED 現在的狀態
41 }
```

討 論

(1) 程式執行結果可觀察到，當 wake-up 次數爲偶數時，LED 燈是點亮的狀態；而當 wake-up 次數爲奇數時，LED 燈則是不亮的狀態。

(2) 第 21，33 行的延遲 delay(100)，是爲了讓 Serial.print 有足夠的列印時間，如果沒有適度的延遲，會造成列印不完全的亂碼現象。

13-1-4　Sleep 範例 -2

說明

程式在初始化之後，隨即進入 Power-down 睡眠模式，4 秒後由 WDT 定時器喚醒，喚醒後持續印出 0~999 的連續數字，經過 4 秒後再由 WDT 定時器觸發，再次進入 Power-down 睡眠模式，4 秒後醒來繼續列印，如此睡眠 4 秒，列印工作 4 秒，無限循環。

範例　**13.1.4**

```
/*** 範例 13.1.4(sleep 範例 -2) ***/
#include <avr/sleep.h>
#include <avr/wdt.h>
int WUP_cnt=0, num=0;
volatile int WDT_cnt=0;          // 使用在 WDT ISR 的變數

/*****************************************************
 * setup
 *****************************************************/
void setup() {
  Serial.begin(9600);
  Serial.println("Initial...");
  //--- 設定 WDT
  WDTCSR|=_BV(WDCE)|_BV(WDE);   // 將 WDCE 與 WDE 設為 1，進入 WDT 設定模式
  WDTCSR=_BV(WDP3);             // 設定 WDP[3:0]=1000_2，timeout 時間為 4 秒
  WDTCSR|=_BV(WDIE);            // 設定 WDT 為中斷模式
  //--- 設定睡眠模式
  set_sleep_mode(SLEEP_MODE_PWR_DOWN);  // 設定 Power-down 睡眠模式
  //--- 設定完成
  Serial.println("Initial complete."); delay(100);
}

/*****************************************************
 * loop
 *****************************************************/
void loop() {
  if(WDT_cnt%2==0) enterSleep(); // 若 WDT_cnt 為偶數，則進入睡眠模式
  Serial.println(num++%1000);
  delay(100);
}
```

```
31
32  /*****************************************************
33   * 看門狗 WDT 中斷服務程式
34   *****************************************************/
35  ISR(WDT_vect) {
36    WDT_cnt++;
37  }
38
39  /*****************************************************
40   * 進入睡眠模式
41   *****************************************************/
42  void enterSleep() {
43    Serial.println("Sleeping ..."); delay(100);
44    sleep_enable();                  // 啓用睡眠功能
45    sleep_cpu();                     // 進入睡眠狀態
46
47    //--- 特別注意，此為喚醒後的程式執行點
48    sleep_disable();                 // 停用睡眠功能
49    Serial.print("Wake-up:");
50    Serial.println(WUP_cnt++); delay(100);
51  }
```

討 論

(1) 程式執行結果可觀察，每一回合的列印工作大約可印出 44 個數值，可能會有些微的變動，然後就隨即進入睡眠 4 秒鐘的循環。

(2) 程式碼第 27 行，可藉由 WDT_cnt 奇偶數的判斷，達到一次睡眠一次工作的循環執行。

13-2 電源管理

一般而言，我們會盡可能的使用睡眠模式，來達成功率消耗的最佳化，但是除了以上介紹的 6 種睡眠模式，其實還有多種可用的方法，可以進一步的降低 Arudino 微控器的功率消耗，基本原則就是把不需要用到的功能單元關閉停用，特別是接下來要介紹的功能模組，在以達成最低功率消耗的前提下，使用者可以考量這些模組的啓用或是停用，對系統的效能及功耗造成的影響。

13-2-1 可進一步降低功耗的模組

1. Analog to Digital Converter (ADC) 類比數位轉換器

ADC 轉換器一旦開啓，在所有的睡眠模式下都會持續運作，爲了進一步的節省功耗，在進入任何一種睡眠模式前，都應該要停用 ADC 轉換器。停用 ADC 轉換器的方法如下，只需將 ADC 控制狀態暫存器 A (ADC Control and Status Register A，ADCSRA) 設爲 0 即可：

```
ADCSRA = 0;   // 停用 (disable)ADC 轉換器
```

2. Analog Comparator 類比比較器

在進入 Idle 模式與 ADC 降雜訊模式之前，如果不需要使用類比比較器，就要記得停用以降低功耗；若是進入其他睡眠模式，則類比比較器會自動停用。但是類比比較器若使用內部參考電壓 (Internal Voltage Reference) 當成輸入，則在所有的睡眠模式下，都應該要被停用，否則內部參考電壓模組會一直開啓持續耗電。

停用 AC 類比比較器的方法如下，需將類比比較控制狀態暫存器 (Analog Comparator Control and Status Register, ACSR)，其中的 ACD 位元 (Analog Comparator Disable) 設爲 1 即可：

```
ACSR |= (1<<ACD);   // 停用 (disable)AC 類比比較器
```

3. Brown-Out Detector (BOD) 低電壓偵測模組

BOD 低電壓偵測模組是微控器中監測系統電壓的功能，若系統電壓低於設定的電壓值就會重啓系統，防止電源異常所造成的錯誤。如果不需要使用 BOD 功能，則應該停用此模組，因爲在所有睡眠模式下，BOD 模組都會一直開啓而持續耗電，在深層的睡眠模式下，其貢獻的耗電量是相當可觀的。

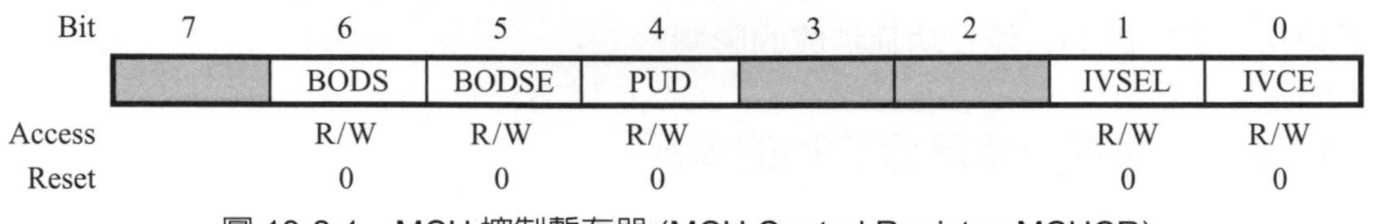

Bit	7	6	5	4	3	2	1	0
		BODS	BODSE	PUD			IVSEL	IVCE
Access		R/W	R/W	R/W			R/W	R/W
Reset		0	0	0			0	0

圖 13-2-1　MCU 控制暫存器 (MCU Control Register, MCUCR)

【停用 BOD】

參考圖 13-2-1 MCU 控制暫存器，若要停用 BOD 功能需要先將 BODS (BOD Sleep) 與 BODSE (BOD Sleep Enable) 二個位元設爲 1，之後在 4 個時脈周期內再將 BODS 設定爲 1 且 BODSE 設定爲 0。程式碼範例如下：

(1) 方法 1：直接修改 MCU 控制暫存器

```
MCUCR |= (1<<BODS) | (1<<BODSE);
MCUCR &= ~(1<<BODSE);
```

(2) 方法 2：使用 sleep 函式

```
sleep_bod_disable();
```

4. Pull-up 上拉模組

參考圖 13-2-1 MCU 控制暫存器，將 PUD (Pull-up Disable) 位元設爲 1 可停用 I/O port 的上拉模組，進一步降低功耗。

```
MCUSR |= (1<<PUD);  // 停用 Pull-up 上拉模組
```

5. Internal Voltage Reference 內部參考電壓模組

若有需要，內部參考電壓會在 ADC、BOD 與類比比較器模組中使用到，如果這些功能模組被停用，內部參考電壓也會跟著停用，不會消耗功率；但是要再次啓用這些模組時，使用者必須確認內部參考電壓也要開啓，否則輸出結果是無法立刻使用的。

6. WDT 看門狗定時器

如果應用系統不需要使用看門狗定時器，則應該停用此模組，因爲在所有睡眠模式下，WDT 模組都不會自動停用，它會一直開啓持續耗電，在深層的睡眠模式下，會造成很大的耗電量。停用 WDT 的程式碼範例如下

(1) 方法 1：直接修改 WDT 控制暫存器 WDTCSR

```
WDTCSR |= (1<<WDCE) | (1<<WDE);
WDTCSR = 0x00;
```

(2) 方法 2：使用 wdt 函式

```
wdt_disable();
```

7. Port Pins 埠口接腳

進入睡眠模式時，所有的接腳均應設置成使用最少電源的狀態，其中最重要的是要確保沒有接腳在驅動電阻性負載。在睡眠模式下，如果 I/O 時脈 ($clk_{I/O}$) 和 ADC 時脈 (clk_{ADC}) 同時停用，則輸入緩衝器 (Input buffer) 也會被關閉停用，這確保輸入邏輯在不需要動作時不會消耗任何功率，但是在某些情況下，爲了偵測喚醒條件，輸入邏輯必須保持在啓動的狀態。如果啓用了輸入緩衝器，但是輸入訊號浮接 (Floating) 或類比訊號準位接近 $V_{CC}/2$，此時輸入緩衝器的功率消耗會大幅的增加。

對於類比輸入接腳而言，數位輸入緩衝器應全時的關閉停用，數位輸入緩衝器可以藉由數位輸入禁用暫存器 (Digital Input Disable Registers, DIDR) 的寫入來關閉停用，包括 ADC 的 DIDR0，以及 AC 類比比較器的 DIDR1。

```
DIDR0 = 0x3F;  // 停用 ADC pin 腳的數位輸入緩衝器
DIDR1 = 0x03;  // 停用 AC 類比比較器的數位輸入緩衝器
```

8. Pin 腳模式與電壓值

在睡眠模式下，不同的接腳模式與電壓值會直接影響系統整體的功率消耗，造成不同的功耗效果，表 13-2-1 的量測結果爲在 Power-Down 睡眠模式下，所有的接腳包含 D0~D13 與 A0~A5，共 14 隻接腳，在全爲 OUTPUT (或 INPUT) 模式以及全爲 LOW (或 HIGH) 的功耗組合，從表 13-2-1 中很明顯的看出，只要接腳電壓值設爲 LOW，不管接腳模式爲何，在進入睡眠模式下所消耗的電流量都是最少的。

表 13-2-1　在 Power-Down 睡眠模式下不同的接腳模式與電壓值的功耗

pinMode	Value	消耗電流
all OUTPUT	all LOW	0.35 μA
all OUTPUT	all HIGH	1.86 μA
all INPUT	all LOW	0.35 μA
all INPUT	all HIGH	1.25 μA

9. On-chip Debug System 晶片上除錯系統

進入睡眠模式時，如果晶片上除錯系統是開啓的，則主時脈 (Main clock) 也會開啓並持續耗電，在深層的睡眠模式下，會造成很大的耗電量。

13-2-2　功耗降低暫存器 (Power Reduction Register)

ATmega328P 微控器提供了一組功耗降低暫存器 (Power Reduction Register, PRR)，內容如圖 13-2-2 所示，透過暫存器位元的設定，可以停止特定周邊的時脈以降低功耗，停止時脈會造成周邊設備的當前狀態被凍結，並且無法對 I / O 暫存器進行讀寫動作，由於周邊設備在停止時脈時，會持續佔用使用的資源，所以在停止時脈前應先 disable 周邊釋放資源。另外，要喚醒周邊，可透過清除 PRR 中的相對應位元來完成，將周邊設備恢復到停用前的狀態。在一般模式與 Idle 模式，停用周邊模組可有效的減少功耗，但是在其它的睡眠模式下，由於時脈已被關閉，使用 PRR 暫存器則無作用。

Bit	7	6	5	4	3	2	1	0
	PRTWI0	PRTIM2	PRTIM0		PRTIM1	PRSPI0	PRUSART0	PRADC
Access	R/W	R/W	R/W		R/W	R/W	R/W	R/W
Reset	0	0	0		0	0	0	0

圖 13-2-2　降低功耗暫存器 (Power Reduction Register, PRR)

以下是 PRR 暫存器中每個控制位元的詳細說明：

(1) 第 7 位元：PRTWI0(Power Reduction TWI0) 功耗減少 TWI 0

將第 7 位元寫入邏輯 1 可停用 TWI 0，進一步的節省功耗，當 TWI 再次喚醒時，應重新初始化以確保 TWI 能正確的運行。

(2) 第 6 位元：PRTIM2(Power Reduction Timer/Counter2) 功耗減少 Timer2

在同步模式下 (AS2=0)，將第 6 位元寫入邏輯 1 可停用 Timer2，當 Timer2 再次啓動時，會繼續停用前的運作。

(3) 第 5 位元：PRTIM0(Power Reduction Timer/Counter0) 功耗減少 Timer0

將第 5 位元寫入邏輯 1 可停用 Timer0，當 Timer0 再次啓動時，會像停用前一樣正常的運作。

(4) 第 3 位元：PRTIM1(Power Reduction Timer/Counter1) 功耗減少 Timer1

將第 3 位元寫入邏輯 1 可停用 Timer1，當 Timer1 再次啓動時，會繼續停用前的運作。

(5) 第 2 位元：PRSPI0(Power Reduction SPI0) 功耗減少 SPI0

將第 2 位元寫入邏輯 1 可暫停模組時脈停用 SPI0，進一步的節省功耗，當 SPI 再次喚醒時，應重新初始化以確保 SPI 能正確的運行。

(6) 第 1 位元：PRUSART0(Power Reduction USART0) 功耗減少 USART0

將第 1 位元寫入邏輯 1 可暫停模組時脈停用 USART0，當 USART 再次喚醒時，應重新初始化以確保 USART 能正確的運行。

(7) 第 0 位元：PRADC(Power Reduction ADC) 功耗減少 ADC

將第 0 位元寫入邏輯 1 可關閉 ADC 模組，但是在關閉前 ADC 要先 disable，當 ADC 關閉時，類比比較器無法使用 ADC 輸入多工器。

13-2-3 Power 巨集函式

為了讓使用者更方便的使用電源管理的功能，Arduino 也提供了較常用的電源巨集函式，其功能作用分別敘述在表 13-2-1 中，在使用前記得先引入標頭檔：

```
#include <avr/power.h>
```

表 13-2-2 電源巨集函式

電源巨集函式	功能說明
power_adc_enable( )	啓用類比數位轉換器 (Analog to Digital Converter, ADC) 模組 【巨集定義】 (PRR &= (uint8_t)~(1 << PRADC))
power_adc_disable( )	禁用 ADC 模組 【巨集定義】 (PRR |= (uint8_t)(1 << PRADC))
power_spi_enable( )	啓用串列周邊界面 (Serial Peripheral Interface, SPI) 模組 【巨集定義】 (PRR &= (uint8_t)~(1 << PRSPI))
power_spi_disable( )	禁用 SPI 模組 【巨集定義】 (PRR |= (uint8_t)(1 << PRSPI))
power_timer0_enable( )	啓用 Timer0 模組 【巨集定義】 (PRR &= (uint8_t)~(1 << PRTIM0))
power_timer0_disable( )	禁用 Timer0 模組 【巨集定義】 (PRR |= (uint8_t)(1 << PRTIM0))
power_timer1_enable( )	啓用 Timer1 模組 【巨集定義】 (PRR &= (uint8_t)~(1 << PRTIM1))
power_timer1_disable( )	禁用 Timer1 模組 【巨集定義】 (PRR |= (uint8_t)(1 << PRTIM1))

表 13-2-2　電源巨集函式 (續)

<table>
<tr><th>電源巨集函式</th><th>功能說明</th></tr>
<tr><td>power_timer2_enable( )</td><td>啓用 Timer2 模組
【巨集定義】
(PRR &= (uint8_t)~(1 << PRTIM2))</td></tr>
<tr><td>power_timer2_disable( )</td><td>禁用 Timer2 模組
【巨集定義】
(PRR |= (uint8_t)(1 << PRTIM2))</td></tr>
<tr><td>power_twi_enable( )</td><td>啓用 Two Wire Interface(TWI) 模組
【巨集定義】
(PRR &= (uint8_t)~(1 << PRTWI))</td></tr>
<tr><td>power_twi_disable( )</td><td>禁用 TWI 模組
【巨集定義】
(PRR |= (uint8_t)(1 << PRTWI))</td></tr>
<tr><td>power_usart0_enable( )</td><td>啓用 USART0 模組
【巨集定義】
(PRR &= (uint8_t)~(1 << PRUSART0))</td></tr>
<tr><td>power_usart0_disable( )</td><td>禁用 USART0 模組
【巨集定義】
(PRR |= (uint8_t)(1 << PRUSART0))</td></tr>
<tr><td>power_all_enable( )</td><td>啓用全部模組
【巨集定義】
(PRR &= (uint8_t)~((1<<PRADC)|(1<<PRSPI)|(1<<PRUSART0)
|(1<<PRTIM0)|(1<<PRTIM1)|(1<<PRTIM2)|(1<<PRTWI)))</td></tr>
<tr><td>power_all_disable( )</td><td>禁用全部模組
【巨集定義】
(PRR |= (uint8_t)((1<<PRADC)|(1<<PRSPI)|(1<<PRUSART0) |(1<<PRT
IM0)|(1<<PRTIM1)|(1<<PRTIM2)|(1<<PRTWI)))</td></tr>
</table>

13-2-4 電源管理範例 -1

說 明

在此範例中，我們會盡可能的停用 Arduino 的周邊，使其達到最低功耗的狀態，然後讓系統進入 Power-Down 睡眠模式，在極低的功耗下等待 4 秒一次 WDT 的喚醒，喚醒後 LED 燈會快速的閃爍 10 次，然後再進行睡眠，直到下一次 WDT 的喚醒。

範 例 **13.2.4**

```
/*** 範例 13.2.4(power 範例 -1) ***/
#include <avr/wdt.h>
#include <avr/sleep.h>
#include <avr/power.h>
#define LedPin 13

/****************************************************
 * setup
 ****************************************************/
void setup() {
  //--- 盡可能停用耗電的模組
  ADCSRA=0;                              // 停用 ADC 轉換器
  ACSR |= (1<<ACD);                      // 停用 AC 類比比較器
  MCUSR |= (1<<PUD);                     // 停用 Pull-up 上拉模組
  DIDR0 = 0x3F;                          // 停用 ADC pin 腳的數位輸入緩衝器
  DIDR1 = 0x03;                          // 停用 AC 類比比較器的數位輸入緩衝器
  sleep_bod_disable();                   // 進入睡眠模式前停用 BOD
  //--- 設定 WDT
  WDTCSR|=_BV(WDCE)|_BV(WDE);            // 將 WDCE 與 WDE 設為 1，進入 WDT 設定模式
  WDTCSR=_BV(WDIE)|_BV(WDP3);            // 設定 WDT timeout=4s 且為中斷模式
  //--- 設定睡眠模式
  set_sleep_mode (SLEEP_MODE_PWR_DOWN); // 設定 power-down 睡眠模式
}

/****************************************************
 * loop
 ****************************************************/
```

```
28 void loop() {
29   power_all_disable();              // 停用所有的周邊模組
30   sleep_enable();                   // 開啓睡眠功能
31   sleep_cpu();                      // 進入睡眠狀態
32
33   // 此為喚醒後的程式執行點
34   sleep_disable();                  // 停用睡眠功能
35   power_all_enable();               // 致能所有的周邊模組
36   LED_flash();                      //LED 閃爍 10 次
37 }
38
39 /***************************************************
40  * LED_flash
41  ***************************************************/
42 void LED_flash() {
43   pinMode(LedPin,OUTPUT);
44   for(int i=0;i<10;i++) {           //LED 閃爍 10 次
45     digitalWrite(LedPin,HIGH); delay (50);
46     digitalWrite(LedPin,LOW);  delay (50);
47   }
48   pinMode(LedPin,INPUT);
49 }
50
51 /***************************************************
52  * 看門狗 WDT 中斷服務程式
53  ***************************************************/
54 ISR(WDT_vect) {
55   //empty
56 }
```

討 論

在程式碼的第 12~17 行，已盡可能的停用所有耗電的模組，系統可進入極低功耗的 Power-Down 睡眠模式。

13-2-5 電源管理範例 -2

說 明

在這個範例中，我們在 D2 接腳接上按鈕開關，使用外部中斷 INT0，然後也是盡可能的停用 Arduino 的周邊 (包含 WDT)，使其達到最低功耗的狀態，接著讓系統進入 Power-Down 睡眠模式，在極低的功耗下等待外部中斷 INT0 的喚醒，喚醒後 LED 燈會快速的閃爍 10 次，結束後隨即進入睡眠，直到下一次外部中斷 INT0 的喚醒。

範 例 **13.2.5**

```
/*** 範例 13.2.5(power 範例 -2) ***/
#include <avr/wdt.h>
#include <avr/sleep.h>
#include <avr/power.h>
#define LedPin 13
#define ButtonPin 2

/***************************************************
 * setup
 ***************************************************/
void setup() {
  pinMode(ButtonPin,INPUT_PULLUP);
  //--- 設定外部中斷
  EIMSK |= _BV(INT0);     // 致能 INT0
  EICRA |= _BV(ISC01);    // 將觸發模式設為 FALLING(ISC01=1,ISC00=0)
  EICRA &= ~_BV(ISC00);
  //--- 盡可能停用耗電的模組
  ADCSRA=0;               // 停用 ADC 轉換器
  ACSR |= (1<<ACD);       // 停用 AC 類比比較器
  //MCUSR |= (1<<PUD);    // 不能停用 Pull-up 上拉模組，否則按鈕開關會無作用
  DIDR0 = 0x3F;           // 停用 ADC pin 腳的數位輸入緩衝器
  DIDR1 = 0x03;           // 停用 AC 類比比較器的數位輸入緩衝器
  wdt_disable();          // 停用 WDT
  sleep_bod_disable();    // 進入睡眠模式前停用 BOD
  //--- 設定睡眠模式
  set_sleep_mode (SLEEP_MODE_PWR_DOWN);   // 設定 power-down 睡眠模式
}
```

```

/*************************************************
 * loop
 *************************************************/
void loop() {
  power_all_disable(); // 停用所有的周邊模組
  sleep_enable();      // 開啓睡眠功能
  sleep_cpu();         // 進入睡眠狀態

  //--- 此為喚醒後的程式執行點
  sleep_disable();     // 停用睡眠功能
  power_all_enable();  // 致能所有的周邊模組
  LED_flash();         //LED 閃爍 10 次
}

/*************************************************
 * LED_flash
 *************************************************/
void LED_flash() {
  pinMode(LedPin,OUTPUT);
  for(int i=0;i<10;i++) {         //LED 閃爍 10 次
    digitalWrite(LedPin,HIGH); delay (50);
    digitalWrite(LedPin,LOW);  delay (50);
  }
  pinMode(LedPin,INPUT);
}

/*************************************************
 * INT0 中斷服務程式
 *************************************************/
ISR(INT0_vect) {
  //empty
}
```

討　論

(1) 特別注意程式碼第 20 行，因爲按鈕開關會使用到接腳的上拉電阻，如果停用上拉模組的話，按鈕開關就會失去作用無法觸發中斷，所以不能停用 Pull-up 上拉模組。

(2) 此範例是使用外部中斷 INT0 喚醒，與 WDT 無關，所以可以將 WDT 關閉停用，如程式碼第 23 行，以進一步的節省系統功耗。

13-3 習題

[13-1] 持續印出 0~99 的連續數字 (間隔 200ms)，直到按下 D5 按鈕開關，就會進入 Power-Save 睡眠模式，8 秒後會由 WDT 自動喚醒繼續列印，等待再次按下按鈕開關。

[13-2] 持續印出 0~99 的連續數字 (間隔 200ms)，直到按下 D2 按鈕開關，就會進入 Power-Save 睡眠模式，睡眠時若再次按下 D2 開關，藉由外部中斷 INT0 的觸發，在喚醒系統後，會繼續印出 0~99 的連續數字。

[13-3] 程式開始後立刻進入 Power-Down 睡眠模式，直到 D2 按鈕開關觸發外部中斷 INT0 的喚醒，喚醒後持續印出 0~99 的連續數字，間隔 50-600ms 的亂數，10 秒後又自動進入 Power-Down 睡眠模式，等待下一次的喚醒。

[13-4] 程式開始後立刻進入 Power-Down 睡眠模式，直到 D2 按鈕開關觸發外部中斷 INT0 的喚醒，喚醒後會進行溫濕度的量測，並在 PC 視窗印出結果，結束後又會進入 Power-Down 睡眠模式，等待下一次的喚醒。

[13-5] 在 Power-Down 睡眠模式下，使用 WDT 完成 20 秒自動喚醒一次，進行溫濕度的量測，並在 PC 視窗印出結果，結束後又會進入 Power-Down 睡眠模式，等待下一次的喚醒。

[13-6] 在 Power-Save 睡眠模式下，使用 WDT 完成 30 秒自動喚醒一次，進行超音波感測器的距離量測，並在 PC 視窗印出結果，結束後又會進入 Power-Save 睡眠模式，等待下一次的喚醒。

ASCII 字碼表

Ctrl	Dec	Hex	Char	Code	Dec	Hex	Char	Dec	Hex	Char	Dec	Hex	Char
^@	0	00		NUL	32	20		64	40	@	96	60	`
^A	1	01		SOH	33	21	!	65	41	A	97	61	a
^B	2	02		STX	34	22	“	66	42	B	98	62	b
^C	3	03		ETX	35	23	#	67	43	C	99	63	c
^D	4	04		EOT	36	24	$	68	44	D	100	64	d
^E	5	05		ENQ	37	25	%	69	45	E	101	65	e
^F	6	06		ACK	38	26	&	70	46	F	102	66	f
^G	7	07		BEL	39	27	‘	71	47	G	103	67	g
^H	8	08		BS	40	28	(	72	48	H	104	68	h
^I	9	09		HT	41	29	)	73	49	I	105	69	i
^J	10	0A		LF	42	2A	*	74	4A	J	106	6A	j
^K	11	0B		VT	43	2B	+	75	4B	K	107	6B	k
^L	12	0C		FF	44	2C	,	76	4C	L	108	6C	l
^M	13	0D		CR	45	2D	-	77	4D	M	109	6D	m
^N	14	0E		SO	46	2E	.	78	4E	N	110	6E	n
^O	15	0F		SI	47	2F	/	79	4F	O	111	6F	o
^P	16	10		DLE	48	30	0	80	50	P	112	70	p
^Q	17	11		DC1	49	31	1	81	51	Q	113	71	q
^R	18	12		DC2	50	32	2	82	52	R	114	72	r
^S	19	13		DC3	51	33	3	83	53	S	115	73	s
^T	20	14		DC4	52	34	4	84	54	T	116	74	t
^U	21	15		NAK	53	35	5	85	55	U	117	75	u
^V	22	16		SYN	54	36	6	86	56	V	118	76	v
^W	23	17		ETB	55	37	7	87	57	W	119	77	w
^X	24	18		CAN	56	38	8	88	58	X	120	78	x
^Y	25	19		EM	57	39	9	89	59	Y	121	79	y
^Z	26	1A		SUB	58	3A	:	90	5A	Z	122	7A	z
^[	27	1B		ESC	59	3B	;	91	5B	[	123	7B	{
^\	28	1C		FS	60	3C	<	92	5C	\	124	7C	|
^]	29	1D		GS	61	3D	=	93	5D	]	125	7D	}
^^	30	1E	▲	RS	62	3E	>	94	5E	^	126	7E	~
^_	31	1F	▼	US	63	3F	?	95	5F	_	127	7F	DEL

* ASCII 127 具有代碼 DEL。在 MS-DOS 下，這個代碼與 ASCII 8 (BS) 的效果相同。
DEL 代碼可以由 CTRL + BKSP 鍵產生。

在 Windows 中，字碼大於 127 的字元，其顯示會依選取的字體而不同。

Dec	Hex	Char	Dec	Hex	Char	Dec	Hex	Char	Dec	Hex	Char
128	80	Ç	160	A0	á	192	C0	└	224	E0	Ó
129	81	ü	161	A1	í	193	C1	┴	225	E1	ß
130	82	é	162	A2	ó	194	C2	┬	226	E2	Ô
131	83	â	163	A3	ú	195	C3	├	227	E3	Ò
132	84	ä	164	A4	ñ	196	C4	─	228	E4	õ
133	85	à	165	A5	Ñ	197	C5	┼	229	E5	Õ
134	86	å	166	A6	ª	198	C6	ã	230	E6	µ
135	87	ç	167	A7	º	199	C7	Ã	231	E7	þ
136	88	ê	168	A8	¿	200	C8	╚	232	E8	Þ
137	89	ë	169	A9	®	201	C9	╔	233	E9	Ú
138	8A	è	170	AA	¬	202	CA	╩	234	EA	Û
139	8B	ï	171	AB	½	203	CB	╦	235	EB	Ù
140	8C	î	172	AC	¼	204	CC	╠	236	EC	ý
141	8D	ì	173	AD	¡	205	CD	═	237	ED	Ý
142	8E	Ä	174	AE	«	206	CE	╬	238	EE	¯
143	8F	Å	175	AF	»	207	CF	¤	239	EF	´
144	90	É	176	B0	░	208	D0	ð	240	F0	≡
145	91	æ	177	B1	▒	209	D1	Đ	241	F1	±
146	92	Æ	178	B2	▓	210	D2	Ê	242	F2	‗
147	93	ô	179	B3	│	211	D3	Ë	243	F3	¾
148	94	ö	180	B4	┤	212	D4	È	244	F4	¶
149	95	ò	181	B5	Á	213	D5	ı	245	F5	§
150	96	û	182	B6	Â	214	D6	Í	246	F6	÷
151	97	ù	183	B7	À	215	D7	Î	247	F7	¸
152	98	ÿ	184	B8	©	216	D8	Ï	248	F8	°
153	99	Ö	185	B9	╣	217	D9	┘	249	F9	¨
154	9A	Ü	186	BA	║	218	DA	┌	250	FA	·
155	9B	ø	187	BB	╗	219	DB	█	251	FB	¹
156	9C	£	188	BC	╝	220	DC	▄	252	FC	³
157	9D	Ø	189	BD	¢	221	DD	¦	253	FD	²
158	9E	×	190	BE	¥	222	DE	Ì	254	FE	■
159	9F	ƒ	191	BF	┐	223	DF	▀	255	FF	nbsp

零件材料總表

名稱	規格	數量	備註
Arduino 板	UNO R3	2	
發光二極體 LED	5mm 插入式封裝	若干	
電阻	220Ω	若干	
按鈕開關		2~3	
滾珠／傾斜開關		2~3	
一位數七段顯示器	共陰極	2~3	
四位數七段顯示器	共陰極	1	
可變電阻 / 電位器	旋鈕式	1	
RGB 全彩 LED	共陰極	1	
4×4 薄膜鍵盤	矩陣鍵盤	1	
蜂鳴器	有源	1	
蜂鳴器	無源	1	
數位溫溼度感測器	DHT11	1	
超音波距離感測器	HC-SR04	1	
步進馬達	28BYJ-48	1	
驅動模組	ULN2003	1	
伺服馬達	SG90	1	
直流馬達		1	
雙極性接面電晶體	2N2222	1	
二極體		1	
I2C LCD	LCD 1602	1	

國家圖書館出版品預行編目資料

嵌入式系統(使用 Arudino) / 張延任編著. -- 初版. – 新北市 ： 全華圖書股份有限公司, 2022.05

面 ： 公分

ISBN 978-626-328-185-1(平裝)

1. CST: 微電腦 2. CST: 電腦程式語言

471.616 111006534

嵌入式系統(使用 Arduino)

作者 / 張延任
發行人 / 陳本源
執行編輯 / 張曉紜
封面設計 / 戴巧耘
出版者 / 全華圖書股份有限公司
郵政帳號 / 0100836-1 號
印刷者 / 宏懋打字印刷股份有限公司
圖書編號 / 06494007
初版二刷 / 2023 年 03 月
定價 / 新台幣 450 元
ISBN / 978-626-328-185-1(平裝)
全華圖書 / www.chwa.com.tw
全華網路書店 Open Tech / www.opentech.com.tw
若您對本書有任何問題，歡迎來信指導 book@chwa.com.tw

臺北總公司(北區營業處)
地址：23671 新北市土城區忠義路 21 號
電話：(02) 2262-5666
傳真：(02) 6637-3695、6637-3696

南區營業處
地址：80769 高雄市三民區應安街 12 號
電話：(07) 381-1377
傳真：(07) 862-5562

中區營業處
地址：40256 臺中市南區樹義一巷 26 號
電話：(04) 2261-8485
傳真：(04) 3600-9806(高中職)
(04) 3601-8600(大專)

歡迎加入 全華會員

● 會員獨享

會員享購書折扣、紅利積點、生日禮金、不定期優惠活動…等。

● 如何加入會員

掃 QRcode 或填妥讀者回函卡直接傳真（02）2262-0900 或寄回，將由專人協助登入會員資料，待收到 E-MAIL 通知後即可成為會員。

如何購買 全華書籍

1. 網路購書

全華網路書店「http://www.opentech.com.tw」，加入會員購書更便利，並享有紅利積點回饋等各式優惠。

2. 實體門市

歡迎至全華門市（新北市土城區忠義路 21 號）或各大書局選購。

3. 來電訂購

(1) 訂購專線：(02) 2262-5666 轉 321-324
(2) 傳真專線：(02) 6637-3696
(3) 郵局劃撥（帳號：0100836-1　戶名：全華圖書股份有限公司）
※ 購書未滿 990 元者，酌收運費 80 元。

OpenTech 全華網路書店 .com.tw

全華網路書店 www.opentech.com.tw
E-mail: service@chwa.com.tw

※ 本會員制如有變更則以最新修訂制度為準，造成不便請見諒。

廣　告　回　信
板橋郵局登記證
板橋廣字第540號

行銷企劃部　收

23671
新北市土城區忠義路 21 號
全華圖書股份有限公司

讀者回函卡

掃 QRcode 線上填寫 ▶▶▶

姓名：＿＿＿＿＿＿ 生日：西元＿＿＿＿年＿＿＿月＿＿＿日 性別：□男 □女

電話：(　)＿＿＿＿ 手機：＿＿＿＿＿＿

e-mail：(必填)＿＿＿＿＿＿＿＿＿＿

註：數字零，請用 Φ 表示，數字 1 與英文 L 請另註明並書寫端正，謝謝。

通訊處：□□□□□＿＿＿＿＿＿＿＿

學歷：□高中・職 □專科 □大學 □碩士 □博士

職業：□工程師 □教師 □學生 □軍・公 □其他

學校／公司：＿＿＿＿＿＿ 科系／部門：＿＿＿＿＿＿

・需求書類：

□ A. 電子 □ B. 電機 □ C. 資訊 □ D. 機械 □ E. 汽車 □ F. 工管 □ G. 土木 □ H. 化工 □ I. 設計

□ J. 商管 □ K. 日文 □ L. 美容 □ M. 休閒 □ N. 餐飲 □ O. 其他

・本次購買圖書為：＿＿＿＿＿＿ 書號：＿＿＿＿＿＿

・您對本書的評價：

封面設計：□非常滿意 □滿意 □尚可 □需改善，請說明＿＿＿＿＿＿

內容表達：□非常滿意 □滿意 □尚可 □需改善，請說明＿＿＿＿＿＿

版面編排：□非常滿意 □滿意 □尚可 □需改善，請說明＿＿＿＿＿＿

印刷品質：□非常滿意 □滿意 □尚可 □需改善，請說明＿＿＿＿＿＿

書籍定價：□非常滿意 □滿意 □尚可 □需改善，請說明＿＿＿＿＿＿

整體評價：請說明＿＿＿＿＿＿

・您在何處購買本書？

□書局 □網路書店 □書展 □團購 □其他＿＿＿＿＿＿

・您購買本書的原因？（可複選）

□個人需要 □公司採購 □親友推薦 □老師指定用書 □其他＿＿＿＿＿＿

・您希望全華以何種方式提供出版訊息及特惠活動？

□電子報 □ DM □廣告（媒體名稱＿＿＿＿＿＿）

・您是否上過全華網路書店？（www.opentech.com.tw）

□是 □否 您的建議＿＿＿＿＿＿

・您希望全華出版哪方面書籍？＿＿＿＿＿＿

・您希望全華加強哪些服務？＿＿＿＿＿＿

感謝您提供寶貴意見，全華將秉持服務的熱忱，出版更多好書，以饗讀者。

填寫日期：　　/　　/

2020.09 修訂

親愛的讀者：

感謝您對全華圖書的支持與愛護，雖然我們很慎重的處理每一本書，但恐仍有疏漏之處，若您發現本書有任何錯誤，請填寫於勘誤表內寄回，我們將於再版時修正，您的批評與指教是我們進步的原動力，謝謝！

全華圖書　敬上

勘誤表

書號		書名		作者	
頁數	行數	錯誤或不當之詞句		建議修改之詞句	

我有話要說：（其它之批評與建議，如封面、編排、內容、印刷品質等・・・）